허브도감

HERB

하순혜 편저

아카데미서적

HERB

머리말

사람들은 끊임없이 인간에게 영향을 끼치는 식물의 다양한 역할들에 대하여 당연한 것으로 여기며 크게 의식하지 않은 채 생활하고 있다. 아침 식사로 콘프로스트를 먹으면서 그 원료가 옥수수라는 사실을, 토스트를 먹으면서 바람에 흔들리는 보리밭을, 항상 입고 있는 의복에서 목화밭을 유추해 내지는 않는다. 또한, 집안을 장식하고 있는 가구를 보면서 숲의 거대한 수목을 연상하는 일도 거의 없다.

그럼에도 불구하고 사람들은 매일매일 세계 각지에서 재배, 가공된 식물을 먹고, 입고, 사용하며 생활하고 있다. 커피, 차, 포도주, 올리브유, 생고무, 모르핀과 코데인, 향신료, 염료, 수지, 목재, 연료, 섬유, 사막의 식물 호호바로부터 채취한 물질로 만든 화장품 등 식물을 원료로 하는 것들과 뗄래야 뗄 수가 없는 관계를 유지하고 있다. 이 외에도 식물은 여러 곳에서 다양한 방법으로 인간의 생활과 밀접한 관계를 유지하며 일상 생활에 없어서는 안 되는 존재로 자리잡고 있다.

오래 전부터 우리 인간들은 허브를 일상 생활 속에서 다양하게 이용해 왔을 뿐만 아니라 허브에 대한 지식을 축적해 왔다. 간단하지만 실용적인 허브에 관한 지식과 그 이용방법을 접하게 된다는 사실만으로도 지금까지 무관심했던 식물의 가치를 깨닫고 인정하는 계기가 될 것이며 나아가 감사한 마음까지 갖게 될 것이다. 이는 허브가 갖는 화학적 작용의 불가사의, 인간의 심신 치료에 작용하는 힘, 에센셜 오일의 작용, 허브의 특성과 그 이용법 등이 너무나 다양하기 때문이다. 이와 같이 식물의 가치는 알면 알수록 이루 다 말할 수 없을 만큼 깊고도 크다.

간단하게 여러 가지 허브를 조합하거나 그 작용을 찾아내기 위한 침출액이나 달인 액을 만들어 보면서 수천 년을 통해서 인류가 시행착오를 겪으며 지속해 온 식물과의 관계를 체험하게 될 것이다. 허브의 이용은 직접적으로 식물계와 밀접한 관계를 가질 수 있는 기회를 인간에게 제공하는 것으로, 허브를 가정에서 직접 기르거나 실험해 보는 등 실제로 직접 접해 보면 아주 유익하고 즐거운 일이 될 것이다.

이 책은 아직 부족한 점과 수록하지 못한 식물도 많지만, 허브에 관심이 많은 분들은 물론 허브 농장이나 허브를 이용한 제품을 제조하시는 분, 천연물 연구가, 약선전문가, 원예학과, 생물학과, 약학과, 약재개발학과, 한방건강학과 그리고 식물 애호가나 식물 전공가 및 생약 개발에 종사하시는 분들에게 조그마한 자료가 되었으면 하는 바람이다.

더불어 이 한 권의 책이 직간접적으로 우리 인류에게 건강을 지키는 지침서가 되기를 바라면서, 어려운 여건 속에서도 출판을 위해 수고를 아끼지 않은 아카데미서적 사장님과 직원 여러분 그리고 자생식물보존회 강교석 선생님, 강나루 님, 김하라 님, 노은정 님 등 책이 나오기까지 도움을 주신 많은 분들께 감사드린다.

편저자 하 순 혜

HERB

일러두기

이 도감에 수록한 허브는 다음과 같은 원칙을 기준으로 편집하였다.

1. 이 책에 수록된 허브는 우리나라에서 볼 수 있는 것은 물론, 전 세계 그 중에서도 특히 북아메리카, 동남 아시아 등지에 많이 분포하는 식물을 주로 수록하였다.

2. 허브를 수록한 순서는 교목류, 관목류, 다년초, 1 · 2년초, 덩굴류, 기타로 나누어 분류한 뒤, 분류 항목 내에서는 학명의 알파벳 순서로 나열하고 이를 다시 속명, 종소명의 알파벳 순서로 수록하였다.

3. 허브의 한국명은 학자들이 기존의 저서에 사용한 이름을 채택하거나, 또는 통상적으로 알려진 영어명이나 속명을 그대로 읽어 주었다.

4. 허브의 이해를 돕기 위해 속명의 어원을 설명하고, 허브가 갖고 있는 특징 및 이용 부위, 용도와 이용 방법을 상세하게 정리하였다.

5. 이 도감에 수록된 허브 중에서 특히 약리 성분 및 약리 효능에 대한 내용은 각종 문헌에 수록된 것을 인용하였음을 밝혀 둔다.

6. 본문 중의 윗첨자 숫자는 참고 문헌의 번호를 나타낸다.

7. 찾아보기는 국명, 영명, 학명 순으로 수록하여 쉽게 찾아볼 수 있도록 하였다.

HERB

차 례

1

교목류(TREES)

학명 : *Abies holophylla*

과명 : PINACEAE (소나무과)

영명 : Needle Fir

원산지 : 북반구 온대

herb

전나무

특　　징 : 속명의 Abies는 전나무의 라틴명이며 전 세계에 약 50종이 서식하는 상록 교목(喬木)이다. 높이는 25m 정도 자란다. 수피는 회갈색이고 어린 가지는 털이 없으며 홈이 있다. 잎의 길이는 약 2.5cm 정도로 방향성이 있고, 표면에는 광택이 있으며 암록색이다. 잎의 뒷면에는 2개의 은회색 줄이 있다. 꽃은 4월에 황록색으로 피고 10월에 10cm 정도의 구과(毬果)가 달린다.

이용부위 : 잎, 뿌리, 수피, 나무, 열매, 수지

용　　도 : 약용, 방향제, 미용제, 가구재

이용방법 : 가구재, 건축재, 섬유나 펄프의 재료로 사용된다. 뿌리, 수피, 겨울눈, 열매에서 채취한 방향유는 포푸리 향이 난다. 민간에서는 잎을 요통, 폐렴, 요도염, 임질, 멍든 데 사용했으며, 수피에 칼자국을 내어 채취한 액체의 수지는 길리드 향유로 알려져 있으며 목이 아플 때 좋은 양치제로 사용된다. 수지는 울혈(鬱血) 치료에도 사용되며, 관절염, 벤 상처 그리고 타박상 치료를 돕는 찜질약으로도 이용된다[1].

사탕단풍

학 명 : *Acer saccharum*

과 명 : ACERACEAE (단풍나무과)

영 명 : Sugar Maple

원 산 지 : 북아메리카, 북반구 온대

특 징 : 속명의 Acer는 단풍나무의 라틴명으로 '갈라진다'는 뜻이다. 북반구 온대 지역에 약 200종이 자라며, 높이는 35m 정도 자라는 낙엽 활엽 교목이다. 수피(樹皮)는 밝은 회색이다. 잎은 장상엽(掌狀葉)으로 3~5 갈래로 깊게 갈라지며 부드럽고, 밝은 녹색이지만 가을이 되면 오렌지색에서부터 진홍색으로 단풍이 든다. 꽃은 5~6월에 황록색으로 피고, 열매는 가을이 되면 시과(翅果)로 날개가 있다.

이용부위 : 수피, 나무, 수지, 씨앗

용 도 : 식용

이용방법 : 초봄부터 봉오리가 부풀 때까지 채취한 수액은 그대로 마시기도 하고, 순한 식초로 발효시키거나 끓여서 아주 단 단풍(매플) 시럽을 만들기도 한다. 작은 씨앗은 날개를 떼고 물에 삶거나 불에 구워서 먹기도 한다. 안쪽 수피(樹皮)의 가루는 아메리카 원주민들에게 식용으로 쓰이기도 했다[1].

칠엽수

학명 : *Aesculus hippocastanum*

과명 : HIPPOCASTANACEAE (칠엽수과)

영명 : Horse Chestnut, Conker Tree

원산지 : 유럽

특　　징 : 속명의 Aesculus는 라틴어의 '먹다'는 뜻으로, 열매가 식용이나 사료로 사용된 것으로부터 유래되었다. 20~30종이 있으며, 높이는 30m 정도 자라는 낙엽 교목이다. 수피(樹皮)는 흑갈색이다. 잎은 장상복엽(掌狀複葉)으로 4~7장이다. 꽃은 초여름에 크림색으로 피며 원추화서(圓錐花序)다. 열매는 견과(堅果)로 가을에 가시가 있는 녹색의 열매 속에 3개의 씨가 들어 있다.

이용부위 : 꽃, 열매, 수피, 나무, 씨앗

용　　도 : 식용, 약용, 미용제, 염료용, 사료용

이용방법 : 씨앗에는 혈전증(血栓症)이나 정맥(靜脈) 내막을 강하게 하는 기능이 있으며, 치질의 지혈용이나 전립선 비대 치료에도 사용된다. 씨앗 추출물을 목욕제의 오일로 사용하면 피부에 미백(美白) 효과가 있으며 피부를 부드럽게 만든다. 으깬 과실은 사료로 사용하기도 한다. 단백질이 풍부한 씨앗은 밀가루나 커피를 만들기도 한다. 수피(樹皮)는 노란 염색소를 갖고 있으며, 열을 치료하는 데 쓰인다[1].

앨더

학 명 : *Alnus glutinosa*

과 명 : BETULACEAE (자작나무과)

원 산 지 : 유럽, 북아프리카

영 명 : Common Alder, Scottish Mahogany

특 징 : 속명의 Alnus는 고대 라틴명이며, 물가에서 늦은 가을까지 잎이 자라는 속성수의 낙엽 교목이다. 높이는 25m까지 자라며 수피(樹皮)는 암회색이다. 잎의 길이는 6~12cm이고 잎가에 거치가 있으며 뒷면 엽맥에 털이 있다. 꽃은 3월에 피고, 열매는 구과(毬果)로 10월에 익으며 원추형이다.

이용부위 : 잎, 줄기, 수피, 나무, 씨앗

용 도 : 약용, 염료용

이용방법 : 잎을 우려낸 물은 목욕제로 사용하거나 다리 염증에 효과적이다. 잎으로 만든 찜질약은 통증이나 종기를 치료한다. 식물체 부위에 따라 다양한 염료를 추출하므로 염료로도 사용된다. 수피는 울레드(wool red)색을 내지만 매염제※에 따라 검은색이나 노란색이 나기도 하고, 어린 싹은 노란 계통의 회색으로 벽걸이 융단을 만드는 데 쓰인다. 새싹은 계피색, 신선한 나무는 분홍색, 미상화서는 초록색을 낸다[1].

※매염제(媒染劑) : 크롬, 알루미늄 등의 염과 백반, 녹반, 타닌 등 섬유에 직접 색소가 들지 않을 때에 매개로 하여 고착시키는 작용을 하는 물질.

스트로베리 트리

학 명 : *Arbutus unedo*

과 명 : ERICACEAE (진달래과)

영 명 : Strawberry Tree

원산지 : 유럽, 북아메리카

특 징 : 속명의 Arbutus는 켈트어로, 잎과 열매가 신맛이 나는 데서 유래된 이름이다. 약 20종이 있다. 높이는 10m 정도 자라는 상록 관목(灌木) 또는 교목이다. 수피(樹皮)는 붉고 가는 편이다. 잎의 길이는 7~10cm로 암록색이다. 꽃은 5~6월에 붉은색으로 핀다. 딸기처럼 생긴 열매는 11~12월에 노란색에서부터 진홍색으로 익고 핵과(核果)다.

이용부위 : 꽃, 잎, 뿌리, 열매, 수피, 나무

용 도 : 식용, 약용, 염료용

이용방법 : 이 식물의 열매에는 20%의 설탕이 포함되어 있어서 와인이나 음료, 잼 등에 이용된다. 잎은 지혈제, 이뇨제, 방부제로 쓰이고, 수피(樹皮)는 설사에 효과적인 성분이 있다. 이 식물은 동맥 내막을 튼튼하게 하고 간을 편안하게 한다. 꽃에는 발한(發汗)※ 작용을 활성화하는 기능이 있어 해열제로 쓰인다. 잎, 수피, 열매는 가죽 염색에 사용되기도 한다[1].

※발한(發汗):병을 치료하려고 몸에 땀을 내어 그 기운을 발산시키는 것.

학명 : *Arenga pinnata*

과명 : PALMAE (야자과)

영명 : Sugar Palm

원산지 : 말레이시아, 인도네시아

herb

사탕야자

특　　징 : 속명의 Arenga는 지방명에서 유래했다. 높이는 20m 정도 자라며, 잎은 광택이 나고 깃털을 편 것처럼 생겼다. 잎 한 장의 길이는 1.5m 정도이며, 불규칙한 형태로 갈라져 있다.

이용부위 : 꽃, 잎, 뿌리, 나무, 수지

용　　도 :식용, 약용

이용방법 : 팜 슈거는 수액에서 얻는다. 수액을 모아 증발시키면 토피※ 캔디 같은 설탕이 되는 시럽을 만든다. 줄기의 수(髓)는 전분 농축제로 쓰인다. 꽃에서 우려낸 즙은 팜와인이나 토디술(야자술)로 만들며, 이것은 월경 불순이나 현기증의 치료 효과가 있다. 아락술※을 만들기도 한다. 뿌리는 담석(膽石)을 낫게 하는 효과가 있다. 어린 잎의 엽초(葉鞘)는 유용한 섬유를 만든다. 줄기는 물배수관을 만들기도 한다[1].

※토피(toffee):설탕, 버터, 땅콩을 섞어서 만든 사탕.

※아락(arrack)술:야자즙이나 당밀 등으로 만든 중・근동지방의 독한 증류주.

스타푸르트

학명 : *Averrhoa carambola*

과명 : OXALIDACEAE (괭이밥과)

영명 : Star Fruit

원산지 : 열대 및 아열대 아시아

특 징 : 높이 14m 정도로 자라는 상록 교목(喬木)이다. 좌우 대칭형의 나무는 넓게 퍼져 자란다. 잎은 광택이 있고 우상복엽(羽狀複葉)이다. 자갈색(紫褐色)의 꽃은 향기가 없다. 열대 과일로 열매는 먹을 수 있고 노란색으로 골이 파여 있으며, 옆으로 자르면 별모양이기 때문에 스타푸르트라는 이름이 붙여졌다.

이용부위 : 꽃, 잎, 열매

용 도 : 식용, 약용

이용방법 : 열매에는 모과 같은 상큼한 향이 나며 탈수 상태의 갈증을 풀어 준다. 생것을 그대로 즐기는 경우가 많다. 동양에서는 소금과 같이 먹기도 하고, 샐러드, 잼, 음료, 캔디 만드는 데 첨가제로 사용된다. 태국에서는 당뇨병 환자들의 당수치 조절에 이용된다. 인도네시아에서는 고혈압, 치육염※, 여드름 치료에 쓰인다. 꽃은 기침에 효과가 있고, 잎은 류머티즘※ 치료제로 사용된다[1).

※치육염(齒肉炎):잇몸에 생기는 염증.

※류머티즘:관절이나 근육에 심한 통증이 따르는 질환의 통칭.

백자작나무

학 명 : *Betula pendula*

과 명 : BETULACEAE (자작나무과)

영 명 : Silver Birch

원 산 지 : 북아시아, 유럽

특　　징 : 속명의 Betula는 고대 라틴명으로 켈트어의 betu에서 유래되었으며 50~60종이 있다. 높이 30m 정도 자라는 낙엽 교목(喬木)이다. 수피(樹皮)는 하얗고 껍질이 벗겨지며 가지는 아래로 늘어지는 편이다. 작은 가지에는 수지선(樹脂腺)이 있다. 잎의 길이는 6cm 정도이며 잎가에 거치(鋸齒)가 있다. 가을에 노란색으로 단풍이 든다. 꽃은 작고, 과실은 원통형으로 3cm 가량 된다.

이용부위 : 잎, 줄기, 수피, 나무, 수지

이용물질 : 에센셜 오일

용　　도 : 식용, 약용, 염료용, 미용제

이용방법 : 노란색과 초록색의 염색소가 있는 잎은, 항균성이 있으며 이뇨를 위한 차로 이용된다. 잎은 중풍이나 류머티즘을 치료하고 담석을 녹이며 콜레스테롤을 낮추는 기능과 함께 신장이나 비뇨기관 내부의 살균작용도 한다[2]. 또한 심부전(心不全), 신부전(腎不全)에 의한 체액의 정류(停留) 치료에 사용되기도 한다[2]. 수액은 시럽, 와인, 식초를 만드는 데 감미료로 첨가된다. 수피와 봉오리에서 채취한 에센셜 오일은 약용 비누를 만든다[1].

학명 : *Cananga odorata*

과명 : ANNONACEAE (변려지과)

영명 : Ylang-Ylang, Perfume Tree

원산지 : 동남 아시아~히말라야, 오스트레일리아

일랑일랑

특　　징 : 속명의 Cananga는 말레이어로 '등등'의 호칭에서 유래된 것이다. 높이 15m~25m 정도 자라는 열대 상록성 교목(喬木)이다. 잎의 길이는 10~20cm로 장타원형 또는 장난형으로 엽신(葉身)에는 깊은 주름의 맥이 파여 있고 끝은 뾰족하며 마주난다. 잎의 양면은 광택이 있다. 꽃은 긴 화병(花柄)을 가지며 엽액(葉腋)에서 아래로 처진다. 꽃잎은 길쭉하고 처음에는 녹색으로 향이 약하지만 황색으로 변하면서 향기가 강해진다. '일랑일랑'은 꽃 중의 꽃이라는 의미다.

이용부위 : 꽃

이용물질 : 에센셜 오일

용　　도 : 방향제, 미용제

이용방법 : 상큼한 자스민 향이 나는 꽃은 장식품이나 포푸리 등에 이용한다. 에센셜 오일은 19세기 중기부터 유럽에서 고급 향수의 원료로 사용되었으며, 비누, 스킨로션, 머리기름으로도 사용되었다. 입욕제로 몇 방울 떨어뜨리면 스트레스 완화와 진정 효과가 있다. 유럽에서는 향이 관능적이라 하여 신혼부부의 긴장을 풀고 첫날밤의 기분을 만끽하는 데에 사용하기도 한다.

주　　의 : 과다하게 사용하면 구토나 두통을 일으킬 수 있으며, 특히 저혈압 환자는 사용하지 않도록 해야 한다.

학 명 : *Carica papaya*

과 명 : CARICACEAE (파파야과)

영 명 : Papaya, Melon Tree

원산지 : 열대, 아열대

파파야

특　　징 : 속명의 Carica는 라틴명으로 '무화과나무'라는 뜻으로, 잎이 무화과나무와 비슷한 데서 붙여졌으며 약 30종이 있다. 높이는 10m 정도 자라는 속성수로, 줄기 속이 비어 있다. 잎의 길이는 20~70cm 정도의 장상엽(掌狀葉)이다. 엽병(葉柄)은 길고, 잎맥이 뚜렷하다. 꽃은 황색이며, 과실은 긴 타원형으로 크기가 20~40cm 정도이며 한 나무에 25~50개 정도 열린다.

이용부위 : 잎, 뿌리, 열매, 수지, 씨앗

용　　도 : 식용, 약용, 미용제

이용방법 : 익은 열매는 치질과 변비 치료에 효과적이고, 고기를 연하게 하거나 맥주를 깨끗하게 하며, 울(wool)의 점성을 제거한다. 과육(果肉)은 피부에 사용하는 크림이나 샴푸를 만드는 데 사용된다. 덜 익은 열매 껍질에서 나오는 유액(乳液)은 파파인※을 가지고 있어서 소화제로 쓰인다. 가나에서는 종양을 치료하는 데 사용한다[1].

※ 파파인(papain) : 파파야 열매에 함유된 효소.

밤나무

학명 : *Castanea sativa*

과명 : FAGACEAE (참나무과)

영명 : Sweet Chestnut

원산지 : 북반구 온대

특 징 : 속명의 Castanea는 고대 라틴명으로 그리스어의 '밤'이란 뜻에서 유래되었으며 약 10종이 있다. 높이 20~30m 정도 자라는 낙엽 교목이다. 수피는 회갈색으로 타닌 성분이 있다. 잎은 10~20cm로 녹색이며 광택이 나고 잎가에 거치(鋸齒)가 있다. 꽃은 5~6월에 피며 꽃에서 담배 향이 나며 열매는 견과로 10월에 익는다.

이용부위 : 꽃, 잎, 수피, 나무, 열매

용 도 : 식용, 약용

이용방법 : 꽃에는 알기닌 성분이 있다. 견과는 굽거나 삶아서 먹으며, 병조림이나 영양이 풍부한 가루로 만들어 사용하기도 한다. 밤을 거칠게 빻은 가루는 리넨을 표백하고 녹말을 형성한다[1]. 잎, 수피, 열매의 타닌 성분은 갑상선이나 림프선 질환에 사용하며, 위장 계통, 비위, 감기, 설사, 허혈, 코피, 구취 제거에 효과가 있다. 단, 타닌 성분은 변비를 유발하므로 주의해야 한다[2]. 수렴성의 잎은 우려서 발작적인 기침을 치료한다. 잎과 열매껍질로 만든 샴푸는 머리카락을 윤기나게 한다[1].

잎갈나무

학 명 : *Cedrus libani*

과 명 : PINACEAE (소나무과)

원 산 지 : 레바논, 터어키 남서부

영 명 : Cedar of Lebanon, Tree of the Lord

특 징 : 속명의 Cedrus는 고대 그리스어 kedros에서 유래되었으며 '수지(樹脂) 식물'이라는 뜻으로 5종이 난다. 높이는 45m 정도 자라며 상록 침엽 교목(喬木)이다. 수피(樹皮)는 갈라지고, 가지는 수평으로 뻗는다. 잎의 길이는 2.5~3cm 정도로 연 청록색에서 암록색으로 밀생한다. 열매는 구과(毬果)로 알모양의 긴 타원형으로 크기는 10cm 정도다.

이용부위 : 수피, 수지

이용물질 : 에센셜 오일

용 도 : 방향제, 방부제, 방충제, 약용

이용방법 : 향이 좋은 수지로 오래 전부터 이용되어 왔다. 향료, 화장품은 물론, 시체 방부 등에도 사용되었다. 나병을 고치거나 기생충을 없애는 데 이용되기도 했다. 최근 이 나무에서 채취한 오일에는 유해충의 접근을 막는 성질이 있다는 사실이 알려졌다. 아로마테라피로 이용하면 만성적인 불안증을 감소시킨다. 방광염, 기관지 치료에도 효과적이다. Cedar oil은 종양 세포분열을 막는다[1).

캐롭

학 명 : *Ceratonia siliqua*

과 명 : LEGUMINOSAE (콩과)

영 명 : Carob, Locust Bean

원산지 : 지중해 연안

특 징 : 높이가 10m 정도 자라는 상록 활엽 관목(灌木)으로, 가뭄에 잘 견딘다. 잎에 수지를 함유하고 있다. 가을에 작고 우중충한 녹갈색의 꽃이 피며, 녹색의 긴 꼬투리가 달린다. 이 꼬투리는 익으면 초콜릿색으로 변하고, 속에는 작고 광택이 나는 딱딱한 콩이 들어 있다.

이용부위 : 열매, 수피, 나무, 씨앗

용 도 : 식용, 약용, 미용제

이용방법 : 과육은 캔디로 먹거나 캔디처럼 쵸콜렛 대신 카페인 없는 음식의 풍미를 내는 데 쓰인다. 술을 만들거나, 당뇨병 환자용 밀가루에 섞거나, 요리용 농축 고형(固形)의 스프 만드는 염색제로도 쓰인다. 피부를 부드럽게 하는 캐롭 검(Carob gum)은 피부 팩으로 인기가 있다. 설사 치료에 쓰이기도 한다. 캐롭의 협과(莢果)는 보석 제도사들이 무게를 달 때 이용하기도 하고, 커피 만드는 데 쓰이기도 한다[1].

프린지트리

학 명 : *Chionanthus virginicus*

과 명 : OLEACEAE (물푸레나무과)

영 명 : Fringe Tree

원 산 지 : 북동 아메리카, 동아시아

특 징 : 속명의 Chionanthus는 그리스어 '눈'과 '꽃'의 합성어로 흰 꽃이 만발한다는 뜻에서 유래되었으며, 2~4종이 있다. 높이 10m 정도 자라는 낙엽 관목이다. 수피(樹皮)는 회갈색이며 세로로 터져 있다. 잎의 길이는 3~10cm로 엽병(葉柄)이 있으며, 가을에 밝은 노란색으로 단풍이 든다. 꽃은 초여름에 피고, 술장식처럼 보여 술장식나무라는 이름도 있다.

이용부위 : 뿌리, 수피

용 도 : 약용

이용방법 : 가을에 채취한 말린 뿌리의 수피(樹皮)와 싱싱한 줄기의 수피는 간장과 담낭을 치료한다. 이것은 담낭에서 나오는 담즙의 흐름과 소변의 흐름을 촉진할 뿐만 아니라, 식욕 증진, 위액 분비, 간 기능을 자극하며 변을 잘 나오게 하는 통변 효과도 있다. 특히 간 기능 강화에 효과적이며 강장제로 이용되기도 한다[1]. 간헐성(間歇性) 발열의 치료나 선열(腺熱)에 의한 만성 쇠약증 환자의 체질 강화에도 사용된다. 수피는 상처 치료의 습포제로 사용된다[2].

레몬

학명 : *Citrus limonia*

과명 : RUTACEAE (운향과)

영명 : Lemon

원산지 : 동남 아시아, 태평양 섬들

특 징 : 속명의 Citrus는 그리스명 kitron '상자'에서 유래된 라틴명이며, 약 150종이 있다. 높이는 3m 정도로 상록 관목이다. 잎은 10~20cm로 혁질이며 엽병은 짧고 잎가에 거치가 있다. 7~8월에 흰 꽃이 피며 향기가 강하다. 과실의 끝은 뾰족하고 과피는 녹색으로 광택이 난다. 익으면 점차 밝은 노란색으로 변한다.

이용부위 : 꽃, 잎, 줄기, 열매, 씨앗

이용물질 : 에센셜 오일

용 도 : 식용, 약용, 방향제, 미용제

이용방법 : 대부분의 감귤류는 식용으로 주스와 같은 음료나 요리의 풍미를 더하는 데 사용된다. 비타민 C가 풍부하므로 중세 유럽에서는 긴 항해중 괴혈병 발병 예방용으로 가지고 다녔다고 한다. 또한 약용 효과가 높은데, 특히 레몬 과즙은 살균, 수렴작용이 있어 양치제로 사용하면 구강 청결 및 목감기에 효과적이다. 독감, 빈혈 방지, 발한작용도 기대할 수 있다[3].

주 의 : 과민성 피부는 자극을 초래할 수 있으므로 피해야 하고, 에센셜 오일을 사용한 후에는 햇빛에 노출되는 것을 피한다.

라임

학 명 : *Citrus aurantifolia*

과 명 : RUTACEAE (운향과)

영 명 : Lime

원산지 : 인도 북동부

특 징 : 속명의 Citrus는 그리스명 kitron '상자'에서 유래된 라틴명으로 레몬 나무에 대한 오래된 명칭이며, 약 150종이 있다. 높이 2~5m 정도 자라는 반 고목성으로 직립하여 자란다. 잎은 큰 편으로 혁질(革質)이고 잎끝이 뾰쪽하며 단신복엽(單身複葉)이다. 잎의 아래부분은 날개처럼 생겼다. 작은 흰 꽃이 단생하며 약간의 자색을 띤다. 과실은 난형으로 작은 유두(乳頭)를 갖으며, 약 30~50g 정도 된다. 과피(果皮)는 녹색이나 익으면 점차 담황색으로 변하며 껍질은 얇은 편이다. 종자는 거의 없다.

이용부위 : 열매

용 도 : 식용, 방향제, 미용제

이용방법 : 라임은 신 함량이 많은 sour lime과 신 함량이 적은 sweet lime이 있다. 과즙은 독특한 방향이 있어서 레몬과 같은 방법으로 요리에 이용된다. 탄산음료나 알코올 음료용으로 이용 가치가 높다.

오렌지

학명 : *Citrus sinensis*

과명 : RUTACEAE (운향과)

영명 : Orange

원산지 : 인도 북부, 미얀마, 아샘 지방, 중국 양자강 상류

특 징 : 높이가 4~5m 정도인 상록성 소관목이다. 잎은 3~10cm로 긴 타원형이며 양끝이 뾰족하다. 잎의 앞면은 광택이 있고 어긋난다. 꽃은 흰색으로 향이 강하다. 열매는 오렌지색으로 둥글고 과피는 두꺼우며 약간 신맛이 있고 달다.

이용부위 : 열매, 씨앗, 과피

용 도 : 식용, 약용, 방향제, 미용제

이용방법 : 신선한 과일은 생식하거나, 주스를 만들어 마시고 음료수의 향을 내기도 한다. 과피(果皮)는 버터나 치즈 외에 마멀레이드, 과자 재료로 사용될 뿐만 아니라 비타민 C의 공급원이다. 과피에서 채취한 오일은 음식, 화장품, 향수의 향료로 사용된다. 쓴맛이 나는 오렌지 씨앗의 오일은 콜레스테롤을 감소시키는 효과가 있으며[1] 비누에 사용되고, 꽃은 등화유(橙花油)로 아로마테라피에 쓰인다. 잎이나 어린 싹의 오일도 아로마테라피로 사용하면 불안증이나 우울증 치료에 효과가 있다.

주 의 : 메스꺼움을 동반한 편두통 환자와, 관절염 환자는 오렌지를 피하는 것이 좋다[2].

학 명 : *Cinnamomum verum*

과 명 : LAURACEAE (녹나무과)

영 명 : Cinnamon, Kurundo

원 산 지 : 열대

시나몬

특 징 : 속명의 Cinnamomum은 '계피'의 그리스명으로, 계피가 말려서 구부려지는 모양에서 유래되었다. 방향성이 있고 약 250종이 있다. 높이는 13m 정도 자라는 상록 활엽 교목이다. 수피는 갈색이다. 잎의 길이는 7~12cm이고, 광택이 나며 뚜렷한 맥이 두드러지고 암록색으로 뒷면은 연하다. 꽃은 원추화서로 연노란 또는 크림색이며, 열매는 장과로 보라색이다.

이용부위 : 잎, 줄기, 뿌리, 열매, 수피, 나무

이용물질 : 에센셜 오일

용 도 : 식용, 약용, 향신료

이용방법 : 수피는 아시아와 아프리카에서 요리에 사용하며, 유럽에서도 디저트나 음료수의 풍미를 더하는 데 이용한다. 시나몬 파우더에 감미를 더하여 허브쿠키를 만들거나 토스트에 뿌리며, 음료수 향료로도 쓰인다. 중국에서는 수피를 계피라 하여 건위, 구충, 발한, 해열 등에 사용한다. 오래 전부터 양념은 물론, 감기약, 배를 따뜻하게 하는 약, 고창※을 완화하는 약으로 사용되어 왔다. 생리통을 완화하고 설사를 멎게 하는 효과도 있다. 에센셜 오일은 항균성이 있어 대장균, 포도상구균, 칸디나 알비칸스균 등의 발육을 억제한다[2]. 잎, 수피, 줄기, 뿌리에서 채취한 에센셜 오일은 식품과 향수의 향으로 사용된다.

주 의 : 에센셜 오일은 피부에 염증을 일으킬 수 있고 자연 유산의 원인이 될 수 있으므로 임신중에는 피한다[3].

※고창(鼓腸) : 장내에 가스가 차서 배가 부른 증상.

녹나무

학명 : *Cinnamomum camphora*

과명 : LAURACEAE (녹나무과)

영명 : Camphor Tree

원산지 : 열대 아시아

특　징 : 높이가 30m 정도 자라는 상록 활엽 교목(喬木)이다. 잎과 줄기에는 방향성이 있고, 줄기에 장뇌(樟腦)를 함유하고 있다. 잎의 길이는 6~10cm로 광택이 있으며, 어린 잎은 붉은빛이 돌고 잎가에 거치(鋸齒)가 없다. 꽃은 5월에 원추화서(圓錐花序)로 피며, 처음에는 흰색이지만 점차 황록색을 띤다.

이용부위 : 잎, 줄기, 뿌리, 나무

이용물질 : 에센셜 오일

용　도 : 약용, 방향제, 방충제

이용방법 : 과거 수백 년에 걸쳐 이 식물을 증류하여 장뇌를 추출했다. 유럽에서는 12세기부터 알려져 이용되어 왔다. 뿌리와 나무를 잘라 채취한 정유는 농밀(濃密)한 하얀 장뇌(Camphor)와 장뇌유(Camphor oil)를 만든다. 고대에는 캠퍼 수정을 방향제, 향수, 방부제의 보조물, 방충제로 사용하기도 했다. 캠퍼 오일은 진통제, 소독제로 사용하거나, 순환계를 자극하기 위해 가슴이나 근육에 바르는 약, 흡입제(吸入濟)나 입술 연고를 만드는 재료로도 사용된다[1].

코코넛

학 명 : *Cocos nucifera*

과 명 : PALMAE (야자과)

원 산 지 : 열대 또는 아열대

영 명 : Coconut Palm, Coconut

특 징 : 속명의 Cocos는 '원숭이'라는 뜻으로, 종자의 내과피에 있는 3개의 주공이 원숭이를 닮은 데서 유래되었으며 700종이 있다. 높이는 30m 정도 자라는 단간의 교목이다. 잎의 형태는 우상복엽(羽狀複葉)으로 회색을 띠는 백록색이며 꽃은 육수화서(肉穗花序)로서 1~1.5m, 과실은 타원형으로 삼각의 능선이 있다.

이용부위 : 꽃, 잎, 열매, 수피, 나무, 씨앗

용 도 : 식용, 건축재

이용방법 : 기둥 같은 줄기는 건축물에, 잎은 엮어서 지붕을 덮는 데 쓰인다. 심의 중심은 요리재료로 사용한다. 수액은 설탕으로 만들고 토디로 발효하거나 아락 술을 만들기 위해 증류하기도 한다. 껍질은 먹을 수 있는 하얀 과육(果肉) 부분을 싸고 있으며 코코넛 밀크를 함유하고 있는데 이 밀크는 과실이 익을수록 과육에 흡수된다. 열매 말린 것을 코프라(copra)라고 하며, 코코넛오일로는 비누를 만든다. 합성고무, 글리세린, 화장품에 쓰이고, 다른 지방들이 흡수되지 않도록 하는 성질이 있어 특별한 다이어트를 위해 사용하기도 한다[1].

학명 : *Cupressus sempervirens*

과명 : CUPRESSACEAE (측백나무과)

영명 : Cypress

원산지 : 서남아시아(아프가니스탄, 이란), 지중해

사이프러스

특　　징 : 속명의 Cupressus는 라틴명으로 원산지인 키프로스 섬의 지명에서 유래되었다. 높이는 40~45m 정도까지 자라는 상록 침엽수로 곧추 자라며 따뜻하고 건조한 곳에서 잘 자란다. 수피는 회갈색이다. 잎은 암녹색이며 방향성이 있다. 열매는 구과(毬果)로 둥글며, 수열매는 황색을 띠고, 암열매는 녹색이나 둘 다 익으면 갈색으로 된다.

이용부위 : 잎, 줄기, 열매, 수피, 나무, 수지

이용물질 : 에센셜 오일

용　　도 : 약용, 방향제

이용방법 : 잎, 가지, 열매에서 추출한 오일은 신선하고 장뇌 수지향을 지니기 때문에 향수나 면도 후 바르는 스킨, 비누 만드는 데 사용한다. 아로마테라피스트는 오일을 수축성이나 혈관 압축 성분이 손상된 모세혈관을 치료하거나 불안정한 심리를 치료하는 데 쓴다. 심한 정맥류성 혈관 치질의 순환강장제로도 쓰이며, 항근육경련이 있어 기침으로 인한 발작을 완화시키는 작용도 한다[1].

퀸스

학 명 : *Cydonia oblonga*

과 명 : ROSACEAE(장미과)

영 명 : Quince

원 산 지 : 중앙아시아, 크레타

특 징 : 속명의 Cydonia는 크레타섬의 고대도시 Cydon의 지명에서 유래되었다. 로마시대부터 재배해 온 식물로, 높이 6m 정도 자라는 낙엽소관목이다. 잎은 난형 또는 원형으로 새잎은 털이 빽빽하고 잎가는 밋밋하다. 뒷면에는 흰털이 밀생(密生)한다. 잎은 가을에 노란색으로 단풍이 든다. 꽃은 흰색 또는 담홍색으로 신초(新梢)의 끝에 단생한다. 열매는 서양배모양이며 성숙하면 황색이 된다. 과실에는 돌세포가 많아 딱딱하기 때문에 생식하지 않으며 강한 방향성이 있다. 원산지 부근에는 생식할 수 있는 재배품종이 있는 것으로 알려져 있다.

이용부위 : 열매, 씨앗

용 도 : 식용, 미용제, 약용

이용방법 : 덜 익은 열매는 신맛이 나고 아주 딱딱하다. 이것으로 요리를 하면 분홍색으로 변하며 술이나 애플파이, 잼, 젤리, 고기 요리의 풍미를 더한다. 씨앗은 독성이 있지만 물에 담구어 농도가 짙은 점성의 즙액을 만든다. 요리할 때 음식의 형태를 굳게 하는 용도나 화장품 마스카라의 재료로 쓰인다. 열매의 즙이나 시럽은 설사나 목이 아플 때 마신다[1].

두리안

학명 : *Durio zibethinus*

과명 : BOMBACACEAE (물밤나무과)

영명 : Durian, Tiger Fruit

원산지 : 동남아시아

특 징 : 높이 36m 정도 자라는 상록 활엽 교목(喬木)이다. 수피(樹皮)는 회녹색이며 약용으로 쓰인다. 잎은 긴 타원형으로 끝은 뾰족하며, 표면은 암록색이고 뒷면은 은회색이다. 꽃은 핑크에서 노란색 또는 녹색을 띤 흰 꽃이 피며, 열매의 겉에는 가시가 나 있고 안은 먹을 수 있으며 버터 덩어리 같이 생겼으며 대단히 무겁다.

이용부위 : 잎, 뿌리, 열매, 수피, 씨앗

용 도 : 식용, 약용

이용방법 : 과일의 왕이라고 하는 두리안은 고약한 냄새(치즈나 양파같이 악취가 남)가 나지만, 신선하면서 감미로운 감칠맛이 나고 영양가가 풍부하여 인기가 있다. 먹을 수 있는 부분은 무겁다. 열대 지방이나 특히 말레이에서는 신선한 것을 그대로 먹어 에너지를 보충한다. 익지 않은 것은 야채로 먹으며, 단백질이 풍부한 씨앗은 굽거나 튀겨서 먹는다[1]. 향료, 조미료로 쓰이기도 한다. 잎과 수피(樹皮)는 약으로 쓰인다.

학명 : *Elaeis guineensis*

과명 : PALMAE
(야자과)

영명 : African Oil Palm

원산지 : 서아프리카

herb

오일야자

특 징 : 높이 22m 정도 자라는 상록 활엽 교목(喬木)으로 천천히 자라는 성질이 있으며 웅장한 모습을 지니고 있다. 잎은 우상복엽(羽狀複葉)으로 갈라져 있다. 열매는 타원형으로 황색에서 붉은색을 띠며 안에는 종자가 들어 있다.

이용부위 : 꽃, 잎, 줄기, 뿌리, 열매, 수지, 씨앗

용 도 : 식용, 약용, 미용제

이용방법 : 과피(果皮)에서 채취한 팜 오일은 가정요리나 비누를 만드는 데 사용하며, 열매에서 채취한 오일은 화장품 원료나 마가린에 사용된다. 수꽃에서 나온 꽃봉오리는 먹기도 하고, 수액은 설탕이나 토디※ 와인으로 만든다. 엽병(葉柄)의 수액은 피부를 베었을 때에 바르고, 뿌리를 삶아 달인 액은 두통에 효과적이다. 뿌리를 태운 가루 재는 낙태에 사용되었다[1].

※토디: 야자주 또는 위스키에 뜨거운 물, 설탕, 레몬을 탄 음료.

학명 : *Eucalyptus globulus*

과명 : MYRTACEAE (도금양과)

영명 : Eucalyptus, Gum Tree

원산지 : 아열대고지대

유칼립투스

특 징 : 속명의 Eucalyptus는 그리스어의 '아름답다'와 '덮인다'의 합성어로 꽃의 모양에서 유래되었다. 약 700여 종이 있다. 70m 자라는 교목(喬木)의 속성수로, 수피는 매끄러우며 청회색을 띤 흰색이다. 잎은 엽병 없이 마주나고 회녹색이다. 꽃은 2~3개가 모여 피며 과실은 2.5cm 정도로 동그스름하다.

이용부위 : 잎, 줄기, 나무, 수지

이용물질 : 에센셜 오일

용 도 : 약용, 방향제, 미용제, 방충제, 방부제

이용방법 : 에센셜 오일은 강한 살균작용이 있어 입욕제로 하면 피부를 정화하고 피부 장애에 효과가 있다. 정신 고양, 스트레스 해소에도 효과가 있으며, 가래에는 희석한 오일을 가슴에 바른다. 젊은 피부를 유지하는 효능이 있어 고대 이집트 시대부터 사용되었다. 뜨거운 햇볕에 그을린 피부에 냉각작용을 하며, 벼룩과 이의 살충 효과도 있다.

주 의 : 내복해서는 안 된다.

*레몬유카리(*Eucalyptus citriodora*) : 만지면 레몬 향기가 난다. 잎에 시토네롤을 함유하고 살균, 방부(防腐) 효과가 높다. 레몬유카리의 리스를 현관에 걸어두면 밖으로부터의 잡균을 차단시킨다고 한다[3].

두충

학 명 : *Eucommia ulmoides*

과 명 : EUCOMMIACEAE (두충나무과)

영 명 : Gutta-Percha Tree

원 산 지 : 북반구 온대

특 징 : 속명의 Eucommia는 그리스어 '좋다' 와 '고무' 의 합성어로, 나무 껍질에 구타페르카라는 고무 성질이 있는 데서 유래되었다. 높이 20m 정도 자라는 낙엽 교목으로 약용식물이다. 잎의 길이는 5~15cm이며 잎가에는 거치(鋸齒)가 있고 엽병(葉柄)이 있다. 열매는 긴 타원형으로 편평하고 날개가 있으며 길이가 3cm 정도 된다.

이용부위 : 잎, 뿌리, 수피, 수지, 씨앗

용 도 : 약용

이용방법 : 수피는 맛이 좋고, 중국의 전통의학에서는 몸을 따뜻하게 하는 성질이 있다고 여겼다. 간장과 신장에 좋은 강장제로 쓰이며 혈압을 낮추고 콜레스테롤의 흡수를 줄인다. 임신중의 관절 부상이나 약해진 근육과 뼈를 튼튼하게 한다. 수피는 정서적인 문제에 처방되기도 한다[1).

보리수고무나무(보 트리)

학 명 : *Ficus religiosa*

과 명 : MORACEAE (뽕나무과)

원산지 : 동남아시아

영 명 : Sacred Bo Tree, Pipal Tree, Sacred Fig

특 징 : 속명의 Ficus는 라틴어의 고어로 '무화과나무'라는 뜻에서 유래되었으며 약 800~2,000종이 있다. 높이 8m 정도 자라는 온실성 관엽식물이다. 잎의 길이는 7~15cm이며 혁질(革質)로 심장형 또는 난원형이며 끝이 매우 길고 뾰족한 특징을 갖는다. 꽃은 은화과(隱花果)로 꽃대가 없고 크기는 2cm 정도이며 익으면 암자색(暗紫色)이 난다. 종소명의 religiosa는 '종교적'이라는 뜻으로 석가모니가 이 나무 아래에서 도를 닦았다고 전해지고 있다.

이용부위 : 잎, 줄기, 뿌리, 열매, 수피, 수지, 씨앗

용 도 : 약용, 섬유용, 호료용

이용방법 : 인도에서는 수축성이 있는 수피(樹皮)를 치통이나 염증, 갈라진 발의 치료제로, 잎과 새싹은 피부병에 사용했던 것으로 알려져 있다. 열매는 가벼운 변비약으로 쓰이고, 천식에는 열매의 가루를 물에 풀어서 사용한다. 유액(乳液)은 접착하는 왁스로 깨어진 도자기를 붙일 때에 사용한다. 미얀마에서는 수피 섬유를 종이 만드는 데 사용한다[1].

서양물푸레나무

학 명 : *Fraxinus ornus*

과 명 : OLEACEAE (물푸레나무과)

원산지 : 서남아시아, 남유럽

영 명 : Manna Ash, Flowering Ash

특 징 : 속명의 Fraxinus는 서양물푸레나무의 옛 라틴명이며 '분리하다'에서 유래되었다고 하지만 확실치는 않다. 높이 20m 정도 자라는 낙엽 교목(喬木)이다. 잎의 길이는 6~15cm, 어린 잎은 5~7장으로 마주나며, 표면은 짙은 녹색이며 엽병(葉柄)은 짧다. 꽃은 원추화서(圓錐花序)로 잎보다 먼저 피고 크림색으로 향기가 있다. 열매의 길이는 3~5cm로 좁고 길며 날개가 있다. 익으면 밝은 갈색으로 변한다.

이용부위 : 수피, 수지

용 도 : 식용, 약용

이용방법 : 꽃이 피는 계절에 수피(樹皮)를 절단하면 달콤한 수액이 나오는데 이것을 만나(manna)라고 한다. 이 수액은 영양가가 있어 회복기를 위한 온화한 강장제가 된다. 어린이와 임산부에게는 가벼운 설사를 유도하기 위하여 처방되기도 한다[1].

은행나무

학 명 : *Ginkgo biloba*

과 명 : GINKGOACEAE (은행나무과)

원산지 : 중국

영 명 : Ginkgo
Maidenhair Tree

특 징 : 속명의 Ginkgo는 은행의 일본식 발음 '긴교'에서 유래되었으며 1과 1속 1종인 식물이다. 높이 40m까지 자라는 낙엽 교목이다. 수피(樹皮)는 회백색이다. 잎의 길이는 3~5cm로 부채형으로 엽병(葉柄)이 길며 가을에는 노랗게 단풍이 든다. 꽃은 4~5월에 수상화서(穗狀花序)로 피며 자웅이주다. 열매는 직경이 2.5cm 정도이고 녹황색이지만 익으면 황토색으로 변하며 외피는 다육질(多肉質)로 악취가 난다.

이용부위 : 잎, 열매, 씨앗

용 도 : 식용, 약용

이용방법 : 최근 연구에 의하면 가을에 노랗게 된 잎은 비타민을 함유할 뿐만 아니라 GBE(Ginkgo Biloba Extract)가 추출되는 것으로 밝혀졌다. 이는 혈관을 강화하고 조직이 손상되는 것을 경감시킨다. 또 테르펜은 혈소판이 응집되는 것을 경감시키는 효과가 있다. 중국에서는 잎과 씨앗을 폐 질환에 사용했으며, 이는 뇌의 능률과 세포의 활력을 증진시킨다[1].

학명 : *Illicum verum*

과명 : ILLICIACEAE (붓순나무과)

영명 : Star Anise

원산지 : 중국, 베트남, 한국(남부도서 지방)

herb

붓순나무

특　　징 : 속명의 Illicum은 라틴어 '참지 못 한다'는 뜻으로 삭과(蒴果)를 건드리면 터지는 데서 유래되었으며 18m 정도 자라는 상록 교목(喬木)이다. 수피는 회색이며, 잎은 5~10cm로 혁질(革質)이며 엽병(葉柄)이 있다. 꽃은 4월에 황색으로 핀다. 열매는 골돌과(蓇葖果)로 별모양으로 배열이 되어 있으며, 각각의 주머니 속에 황색 종자가 1개씩 들어 있다.

이용부위 : 잎, 수피, 씨앗

이용물질 : 에센셜 오일

용　　도 : 식용, 약용, 방향제

이용방법 : 씨앗과 삭과는 중국인들이 즐겨 사용하는 5종의 스파이스 중 하나다. 과실이나 잎에서 채취한 에센셜 오일은 아니스 씨앗의 맛을 보충해 주며, 식욕을 증진시키고 소화를 촉진하며 가슴 병을 경감시키고, 류머티즘, 헛배부름에 사용된다. 에센셜 오일은 비누, 머리용 오일, 향수로 이용된다[1].

주　　의 : 씨앗에는 독성이 있으므로 전문가의 지시에 따른다.

호도나무

학 명 : *Juglans sinensis*

과 명 : JUGLANDACEAE (가래나무과)

원 산 지 : 유럽 남동부, 히말라야, 중국

영 명 : English Walnut, Persian Walnut

특　　징 : 속명의 Juglans는 옛 라틴명으로 열매의 맛이 좋아서 '쥬피터의 견과'라는 뜻으로 붙였다고 한다. 높이 20m까지 자라는 낙엽 교목이다. 수피(樹皮)는 회백색이고 밋밋하다. 잎의 길이는 7~20cm이며 엽병(葉柄)은 길다. 작은 잎은 3~7장이며 타원형이다. 꽃은 1가화(家花)로 5월에 핀다. 열매는 호도라 부르며 9월에 익으며 식용한다.

이용부위 : 잎, 열매, 나무, 씨앗

용　　도 : 식용, 약용, 염료용

이용방법 : 잘 익은 열매는 샐러드와 디저트에 넣어 생으로 즐기거나 요리에 다양하게 이용하고, 껍질이 딱딱해지기 전에 채취하여 절임을 해서 먹기도 한다. 호도를 먹으면 콜레스테롤을 줄인다. 열매에서 채취한 불건성유인 호도 유(油)는 식용유로 쓰거나 비누 만드는 데 들어가기도 한다. 중국에서는 천식(喘息), 등과 다리의 통증, 변비치료에 사용한다. 으깬 잎은 피부 발진 치료나 벌레를 퇴치하는데 사용한다[1]. 수피, 잎, 열매 껍질은 갈색 염료를 낸다.

향나무

학명 : *Juniperus chinensis*

과명 : CUPRESSACEAE (측백나무과)

영명 : Juniper

원산지 : 북반구온대

특징 : 속명의 Juniperus는 캘트어 '조밀하게 이루어지다'에서 유래되었으며 약 70종이 있다. 높이 10m 정도 자라며 상록성 교목(喬木)이다. 수피는 적갈색으로 세로로 찢어져 벗겨진다. 잎은 따끔한 침엽과 부드러운 인상엽(鱗狀葉)이 있으며, 흰색의 기공선(氣孔線)이 있다. 꽃은 4월에 피고 구과(毬果)는 둥근 모양으로 흑자색이다.

이용부위 : 잎, 열매, 나무

이용물질 : 에센셜 오일

용도 : 식용, 약용, 염료용

이용방법 : 잘 익은 열매는 술이나 육고기 요리의 향미(香味)를 내는 데 쓰이거나 다갈색의 염료로 사용한다. 열매에서 채취한 쥬니퍼 유(油)에는 살균 해독작용이 있어 방광염(膀胱炎)과 류머티즘, 통풍(痛風), 피부염에 효과적이라고 한다[3]. 아메리카 원주민들은 침엽을 태운 방향과 열매를 삶아서 감기를 치료했다[1].

주의 : 임신중이나 신장(腎臟)에 장애가 있을 때는 사용을 금한다. 정유(精油)의 내복(內服)에 대해서는 전문가의 지시에 따른다[2].

낙엽송

학명 : *Larix laricina*

과명 : PINACEAE (소나무과)

원산지 : 캐나다 동부~로키

영명 : Tamarack, American Larch

특 징 : 속명의 Larix는 유럽 잎갈나무의 옛이름이며 캘트어의 '풍부하다'에서 유래되었다. 높이 20m 정도 자라는 낙엽 교목으로 수지가 많다 수피(樹皮)는 회색이며 가지는 수평으로 자라며 아래로 쳐진다. 잎의 길이는 1~3cm로 짧으며 뭉쳐서 난다. 열매는 구과(毬果)로 작고 갈색으로 원추형이다.

이용부위 : 줄기, 수피, 나무, 수지

용 도 : 약용

이용방법 : 캐나다 원주민들에게 약용나무로 알려져 있는 이 식물의 내수피는 세포 조직의 회복을 빠르게 한다. 끄리(Cree) 족※은 지혈용, 귀앓이나 눈의 염증을 치료하거나 농염증을 씻는 데 사용했다. 수피(樹皮)에서 채취한 수액은 지혈제, 이뇨제, 황달, 복통에 사용하며 순하게 해서 차로 마시면 우울증에도 효과가 있다. 수지는 목이 부었을 때 씹어 먹기도 한다[1].

※끄리 족(Cree):캐나다 중앙부에 살았던 아메리카 원주민.

월계수

학명 : *Laurus nobilis*

과명 : LAURACEAE (녹나무과)

원산지 : 유럽 남부, 지중해

영명 : Sweet Bay, Bay Tree, Bay Laurel

특　　징 : 속명의 Laurus는 캘트어 '녹색'에서 생긴 라틴명으로 월계수가 상록인 것에서 붙여졌다. 15m 정도 자라는 상록 교목이다. 수피는 회흑색이나 새 가지는 자홍색이다. 잎은 7~12cm로 엽병은 짧고 혁질(革質)이며 긴 타원상 피침형이다. 잎가는 약간 물결모양이며 꽃은 4~5월에 크림색의 작은 꽃이 취산화서(聚散花序)로 핀다. 가을에 열매가 공모양의 암자색(暗紫色)으로 익는다.

이용부위 : 잎, 열매, 나무

이용물질 : 에센셜 오일

용　　도 : 식용, 약용, 향신료, 방향제, 목욕제, 방충제

이용방법 : 고대부터 월계수 잎은 승리자의 왕관으로 만들어 태양신 아폴로에게 바쳤다. 말린 잎은 스프 등 요리에 광범위하게 쓰인다. 목욕제로 쓰면 냉증에 유효하고 신경통 및 류머티즘 통증을 없앤다. 강장 효과도 기대된다. 잎을 부숴 알코올에 담그면 육모(育毛) 효과가 있는 로션을 만들 수 있다. 방향 성분을 추출한 것은 식품 및 화장품 향료로 쓰인다. 차로 마시면 발한(發汗)작용이나 건위(健胃)에 뛰어난 효과가 있어 신진대사를 높인다. 겨울에 권하는 차다[3].

마누카(티트리)

학 명 : *Leptospermum scoparium*

과 명 : MYRTACEAE (도금양과)

원산지 : 뉴질랜드 태즈매니아

영 명 : Manuca, New Zealand Tea Tree, Tea Tree

특 징 : 속명의 Leptospermum는 그리스어 leptos '얇다'와 sperma '종자'의 합성어로 작고 호리호리한 종자의 모양에서 유래되었다. 영명의 Tea Tree는 초기의 이주자가 이 식물의 잎을 차의 대용으로 사용한 데서 유래한다. 높이 6m 정도 자라는 상록 관목(灌木)으로 가지가 많이 생기는 반 내한성의 식물이다. 어린 가지와 잎에는 가는 털이 있다. 잎의 길이는 2cm 정도의 피침형으로 광택이 있으며 빳빳하고 엽병(葉柄)은 없다. 꽃은 봄부터 가을까지 액생(腋生) 또는 정생(頂生)하며 흰색 또는 분홍색으로 피며 꽃잎은 5장으로 동그랗다. 열매는 삭과(蒴果)로 목질이며 5실로 되어 있고 오랫동안 나무에 달려 있다.

이용부위 : 꽃, 잎, 줄기

이용물질 : 에센셜 오일

용 도 : 식용, 약용, 미용제, 절화용

이용방법 : 잎은 생것이나 말려서 차로 사용한다. 에센셜 오일은 근육 피로를 풀어 주는 효과가 있다[3]. 마누카에서 채취한 꿀은 위장에 효험이 있다고 알려져 있다. 절화는 화훼장식의 소재로 인기가 있으며 수명이 길다.

광나무

학명 : *Ligustrum lucidum*

과명 : OLEACEAE (물푸레나무과)

원산지 : 중국, 한국, 일본

영명 : Chinese Glossy Privet, White Wax Tree

특 징 : 속명의 Ligustrum는 본 속의 일종인 *L.vulgare*의 옛이름으로 라틴어의 '맺는다' 또는 '엮는다'의 뜻으로 물건을 묶는 데 쓰는데서 유래했다. 10m까지 자라는 상록 교목(喬木)으로 가지는 퍼진다. 잎은 5~12cm 정도의 혁질(革質)로 마주나고 타원형 또는 난상 피침형이며 엽병(葉柄)이 있다. 꽃은 7~8월에 흰색 또는 크림색으로 원추화서(圓錐花序)로 피며 가지 끝에 달린다. 열매는 10월에 익으며 타원형이고 흑자색이다.

이용부위 : 잎, 줄기, 열매, 수지, 씨앗

용 도 : 약용, 염료용, 미용제

이용방법 : 열매는 신장 기능을 돕고 근육과 뼈를 튼튼히 하며 류머티즘을 치료한다. 허리, 무릎이 약할 때, 심장의 떨림이나 불면증을 도와 주고 시력, 청력을 맑게 해 준다. 중국에서는 음기를 돋우는 것으로 알려져 있으며, 흰머리나 탈모, 윤기가 없을 때도 좋다. 잎과 새싹은 진한 노란색, 수피는 노란색, 익은 열매는 녹회색의 염색소를 가진다. 일반적으로 광나무 종류의 꽃은 순한 향수나 불규칙한 호흡, 태운 피부를 진정시키는 오일 혼합물로 사용하기도 한다[1].

일본후박

학명 : *Magnolia officinalis*

과명 : MAGNOLIACEAE (목련과)

영명 : Magnolia

원산지 : 중국

특　　징 : 속명의 Magnolia는 프랑스 몽펠리에 대학의 식물학자 이름에서 유래되었으며 약 100여 종이 있다. 높이가 20m 정도 자라는 낙엽 활엽 교목(喬木)이다. 수피(樹皮)는 연회색이다. 잎의 길이는 20~40cm 이상으로 크며 긴 타원형으로 연녹색이다. 꽃은 5~6월에 유백색으로 줄기 끝에서 피고 꽃잎의 길이는 6cm 정도이며 향기가 강한 편이다. 열매는 긴 타원형으로 가을에 붉은빛으로 익는다.

이용부위 : 꽃, 수피

이용물질 : 에센셜 오일

용　　도 : 방향제, 약용

이용방법 : 방향이 있는 Magnolia종의 꽃은 흥분성이 있어서 기운을 북돋우는 데에 사용된다. 수피에서는 에센셜 오일을 채취하며 근육완화제(筋肉緩和劑) 성분을 포함하고 있다. 위경련, 소화성 궤양(潰瘍), 설사(泄瀉), 구토(嘔吐), 기침, 천식(喘息) 치료에 사용된다. 장티푸스, 말라리아, 살모넬라균에 대한 살균(殺菌) 치료 효과도 있다[1].

망고

학명 : *Mangifera indica*

과명 : ANACARDIACEAE (옻나무과)

영명 : Mango, Amchoor

원산지 : 아시아

특　징 : 높이가 30m 정도 자라는 상록 교목(喬木)으로 속성수다. 잎의 길이는 10~20cm 정도이며 타원상 피침형으로 표면에는 광택이 있으며 유독성이다. 꽃은 녹색을 띤 흰 꽃이 원추화서(圓錐花序)로 피며 향기가 있다. 열매는 껍질이 녹색, 황색, 붉은색이 나며 향기가 있다.

이용부위 : 꽃, 잎, 열매, 수피, 나무, 수지, 씨앗

용　도 : 식용, 약용

이용방법 : 열매는 생으로 먹거나, 사탕 또는 절임을 해서 먹는다. 익지 않은 열매와 어린 잎은 신맛을 내는 향료로 높이 평가받는다. 잎은 껌 색의 톤을 내기 위해 으깨어 사용한다. 인도에서는 수피(樹皮)가 내부출혈, 이질, 인후질병 치료에 사용한다. 잎의 재는 화상(火傷) 치료에 쓰이며, 덜 익은 과일, 껍질, 씨앗, 꽃, 수지(樹脂)는 약으로 쓰여진다[1].

멀구슬나무

학 명 : *Melia azadirachta*

과 명 : MELIACEAE (멀구슬나무과)

영 명 : Neem Tree, Margosa

원 산 지 : 인도 동부

특　　징 : 속명의 Melia는 물푸레나무의 그리스 명이지만 잎의 형태가 비슷하기 때문에 붙여진 것으로, 약 20여 종이 있다. 높이 5~15m 정도 자라는 낙엽 활엽 교목이다. 수피(樹皮)는 흑갈색으로 갈라진다. 가지는 연하고 잎의 길이는 8cm로 우상복엽으로 어긋나며 엽병(葉柄)은 길다. 꽃은 5~6월에 연분홍색으로 가지 끝에 원추화서(圓錐花序)로 달린다. 열매는 핵과(核果)로 올리브 열매처럼 생겼으며 처음에는 연녹색이지만 9월에 황색으로 익는다.

이용부위 : 꽃, 잎, 수피, 나무, 수지, 씨앗

용　　도 : 약용, 방충제, 방부제

이용방법 : 씨앗에서 추출한 오일은 항균 또는 항바이러스 효과가 있어서 나병과 다른 피부병을 고치며, 발암물질을 감소시키는 특성이 있다. 정자를 살균시키는 효과가 있어 남성용 경구용 피임약으로 사용하기도 한다. 수피, 잎, 뿌리는 강장제, 또는 해열제로 사용하기도 한다. 무독성 살충제로서 박테리아나 200가지가 넘는 곤충류(메뚜기, 벼룩 등)를 없앤다. 잎은 방부제나 벌레를 퇴치시키는 효과도 있다[1].

뽕나무

학 명 : *Morus alba*

과 명 : MORACEAE (뽕나무과)

영 명 : White Mulberry

원산지 : 중국

특 징 : 속명의 Morus는 옛 라틴명으로 캘트어의 '검다'에서 유래되었으며 열매가 검은색이다. 높이 15m 정도 자라는 낙엽 활엽 교목(喬木)이다. 수피(樹皮)는 갈색을 띤다. 잎의 길이는 10~15cm이며 심장모양 타원형으로 끝은 뾰족하며 잎가에 거치가 있고 엽병(葉柄)이 있다. 꽃은 5월에 피고 열매는 6월에 자색 또는 검은색으로 익는다.

이용부위 : 잎, 뿌리, 열매, 수피

용 도 : 식용, 약용

이용방법 : 새싹은 식용으로 쌈이나 장아찌, 튀김 등으로 해서 먹거나 차로 마신다. 익은 열매는 생으로 먹거나 소주에 담가 이용하는 것이 일반적이다. 잎과 수피(樹皮)는 이뇨제(利尿劑)로 사용되며 강장작용 및 혈압을 내리는 효과도 있다. 한방에서는 뿌리의 껍질을 상백피(桑白皮)라 부르며 소염, 진해약으로 사용한다. 진액은 당뇨(糖尿)를 낮추며 종양(腫瘍)을 억제한다[1), 2)]. 우유 같은 수액(樹液)은 점액질이 있어 실크 섬유의 점착력을 준다.

올리브나무

학명 : *Olea europaea* var. *europaea*

과명 : OLEACEAE (물푸레나무과)

영명 : Olive, Oliva

원산지 : 지중해

특 징 : 7m 정도 자라는 상록 활엽 관목이다. 잎은 7~10cm 정도의 좁고 긴 타원형으로 혁질이며 마주난다. 꽃은 4~5월에 크림색으로 피며 향기가 있다.

이용부위 : 잎, 열매, 나무, 수지

용 도 : 식용, 약용, 미용제

이용방법 : 그린 올리브는 덜 익었을 때, 블랙 올리브는 완전히 익었을 때 수확해서 절임을 해서 먹는다. 완전히 익은 올리브에서는 오일을 여러 번 짠다. 저온에서 가장 먼저 짠 것이 질이 제일 좋고 노화방지제의 함유량도 높다. 샐러드용 오일과 지중해 요리 및 보존하는 음식으로 가치가 있다. 말린 타임, 로즈마리, 펜넬의 줄기나 잎을 절여서 담그면 향기와 풍미있는 드레싱에 아주 적당하다[3]. 의학적으로는 설사(泄瀉)를 멈추게 하거나, 변비(便秘)의 완화제로 이용된다. 액상의 바르는 약으로 사용되며, 화장품 크림에도 들어간다. 품질이 낮은 오일은 비누나 윤활제를 만들거나 램프기름으로 사용된다. 잎은 방부제로, 수지는 기관지 흡입제와 향수로 사용한다[1].

학명 : *Persea americana*

과명 : LAURACEAE (녹나무과)

영명 : Avocado Tree, Alligator Pear

원산지 : 서인도제도, 중앙아메리카

아보카드

특　　징 : 속명의 Persea는 이집트의 단맛을 내는 수목의 옛 그리스명에서 유래되었으며 약 150종이 있다. 높이는 5~20m 정도 자라는 상록 활엽 교목(喬木) 또는 소교목이다. 수피(樹皮)는 회흑색이 나고 잘 부러진다. 잎의 길이는 10~25cm이며 타원형으로 끝은 뾰족하고, 잎의 표면은 암녹색이고 뒷면은 회녹색으로 녹나무와 비슷한 향이 있다. 꽃은 연황녹색의 원추화서로 핀다. 열매는 서양배모양으로 가지 끝에 달려 늘어진다. 과실 표피는 광택이 있으며 흑녹색, 녹갈색 자색을 띤 것도 있다. 과실의 크기는 30g~2kg 정도로 폭이 넓다.

이용부위 : 잎, 열매, 수피, 씨앗

용　　도 : 식용, 약용

이용방법 : 과육(果肉)은 어떠한 과일보다도 높은 지방분, 단백질 함유량을 가지며 단맛은 없다. 과실은 버터 프루츠라는 별명이 붙을 만큼 샐러드 등에 사용되는 야채로 많이 이용된다. 열매에서 추출한 오일은 침투력 때문에 우중충하고 생기 없는 피부를 개선하는 크림과 마사지 오일의 재료로 사용된다. 이뇨(利尿)작용이 있는 잎을 우려내서 마시면 간을 깨끗하게 하고 고혈압을 낮춘다. 수피(樹皮)와 잎은 위, 가슴병 치료, 생리기간 조절에 쓰인다. 씨앗은 설사 치료에 도움이 된다[1].

대추야자(피닉스)

학 명 : *Phoenix dactylifera*

과 명 : PALMAE (야자과)

원 산 지 : 열대, 아열대

영 명 : Date Palm, Phoenix Palm

특 징 : 속명의 Phoenix는 과실에 붉은 자줏빛이 있어서 붙여졌다. 그 외에 불사조, 또는 봉황(鳳凰)이란 뜻도 있다. 높이는 20~30m 정도 자란다. 잎의 길이는 50cm 정도로 꼭대기에 빽빽하게 모여 난다. 잎은 잎줄기에 150~200개가 마주 붙어서 우상(羽狀)으로 자란다. 섬유질이 있다. 열매는 긴 타원형으로 갈색이다.

이용부위 : 잎, 열매, 수피, 나무

용 도 : 식용

이용방법 : 800가지가 넘는 사용법이 있을 정도로 모든 부위가 다 중요하며, 식용으로 쓰인다. 열매는 진미(珍味)로 알려져 있고 단 음식에 사용한다. 어린 잎은 요리에 사용하고, 수액(樹液)으로는 설탕이나 야자 과실주를 만든다. 열매에는 과로에 효과적인 비타민 B_6를 함유하고 있으며, 가벼운 설사(泄瀉)를 하도록 유도하는 효능이 있다[1].

학 명 : *Pimenta dioica*

과 명 : MYRTACEAE
(도금양과)

영 명 : Allspice, Pimento

원산지 : 자마이카,
중앙아메리카,
서인도

올스파이스

특 징 : *Pimenta*속에는 열대 아메리카나 카라비안 아일랜드에 5종이 자생한다. 9~12m 정도 자라는 상록성 교목이다. 잎은 15cm 긴 타원형으로 길며 광택이 있고 진녹색이다. 꽃은 녹색을 띤 흰색으로 작고 늦여름부터 핀다. 덜 익은 과일을 채집해서 말린 것이 향신료인 올스파이스다. 익은 열매의 색은 암갈색으로 강한 향이 있다. 카라비안 요리에 가장 중요한 향신료다.

이용부위 : 열매(液果)

용 도 : 향신료, 약용, 방향제, 포푸리

이용방법 : 대부분 자마이카로부터 공급되는 올스파이스는 시나몬, 나쯔메그, 크로브를 섞은 것과 같은 향기가 나기 때문이며 17세기에 이러한 이름이 붙여졌다. 혼합된 향이기 때문에 다른 스파이스와 잘 어울린다. 스파이시한 향은 요리를 북돋우는 중요한 향신료가 된다. 피클의 절인 즙에는 타임, 월계수와 같이 소금과 감미를 조금 하면 부드러운 풍미가 난다. 녹색으로 여문 열매는 달콤하고 풍미 있는 요리에 사용되는 정향, 계피, 육두구(肉荳蔲)의 매운 향미(香味)를 위해 말려진다. 요리에 사용하는 다른 허브와 마찬가지로 한기가 들었을 때 몸을 따뜻하게 해주며, 위장에 가스가 찼을 때에 이를 완화시킨다. 열매와 잎에는 카네이션 향이 나는 피멘토 오일을 산출하며 화장품이나 포푸리로도 이용된다[2].

잣나무

학명 : *Pinus Koraiensis*

과명 : PINACEAE (소나무과)

원산지 : 지중해

영명 : Stone Pine, Umbrella Pine

특　　징 : 속명의 Pinus는 옛 라틴명으로 캘트어의 '산'에서 유래되었으며 약 100여 종이 있다. 높이가 30m 정도 자라는 상록 침엽 교목(喬木)이다. 수피(樹皮)는 회갈색이다. 잎의 길이는 7~12cm이며 은백색이 도는 암록색으로 5잎이 뭉쳐서 난다. 꽃은 5월에 핀다. 열매는 솔방울모양의 긴 난형이며 크기는 12~15cm로 가을에 익는다.

이용부위 : 씨앗

용　　도 : 식용

이용방법 : 나무 끝이 우산모양으로 자라며 식용의 씨, 즉 잣을 생산한다. 겨울에 익은 솔방울을 채집하여 다음해 여름에 껍질을 까서 씨를 꺼내기 위하여 햇빛에 말린다. 잣은 일반적으로 겉껍질이 없는 상태로 판매된다. 고대 로마시대에는 요리에 널리 사용했다. 생으로 먹기도 하고 굽거나 소금에 절여 먹을 수 있다. 페스토소스(pesto sauce)로 유명하며, 야채요리나 육고기요리의 맛을 향상시킨다. 다른 소나무와 Monkey Puzzle Tree의 씨앗도 식용할 수 있다[1].

소나무

학 명 : *Pinus Densiflora*

과 명 : PINACEAE (소나무과)

원산지 : 북반구 온대

영 명 : Pine, Japanese Red Pine, Siberine Pine

특 징 : 속명의 Pinus는 옛 라틴명으로 켈트어의 '산'에서 유래되었으며 약 100여 종이 있다. 높이가 35m 정도 자라는 상록 침엽 교목(喬木)이다. 수피(樹皮)는 갈색 또는 적갈색이 난다. 잎의 길이는 8~15cm 정도로 2개씩 달리고 2년 후에 떨어진다. 꽃은 4~5월에 피며 새가지 밑부분에 달리고 원추형이다. 열매는 다음해 가을에 익는다.

이용부위 : 잎, 줄기 , 뿌리, 열매, 나무, 수지

용 도 : 식용, 약용, 방향제, 장식용

이용방법 : 솔방울은 맥주나 와인의 풍미를 내는 데 사용된다. 송진은 수지향 포도주를 만들기 위해 그리스 와인에 첨가된다. 소나무의 침엽, 가지, 솔방울 등을 증류하면 향수나, 또는 감기, 기관지염, 거담(去痰) 등의 약을 위한 최상품의 오일을 얻을 수 있다. 오일은 비누나 목욕제품에 이용된다. 상쾌한 향기는 통증을 경감시킨다. 뿌리의 타르는 양모(養毛) 촉진제품에 사용하기도 한다[1]. 소나무의 침엽은 포푸리를 만들어 향이 나게 하고, 솔방울도 방향을 위한 장식용으로 많이 이용된다.

푸루메리아

학명 : *Plumeria rubra*

과명 : APOCYNACEAE (협죽도과)

영명 : Frangipani

원산지 : 중앙아메리카 중부

특 징 : 높이 7m 정도 자라는 상록 활엽 소교목(小喬木)이다. 가지는 많이 갈라진다. 줄기에는 독성의 수액을 함유하고 있다. 잎의 길이는 15~20cm로 큰 편이며 난상 긴 타원형으로 끝은 약간 뾰족하다. 잎가는 밋밋하다. 꽃의 색깔은 흰색, 분홍색, 적색 등 다양하며 향기가 있다. 꽃은 향수의 원료가 된다.

이용부위 : 꽃, 잎, 수피, 수지

용 도 : 방향제, 약용

이용방법 : 다양한 색의 꽃은 양질의 향수를 생산한다. 카리브 여자들은 꽃에서 추출한 향을 머리카락, 리넨, 의류 등에서 향이 나게 하는데 사용한다. 수피(樹皮)는 임질(淋疾)치료에 사용된다. 잎은 멍이나 궤양(潰瘍)을 다스리는 습포(濕布)제로 사용하고, 유액(latex)은 류머티즘에 바르는 약으로 쓰인다[1].

탱자나무

학 명 : *Poncirus trifoliata*

과 명 : RUTACEAE (운향과)

원 산 지 : 중국, 일본

영 명 : Bitter Orange, Trifoliate Orange

특 징 : 속명의 Poncirus는 귤에 대한 프랑스어 poncire에서 유래되었으며 1속 1종 1변종이 있다. 높이가 3m 정도 자라는 낙엽 활엽 교목이다. 줄기에는 억센 가지가 어긋나게 붙어 있다. 잎의 길이는 3~6cm로 잎가에 둔한 거치가 있으며 엽병(葉柄)이 있다. 꽃은 5월에 흰색으로 피며 향기가 있다. 열매는 둥글고 가을에 노랗게 익으며 방향(芳香)을 가진다.

이용부위 : 열매

용 도 : 식용, 약용, 방향제

이용방법 : 운향과(芸香科) 식물의 열매 껍질은 매우 향기롭지만, 맛은 너무 시고 쓴맛이 나기 때문에 생식하기가 곤란하다. 중국과 일본에서는 술이나 잼으로 만들어 먹는다. 중국의 전통의학에서는 소화(消化)를 돕고 변비(便秘)를 완화하는 데 사용했다. 폐출혈을 완화시키고, 심장과 복부 주위가 비대해지는 것을 없애는 데도 쓰였다[1].

복숭아

학명 : *Prunus persica*

과명 : ROSACEAE (장미과)

영명 : Peach

원산지 : 중국

특 징 : 속명의 Prunus는 plum '자두'의 옛 라틴명에서 유래되었다. 높이가 6m 정도 자라는 낙엽 소교목이다. 겨울눈에는 털이 있다. 잎의 길이는 8~15cm로 길고 끝은 뾰족하며 잎가에 둔한 거치(鋸齒)가 있다. 꽃은 4~5월에 잎보다 먼저 피고 꽃잎은 5장이다. 열매는 핵과(核果)로 난상원형이며 7~9월에 익고 털이 나 있다.

이용부위 : 꽃, 잎, 줄기, 뿌리, 열매, 수피, 나무, 씨앗

이용물질 : 에센셜 오일

용 도 : 식용, 약용, 방향제, 미용제

이용방법 : 주로 생으로 먹거나 말려서 먹고, 병조림, 케이크 장식, 잼으로 해서 먹는다. 다른 쓴맛이 나는 과일과 같이 술에 자주 쓰인다. 어린 줄기는 잘게 잘라 술에 담가 먹으면 관절염에 효과가 있다. 종인(種仁)은 청산(青酸) 배당체를 함유하고, 한방에서는 도인(桃仁)이라고 부르며 어혈(瘀血)을 치료한다[2]. 씨앗에서 추출한 오일은 화장품이나 마사지오일로 사용한다[1]. 잎을 잘게 잘라 망에 넣어 입욕제로 사용하면 땀띠에 탁월한 효과가 있다.

Prunus속

매화

살구

만첩홍매실

학명 : *Prunus duleis*

과명 : ROSACEAE (장미과)

영명 : Almond

원산지 : 인도 서부~이란, 서아시아

herb

알몬드

특 징 : 속명의 Prunus는 plum '자두'의 옛 라틴명에서 유래되었다. 높이 8m 정도 자라는 낙엽 소교목이다. 잎의 길이는 7~13cm로 긴 타원상 피침형으로 진녹색으로 어긋난다. 꽃은 4~5월에 연분홍색 또는 흰색으로 달리며, 잎보다 먼저 피고 꽃잎은 5장으로 직경이 4cm 정도다. 성숙한 과실에는 과육(果肉)이 적다. 종자는 자연적으로 건조해서 터진다. 이용하는 부위는 중심에 들어 있는 종자다.

이용부위 : 열매

용 도 : 식용, 유지용, 미용제, 기호용

이용방법 : 조미된 열매는 안주나 샐러드에 넣어 먹으며, 얇게 잘라 제과용으로도 많이 사용한다. 투명한 오일은 달콤한 향기가 나고 에센셜 오일의 희석용이나 허브 오일의 원료로 사용한다. 이 오일에 타임, 로즈마리 등 각종 허브를 담그면 순하면서도 감칠맛 나는 풍미를 즐길 수 있다. 또 화장품이나 마사지오일로도 사용한다[3].

포플러

학 명 : *Populus deltoides*

과 명 : SALICACEAE (버드나무과)

영 명 : Balsam Poplar

원 산 지 : 북아메리카

특 징 : 속명의 Populus는 옛 라틴명으로 '인민'이라는 뜻에서 유래되었다. 미국에서 들어 왔다고 해서 미류(美柳)라고도 한다. 높이 30m 정도 자라는 낙엽활엽 교목으로 생장이 빠르다. 수피(樹皮)는 회색이며 오래되면 갈색으로 되며 수피(樹皮)가 터진다. 잎의 길이는 7~12cm 정도로 난상 심장형으로 끝은 뾰족하다. 잎가에 거치가 있으며 엽병(葉柄)이 긴 편이다. 밑부분에 2~3개의 밀선(蜜腺)이 있다. 꽃은 3~4월에 피고 열매는 5월에 익는다.

이용부위 : 잎, 수피, 나무, 수지

용 도 : 약용, 방향제, 방부제

이용방법 : 포플러 종류의 액아(腋芽)에서 채취한 수지(樹脂)는 포푸리, 비누, 향수의 고정제(정착제)로 사용한다. 또는 방부제, 가래의 배출을 막는 약, 흥분제, 해열제, 진통제, 특히 기침약이나 삔 데 바르는 연고, 피부병, 류머티즘에 사용한다. 수피는 요통(腰痛), 류머티즘의 진통, 비뇨기관을 치료하는 데 쓰인다[1]. 허블리스트는 발열이나 감염증의 치료에 사용하기도 한다[2].

학명 : *Psidium guajava*

과명 : MYRTACEAE (도금양과)

영명 : Guava, Yellow Guava

원산지 : 열대 아메리카

구아바(반석류)

특 징 : 속명의 Psidium은 석류의 옛 그리스 이름으로부터 유래되었으며 150여 종이 있다. 높이 4~10m 정도 자라는 상록 활엽 소교목이다. 줄기는 잘 분지한다. 수피(樹皮)는 적갈색으로 껍질이 벗겨진다. 잎은 10~15cm 정도이며 긴 타원형으로 마주난다. 꽃의 직경은 2.5cm 정도이며 엽액(葉腋)에 2~3개 달리고 흰색으로 향기가 있다. 과실은 재배품종이나 환경에 따라 여러 가지 모양이지만 주로 서양배모양, 둥근 모양, 타원형이다. 과실의 크기는 5~12cm 정도이며 작은 것은 30g 정도이고 큰 것은 400g 이상 되는 것도 있다. 과피(果皮)는 처음에는 연녹색이지만 익으면 황색~오렌지색으로 된다. 속에는 많은 씨가 들어 있으며 향기롭다. 과육(果肉)의 색도 다양하다. 주요 생산지는 아메리카, 중앙 · 남아메리카, 인도, 이집트, 남아프리카, 대만, 필리핀, 오끼나와 등이다.

이용부위 : 잎, 뿌리, 열매, 수피, 나무

용 도 : 식용, 약용

이용방법 : 과실은 단맛과 신맛이 나고 철분, 비타민 C, 펙틴 함유량이 많다. 젤리, 주스, 잼 등으로 가공된다. 타닌을 함유한 잎은 차의 대용으로 사용한다. 설익은 과일을 먹으면 대변이 부드러워지므로 은은한 불에 끓여서 보존한다. 끓인 잎과 나무껍질은 소화불량에 좋고 설사 치료에도 효과적이다. 가나에서는 레몬그래스와 함께 끓인 구아바 잎을 기침 치료에 사용한다. 걸쭉하게 된 뿌리는 이질에 쓰인다. 치통을 가볍게 하기 위해 구아바 잎을 씹기도 한다[1].

석류나무

학명 : *Punica granatum*

과명 : PUNICACEAE (석류과)

원산지 : 지중해 동부~인도

영명 : Pomegranate, Apple of Carthage

특징 : 속명의 Punica는 라틴어로 석류가 북아프리카의 칼타고 주변에서 많이 난다고 유래되었으며 1과 1속이다. 높이 10m 정도 자라는 낙엽 소교목이다. 많은 가지가 자라며 가시가 있다. 잎은 3~5cm이며 약간 좁고 긴 타원이고 광택이 난다. 꽃은 5월에 피며 주홍색이다. 열매는 처음에는 녹색이다가 익으면 붉게 되면서 터진다.

이용부위 : 꽃, 잎, 뿌리, 열매, 수피, 씨앗

용도 : 식용, 약용, 향신료, 염료용

이용방법 : 석류의 단물은 그래나딘(석류 시럽), 칵테일의 향미료, 샤벳, 피클을 만드는 데 사용한다. 또 석류의 신 과육(果肉)을 끓여서 석류 시럽을 만든다. 인도에서는 씨앗을 말려서 향신료 아나르다나에 신맛의 향을 내는 데 사용한다. 껍질은 적리(赤痢)를 치료하는 데 사용한다. 뿌리의 수피는 촌충을 없애는 효과가 있다. 열매, 열매껍질, 수피는 염료로도 사용한다[1].

갈참나무

학명 : *Quercus aliena*

과명 : FAGACEAE (참나무과)

영명 : Oriental White Oak

원산지 : 북반구 온대

특　　징 : 속명의 Quercus는 옛 라틴명으로 어원은 캘트어의 '아름다운'과 '수목'이라는 뜻의 합성어로 약 450여 종이 있다. 높이 25m 정도 자라는 낙엽 활엽 교목(喬木)이다. 수피(樹皮)는 회흑색이며 그물처럼 얕게 갈라진다. 잎의 길이는 5~30cm이며 타원상 도란형으로 끝은 뾰족하고 잎가에 둔한 거치가 있다. 꽃은 5월에 핀다. 열매는 견과로 10월에 갈색으로 익는다.

이용부위 : 잎, 열매, 수피, 나무

용　　도 : 식용, 약용, 방부제, 염료용

이용방법 : 도토리는 빻아서 묵으로 만들어 먹거나, 커피 대용으로 볶아서 사용하며, 돼지 사료로도 쓰인다. 수피(樹皮)와 충영은 강한 수렴성과 살균력이 있으며, 건강에 이로운 다량의 타닌을 함유한다. 달인 즙은 급성 설사를 치료하고, 목이 아플 때에 양치를 해도 좋다. 화상이나 자상(刺傷)에 습포로 쓰기도 한다. 자상(刺傷)과 치질(痔疾) 연고에 첨가되고 코피가 날 때 들이쉬는 파우더를 만들기도 한다. *Quercus infectoria*의 충영은 약으로 쓰이며, 품질이 좋은 영구적인 잉크를 생산한다[1].

아까시나무

학명 : *Robinia pseudoacacia*

과명 : LEGUMINOCEAE (콩과)

원산지 : 북아메리카

영명 : Yellow Locust, False Acacia

특　　징 : 속명의 Robinia는 프랑스 식물학자가 본 식물을 처음 심은 것에서 Vespasien Robin씨의 이름에서 유래되었으며 약 20종이 있다. 높이 25m 정도 자라는 낙엽 교목이다. 수피(樹皮)는 암갈색이고, 가지에는 가시가 있다. 잎의 길이는 3~5cm로 둥글고 긴 타원형이다. 꽃은 5월에 흰색으로 아래로 늘어지며 피고 향기가 있다.

이용부위 : 꽃, 뿌리, 나무, 씨앗

이용물질 : 에센셜 오일

용　　도 : 식용, 약용, 염료용

이용방법 : 꽃을 얇게 썰어 잼, 떡, 튀김에 넣으면 향미(香味)가 좋다. 벌에게 양질의 꿀을 제공하며, 향수의 원료로도 사용된다. 아메리카 인디언들은 삶은 씨를 먹었고, 뿌리는 붉은색 염료로 사용했다. 유독한 수피(樹皮)와 뿌리는 하제(下劑)로 쓰이기도 했다. 나무는 오크보다 단단해서 울타리의 재료로 사용한다[1].

버드나무

학 명 : *Salix koreensis*

과 명 : SALICACEAE (버들과)

원산지 : 유럽, 서아시아, 북반구 온대

영 명 : Willow, White Willow, European Willow

특 징 : 속명의 Salix는 옛 라틴명이며 캘트어의 '가깝다'와 '물'의 합성어로 물가에서 흔히 자라는 것에서 유래되었으며 약 400여 종이 있다. 높이 20m 정도 자라는 낙엽 교목이다. 수피(樹皮)는 암갈색으로 얕게 터진다. 잎의 길이는 5~12cm로 좁은 피침형이며 표면은 녹색이다. 뒷면은 흰색이 나며 엽병(葉柄)이 있다. 꽃은 4월에 피고 열매는 5월에 익는다.

이용부위 : 잎, 줄기, 수피, 나무

용 도 : 약용, 가구재

이용방법 : 버드나무속 대부분의 종은 아스피린의 기본 성분을 공급하는 천연자원이다. 줄기의 수피는 진통제, 해열제로 아스피린에 쓰이는 살리실산(salicylic acid)의 원료가 된다. 수피에서 추출한 진액은 목이 아플 때 양치약으로 사용된다. 속쓰림, 복통, 식중독, 또는 관절염으로 인한 고통을 완화시키거나, 티눈을 제거하는 데 쓰이기도 한다. 잎을 우려 차로 마시면 심한 불면증 환자에게 효과가 있으며, 류머티즘 환자들의 목욕제로도 좋다. 또 수피에 함유된 타닌은 가슴병이나 위 질환에 효과가 있다. *S. caprea*와 비슷한 의학적 용도를 가진다.

S. babylonica 뿌리의 수피는 백혈병을 치료하며, 화학적인 치료 후의 골수기능을 회복시킨다. *S. nigras*는 북아메리카 원산으로 버드나무의 다른 종들과 같은 특성을 가지며, 강정약(强精藥)으로도 알려졌다. 또한 버드나무속의 식물들은 미술가들에는 가장 좋은 목탄을 제공하며, 가지는 엮거나 짜서 공예품을 만들며, 변종(變種)인 caeruler는 삼각(三脚)목재 의자를 만드는 데 사용한다[1), 2)].

뉴욕 브루클린 식물원의 허브 정원

엘더베리

학명 : *Sambucus canadensis*

과명 : CAPRIFOLIACEAE (인동과)

영명 : Elderberry

원산지 : 북반구 온대

특　징 : 속명의 Sambucus는 그리스어의 고대 악기가 이 식물의 총생(叢生)하는 모습과 비슷한 데서 유래되었으며 약 20종이 난다. 높이 3m 정도 자라는 낙엽 활엽 관목이다. 줄기는 연갈색이다. 잎의 길이는 5~14cm로 우상복엽(羽狀複葉)이고 어린 잎은 긴 타원형이며 끝은 약간 뾰족하다. 잎가에 거치(鋸齒)가 있다. 꽃은 5월에 크림색으로 핀다. 열매는 둥그스름하고 7월에 자줏빛이 도는 검은색으로 익는다.

이용부위 : 꽃, 잎, 줄기, 뿌리, 열매, 나무

용　도 : 식용, 약용, 향신료, 염료용, 살충제

이용방법 : 백포도주 향이 나는 꽃은 달고 짭짤한 입가심 요리의 풍미를 더하는 데 사용한다. 엘더플라워 워터로는 알코올 음료나 아이크림, 스킨로션도 만들어 사용한다. 열매는 포르투갈에서 적포도주의 원료로 사용되며, 과일 주스, 잼, 파이 등에 빛과 색 그리고 비타민 C를 첨가한다. 꽃봉오리는 절여서 사용한다. 꽃은 감기, 목아픔, 꽃가루로 인한 눈, 코, 목구멍 등의 카타르, 관절염을 치료하는 데 쓰이며 약한 하제(下劑)로도 사용된다. 잎을 달인 액은 살충제가

된다[1]. 꽃의 침출액은 발한(發汗)작용이 있어, 야로우나 민트류와 합하여 이용하면 감기나 인플루엔자의 특효약이 된다. 또한 꽃은 화분치료법(花粉治療法)에도 이용된다. 중국에서는 잎, 줄기, 뿌리를 좌상(挫傷)이나 근육경련을 치료했다[2]. 열매에는 청색, 보라색 잎은 황색 계통의 염료가 된다. 나무껍질에서는 회색이나 초록색의 염액이 나온다. 익은 열매는 냉동이나 냉장으로 보관한다. 염액을 만들 때는 하루 밤 물에 담궈 놓은 열매를 으깨면서 물로 삶아 식초를 떨어뜨린다. 김이 나면 2배 분량의 물과 같은 양의 식초를 넣어 사용한다[3].

미국 시카고 식물원

회화나무

학명 : *Sophora japonica*

과명 : LEGUMINOCEAE (콩과)

원산지 : 중국, 한국

영명 : Pagoda Tree, Chinese Scholar Tree

특 징 : 속명의 Sophora는 스웨덴의 식물학자 린네가 어떤 종에 대한 아랍명을 전용한 것으로 약 50종이 난다. 높이 25m 정도 자라는 낙엽 활엽 교목이다. 수피는 회녹색이다. 줄기는 곡간으로 자라고 가지를 자르면 냄새가 난다. 잎의 길이는 2.5~6cm로 난형 또는 난상 피침형이며 엽병(葉柄)은 짧다. 꽃은 여름에 원추화서(圓錐花序)로 핀다. 열매는 협과(莢果)로 길이가 5~8cm로 염주모양이고 속에는 점액질을 함유한 다육질(多肉質)로 10월에 익는다.

이용부위 : 꽃, 줄기, 열매

용 도 : 식용, 약용, 염료용, 가구제

이용방법 : 어린 잎은 데쳐서 식용하거나 말려서 차로 마신다. 중국에서는 봉오리, 꽃, 협과(莢果)는 열을 내릴 뿐만 아니라, 혈뇨, 혈변 등의 출혈을 멈추게 하고 모세혈관 강화작용이 있으며, 신경증이나 현기증을 억제하는 데 사용되었다. 꽃은 고혈압을 치료한다. 협과(莢果)는 황색, 수피는 갈색 염색소를 생산한다[1]. 열매를 장복(長服)하면 흰머리가 생기지 않고 장수한다고 하며, 과피(果皮)는 비누 대용으로 사용했다.

마가목

학명 : *Sorbus aucuparia*

과명 : ROSACEAE (장미과)

원산지 : 북반구 온대

영명 : European Mountain-Ash

특 징 : 속명의 Sorbus는 옛 라틴명으로 sorbum으로부터 유래되었으며, 약 85종이 있다. 높이 6~8m 정도 자라는 낙엽 소교목이다. 겨울눈에는 점성이 있다. 잎의 길이는 2.5~8cm로 광택이 있고 마주보며 거치(鋸齒)가 있다. 꽃은 크림색으로 5월에 산방화서로 핀다. 열매는 둥글고 적색으로 익는다.

이용부위 : 잎, 열매, 수피, 나무

용 도 : 식용, 약용

이용방법 : 비타민 C가 풍부한 열매는 시큼한 젤리나 가루로 만들어 발효시켜 와인이나 증류주를 만든다. 씨는 청산을 포함하고 있기 때문에 반드시 제거해야 한다. 열매는 피부 보호제나 아픈 목을 위한 양치 약으로 만들어진다. 수피와 잎은 구강 칸디다※ 증상을 위한 양치제로 쓰였다[1].

※칸디다증:곰팡이의 일종인 칸디다가 기생함으로써 생기는 질환. 질이나 외음부의 가려움증이 주된 증세로 구강, 피부, 손톱, 기관, 폐에도 일어나는 경우가 있으며, 항생물질의 과다 복용의 부작용으로 생기는 경우도 있다. 모닐리아증이라고도 한다.

벤조인

학명 : *Styrax benzoin*

과명 : STYRACACEAE (때죽나무과)

원산지 : 동남아시아

영명 : Benzoin, Gum Benjamin

특 징 : 속명의 Styrax는 storax(안식향)을 생산하는 수목의 고대 그리스 이름에서 유래하며, 약 120종이 있다. 9m 정도 자라는 낙엽 소교목이다. 수피(樹皮)는 다갈색이며 어린 가지는 표피가 벗겨진다. 잎은 2~8cm로 긴 타원형으로 끝은 뾰족하다. 잎의 중앙에 뚜렷한 맥이 나타난다. 꽃은 5월에 총상화서(總狀花序)로 흰색으로 아래로 쳐져서 핀다. 열매는 핵과(核果)로 9월에 익는다.

이용부위 : 수지

이용물질 : 에센셜 오일

용 도 : 약용, 향신료, 방향제, 미용제

이용방법 : 바닐라 향의 수지는 안식향(安息香), 벤조인 수지, 벤자민 껌이라고 하며, 방향제, 향수의 염착제, 화장품에 첨가된다. 갈라지고 튼 살갗을 위한 치료제, 기관지염의 거담제로 사용된다. 안식향 팅크의 일부분으로 기침과 심한 인후통을 가라앉힌다. 에센셜 오일은 향수, 화장품의 재료에 첨가되며, 증기를 흡입하면 감기나 목이 부었을 때 증상을 가볍게 한다. 벤조인은 아로마테라피에 사용하기도 하지만 알레르기의 원인이 될 수도 있으므로 주의해야 한다[1].

주목

학명 : *Taxus baccata*

과명 : TAXACEAE (주목과)

영명 : Yew, English Yew

원산지 : 북반구 온대

특 징 : 학명의 Taxus는 그리스어 taxos(주목)에서 유래되었으며 활이란 뜻도 있다. 높이 20m 정도 자라며 상록 침엽 교목이다. 수피(樹皮)는 적갈색이며 고산지대에서 자생한다. 잎의 길이는 1.5~2cm 정도로 선형이고 끝은 뾰족하다. 잎의 표면은 짙은 녹색이고 뒷면에는 연한 색의 2줄이 있다. 꽃은 4월에 피고 열매는 처음에 녹색이었다가 8~9월에 빨갛게 익는다. 잘 익은 열매는 단맛이 난다.

이용부위 : 잎, 나무, 열매

용 도 : 약용, 정원용, 가구용

이용방법 : 열매에서 추출하는 탁솔(taxol)이 암을 치료하는 성분일 뿐만 아니라 이뇨제, 통경약으로 쓰이고 당뇨병 치료 효과도 있는 것으로 나타났다. 단, 유독 성분에는 혈압 강하 및 심장을 정지시키는 부작용이 있다. 젖은 잎에서는 깍다귀나 모기를 쫓는 살충연기가 배출된다. 잎을 달여 차게 해서 먹으면 신경계를 안정시키는 효과가 있다[1]. 중국에서는 가지나 잎을 자삼(紫杉)이라 한다. 나무 재질이 치밀해 공예품, 연필, 가구, 건축재로 사용한다. 토피어리나 동물모양으로 만들어 정원을 장식하기도 한다. 묘지에 심는 나무로 알려져 있다.

학명 : *Thuja occidentalis*

과명 : CUPRESSACEAE (측백나무과)

영명 : Eastern Arbor Vitae, White Cedar

원산지 : 캐나다 동부

서양측백

특 징 : 속명의 Thuja는 고대 그리스명에서 유래하며, '수지'란 뜻이다. 20m 정도의 상록 교목이다. 수피는 적회색, 원추형의 수관을 형성한다 잎은 3mm로 짧은 경생엽으로 표면은 연녹색이고 뒷면은 황록색으로 향기가 강하다. 꽃은 4~5월에 핀다. 열매는 구과(毬果)로 난형 또는 긴 타원형이며 8~12mm로 갈색이다.

이용부위 : 잎, 줄기, 수피, 나무

이용물질 : 에센셜 오일

용 도 : 약용

이용방법 : 잎은 비뇨기, 질 염증에 사용된다. 안쪽 수피(樹皮)는 생리 불순에 이용한다. 가지는 류머티즘, 항바이러스, 항균, 종기의 균 제거나 피부 전염을 치료한다. 에센셜 오일은 비슷하게 사용되나 독성이 있다[1]. 자궁이나 기관지의 평활근(平滑筋)에 자극을 준다고 과학적으로 알려져 있으며 이 자극은 거담작용을 초래하므로 기관지염 치료에 효과가 있다. 침출액은 외용약으로 농이나 개선(疥癬)이 옮은 피부 감염증의 세정약으로 이용한다. 연고는 사마귀를 치료하고 온습포는 류머티즘을 완화한다[2].

주 의 : 임신중에는 사용하지 않는다. 정유 중의 주성분 쯔용은 일정량을 넘으면 유독하다. 복용할 때에는 소량으로 1주일이나 2주일에 한 번만 먹는다[2].

학명 : *Tilia* spècies

과명 : TILIACEAE
(피나무과)

영명 : Linden, Lime, Basswood

원산지 : 유럽

피나무

특 징 : 속명의 Tilia는 보리자나무의 옛 라틴명으로 '날개'에서 유래되었다. 날개 같은 포가 화경(花梗)에 있다. 높이 40m 정도 자라는 낙엽 활엽 교목이다. 잎의 길이는 3~10cm로 넓은 난형으로 마주 나며 끝은 뾰족하며 거치가 있다. 엽병(葉柄)은 길다. 꽃은 6월에 크림색으로 피며 향기가 강하다. 열매는 원형, 또는 도란형이며 흰색 또는 갈색 털이 밀생(密生)하며 9~10월에 익는다.

이용부위 : 꽃, 잎, 줄기, 수피, 나무

용 도 : 식용, 약용, 미용제

이용방법 : 꽃이나 잎으로 차를 만들 때에는 뜨거운 물 1리터에 꽃은 한 움큼, 잎은 반 움큼 정도 넣으면 탁월한 발한작용이 있어서 감기, 인플루엔자, 기도(氣道) 카타르 등의 치료약이 되고, 불면증, 소화불량을 호전시키는 효과도 있다[3]. 잎과 수피를 삶은 것은 벤 데, 화상의 처치에 사용된다. 잎과 꽃의 침출액은 화장수로서 피부 세정과 미백(美白)을 위해 사용한다. 꽃은 신경계의 긴장을 완화시켜 주므로 주의가 산만한 어린이에게 좋은 치료제가 된다. 프랑스에서는 옛날부터 흥분을 잘하는 어린이에게 이 차를 마시게 했다. 이 차는 두통이나 불면증을 완화하는 데도 도움을 준다. 꽃에는 비오프라보노이드가 함유되어 있어 혈압을 내리고, 동맥경화의 치료약도 된다. 수피의 내피에는 이뇨작용이 있어 신장결석이나 통풍의 치료에도 사용된다. 또 그 액재(液材)에는 항경련 작용이 있어 심장의 관상동맥을 확장하므로 관상동맥 치료에 효과가 있다[2].

느릅나무

학명 : *Ulmus* spp.

과명 : ULMACEAE (느릅나무과)

영명 : Slippery Elm, Indian Elm, English Elm

원산지 : 유럽 남부, 북부아프리카, 북반구 온대

특　　징 : 속명의 Ulmus는 옛 라틴명으로 캘트어의 명칭 elm에서 유래되었으며 북반구 온대에 20종이 있다. 높이 15~30m 정도 자라는 낙엽 교목이다. 수피(樹皮)는 점차 코르크층이 형성되며 세로로 갈라져 있다. 어린 가지는 털이 있다. 잎은 3~10cm로 타원형으로 어긋나며 끝은 뾰족하고 엽병(葉柄)이 있다. 잎가에는 거치(鋸齒)가 있다. 꽃은 3월에 크림색으로 핀다. 열매는 시과(翅果)로 처음에는 녹색이었다가 갈색으로 익는다.

이용부위 : 꽃, 잎, 줄기, 수피, 나무, 수지

용　　도 : 식용, 약용, 미용제

이용방법 : 수피의 내피를 잘게 부숴 분말로 만든 것은 자양식(滋養食)으로, 회복기의 환자에게도 용이하게 흡수된다. 소량의 계피와 대추로 맛을 더하면 어린이용의 건강식품이 된다. 또한 이 식물은 습포제나 궤양, 창상, 부스럼에 탁월한 치료약이 된다[2]. 잎은 치질 연고제나 빨갛게 염증이 생긴 피부에 사용한다. 나무에서 채취한 수액은 탈모 방지용 로션을 만들기도 하고, 수피의 안쪽 부분은 기미를 줄이는 수렴제나 이뇨제로 쓰인다[1].

학명 : *Vitex negundo var. incisa*

과명 : VERBENACEAE (마편초과)

영명 : Chaste Tree

원산지 : 유럽, 서아시아, 동아프리카

좀목형

특 징 : 속명의 Vitex는 라틴어 '매다(vieo)'로, 본 속 식물의 가지로 바구니를 엮은 데서 유래되었다. 높이 3~8m 정도 자라는 낙엽 소교목 또는 관목이다. 잎은 마주보며 5개 또는 3개의 소엽으로 된 장상복엽이다. 소엽은 타원상 피침형으로 잎가에 거치가 있으며 엽병이 있다. 꽃은 연보라색으로 7~9월에 핀다. 열매는 9~10월에 익으며 향기가 있다. 줄기와 잎에 방향유(芳香油)가 있다.

이용부위 : 꽃, 잎, 뿌리, 열매

용 도 : 약용

이용방법 : 중국 전통의학에서는 뿌리, 잎, 열매를 말라리아 예방, 헐떡임, 한기, 기침 그리고 세균성 이질의 치료에 사용했다. 인도네시아에서는 잎으로 종기, 궤양을 치료했으며, 네팔에서는 태워서 두통을 완화시키는 데 이용했다. 녹즙은 류머티즘 관절에, 꽃봉오리는 폐렴에 각각 사용했다. 말린 열매는 구충제로, 뿌리는 거담제, 강장제로 처방하기도 한다[1]. 고대에는 여성의 생식기 질환 치료에 사용했으며, 현재도 독일에서 이루어진 연구에서 이 식물에 황체 형성 호르몬과 프로락틴 생성 증가작용이 있다고 보고된 적이 있다. 비교연구에 의하여 실제로 모유의 분비를 촉진하는 것으로 확인되었다. 또한 다량의 출혈, 잦은 월경, 월경 과다 등의 월경 이상의 정상화에도 효과가 있는 것으로 밝혀졌다. 때문에 허블리스트들은 이 식물이 갱년기 장애와 월경전증후군의 증상에 도움이 된다고 말한다. 이 식물은 자궁근종이나 자궁내막염의 치료, 경구용 피임약의 사용 중지 후 정상적인 배란과 월경의 회복에도 사용된다[2].

묏대추나무

학명 : *Ziziphus jujuba*

과명 : RHAMNACEAE (갈매나무과)

영명 : Jujube, Chinese Date

원산지 : 동아시아

특　징 : 속명의 Ziziphus는 아랍명의 zizonf가 그리스명 zizyphon으로 되었다가 다시 ziziphus로 바뀐 것으로 약 40종이 난다. 높이 8m 정도 자라는 낙엽 소교목, 또는 관목이다. 수피(樹皮)는 흑갈색이며 가지에 다갈색의 굵은 가시가 있다. 잎의 길이는 2~6cm의 난형으로 어긋난다. 잎가에는 거치(鋸齒)가 있고 엽병(葉柄)이 있다. 꽃은 5~6월에 취산화서(聚散花序)의 작은 꽃이 연두색으로 핀다. 열매는 9~10월에 처음에는 연녹색이다가 점점 자갈색(紫褐色)으로 익는다.

이용부위 : 잎, 뿌리, 열매, 수피, 씨앗

용　도 : 식용, 약용

이용방법 : 중국에서 대추는 유해한 부작용 없이 강장제로 알려져 왔다. 이는 중국의 항암 처방법에도 전한다. 일본연구원은 대추가 면역력을 높인다고 말했다. 대추는 진해정(鎭咳錠)으로 만들어지고, 강심제로 복용되며 해독작용을 한다. 씨와 함께 불안증, 불면증, 어지러움증, 식은땀 치료에 처방된다. 수피는 설사, 발열에 사용되고 뿌리는 열을 내리고 발모를 촉진하는 데 쓰인다[1].

왕초피나무

학 명 : *Zanthoxylum coreanum*

과 명 : RUTACEAE (운향과)

원산지 : 온대아시아 북동부, 북아메리카 동부

영 명 : Northern Prickly Ash, Toothache Tree

특 징 : 7m 정도 자라는 낙엽 소교목 또는 관목이다. 작은 가지는 억세고 잔털이 있다. 엽축과 엽맥에는 가시가 난다. 잎은 2~5cm이고 기수 1회 우상복엽으로 어긋나며 피침상 타원형으로 광택이 있으며 향이 강하다. 꽃은 5~6월에 원추화서로 액생한다. 열매는 녹색이었다가 분홍빛이 돌며 선점이 있으며 9월에 익는다.

이용부위 : 열매, 수피

용 도 : 향신료, 약용

이용방법 : 아메리카 원주민들은 치통을 완화시키기 위해 수피를 씹었고, 열매로 만든 차는 심한 인후통에 쓰였다. 수피와 열매는 순환계, 소화계, 림프계를 자극하여 혈액 순환을 촉진하여 류머티즘, 피부병, 신경성 두통, 정맥류의 힘줄, 그리고 울혈(충혈)에 처방되며 회복기 환자의 강장제로 처방된다[1]. 산초 종류는 위를 따뜻하게 하고 침샘과 위의 점막을 자극한다. 또한 산통(疝痛)을 완화시키며 쇠약해진 소화기를 강화한다. 특히 맥박이 약하고 혀가 하얗고 팽팽하지 않는 경우에 효과가 있다. 몇몇의 항암작용이 있다는 보고도 있으며 약용으로 사용할 정도의 양으로는 유해한 부작용의 예는 보고되지 않고 있다[2].

초피나무

학명 : *Zanthoxylum piperitum*

과명 : RUTACEAE (운향과)

영명 : Japanese Prickly Ash

원산지 : 중국 북부, 한국, 일본

특 징 : 속명의 Zanthoxylum은 그리스어 xanthos(황색)와 xylon(재료)의 합성어다. 높이가 3~6m 정도 자라는 낙엽관목이다. 작은 가지에는 가시가 있다. 잎의 길이는 1.5~5cm이며 우상복엽(羽狀複葉)으로 어긋나고 피침상 타원형이다. 잎가에는 거치(鋸齒)가 있으며 향이 난다. 꽃은 5~6월에 연두색으로 핀다. 열매는 9월에 녹갈색으로 직경이 5mm 정도되며 검은색 종자가 들어 있다.

이용부위 : 꽃, 잎, 줄기, 열매, 나무

용 도 : 향신료

이용방법 : 옛날부터 사용해 온 요리용 허브다. 어린 잎과 열매는 계절감이 있는 향신료다. 어린 잎은 맑은 장국, 간장 절임, 생선회의 장식 등으로 사용한다. 가을에 채취한 열매는 햇볕에 건조시켜 조림이나 탕 요리의 풍미를 돕는다[3]. 열매를 말린 산초의 스파이시한 맛은 중국, 한국, 일본 등 동양의 양념이다. 우리나라에서는 산초가루를 김치 담그는 데 이용하거나, 배숙과 같은 음료에 첨가하기도 한다. 일본에서는 말린 열매의 가루를 '산쇼'라고 하여 음식 위에 뿌린다. 꽃봉오리는 콩소스나 청주로 저장식품 만드는 데 들어간다[1].

HERBHERBHERBHERBHERBHERB

2

관목류(SHRUBS)

학명 : *Acacia dealbata*

과명 : LEGUMINOSAE (콩과)

영명 : Mimosa, Silver Wattle

원산지 : 아열대, 오스트레일리아

은엽아카시아

특　　징 : 속명의 Acacia는 그리스어의 '침이 있다'라는 의미의 akazo에서 유래되었다. 높이 6~10m 정도 자라는 상록 소교목 또는 관목이다. 잎의 길이는 4~6cm의 은녹색으로 우상복엽이다. 꽃은 2~3월에 황금색으로 구형의 총상화서(總狀花序)로 핀다. 열매는 두과(豆果)로 편형이며 약 7cm로 적갈색이다.

이용부위 : 꽃, 잎, 줄기, 뿌리, 수피, 수지, 씨앗

이용물질 : 에센셜 오일

용　　도 : 식용, 약용, 방향제, 장식용, 염료용

이용방법 : 삶은 잎, 새싹, 씨앗은 먹을 수 있고, 뿌리에서는 수액을 받을 수 있다. 플로리스트들은 화훼장식용으로 즐겨 사용한다. 향기가 좋고 꽃의 아름다움도 정평이 나서 손질한 가지를 묶어 통풍이 잘 되는 곳에 거꾸로 매달아 두기만 해도 쉽게 드라이플라워가 된다[3]. 남아프리카에서는 타닌과 수지를 얻기 위해 재배한다. 꽃에서 에센셜 오일을 추출, 향수로 사용한다. *Acacia cornigera*의 가시는 천식을 치료한다. 뿌리는 뱀에 물렸을 때 독이 퍼지는 것을 늦추며 수피는 피부 질환을 치료한다. *Acacia catechu*는 나무에서 염색소를 내고, 지사제(止瀉劑)나 인후통(咽喉痛)을 치료하는 데 사용한다. *Acacia senegal*는 아라비아고무의 주원료이고 잉크, 섬유, 인쇄, 날염, 물감에 사용된다. 실크와 크레이프(주름진 비단의 일종)에 광택을 내는 데도 쓰인다[1].

레몬버베나

학명 : *Aloysia triphylla*

과명 : VERBENACEAE (마편초과)

영명 : Lemon Verbena

원산지 : 아르헨티나, 칠레

특 징 : 높이 60~150cm 정도 자라는 비내한성 낙엽 소저목이다. 전체에 강한 레몬향을 지닌다. 잎의 길이는 7~12cm로 긴 피침형으로 끝은 뾰족하다. 잎은 3~4개가 줄기에 윤생(輪生)한다. 꽃은 여름에 흰색 또는 연보라색으로 작은 것이 밀집하여 원추화서(圓錐花序)로 달린다.

이용부위 : 잎

이용물질 : 에센셜 오일

용 도 : 식용, 약용, 향신료, 미용제, 방향제

이용방법 : 맛이 있는 허브종으로, 요리와 차에 다양하게 이용된다. 차로 마실 때는 찻잔 1잔에 썰은 싱싱한 잎 한 움큼 정도가 적당하다. 건조시켜서 보관해도 좋다. 청량감과 은은하고 온화한 진정작용이 있어서 구토, 고창(鼓脹), 소화불량의 치료에 효과적이다. 레몬향과 비슷한 상큼한 향은 오데코롱, 비누, 화장품 등의 재료로 쓰인다. 입욕제로 사용하면 심신을 편하게 하고, 기분 고양에 효과가 있다. 살균, 방부작용이 있고 침출액은 피부 세정에 사용된다. 원산지 남미에서는 핑거볼에 넣어 사용하기도 한다.

매발톱나무

학 명 : *Berberis vulgaris*

과 명 : BERBERIDACEAE (매자나무과)

영 명 : Barberry

원 산 지 : 북아메리카 중동부

특 징 : 속명의 Berberis는 열매를 아랍어로 berberys라고 한 데서 유래하며, 잎이 조개껍질(berberi)과 비슷해서 붙여졌다. 높이 2~3m 정도 자라는 낙엽 관목이다. 작은 가지에 가시가 있다. 잎은 2~8cm로 뭉쳐나며 타원형이고 거치가 있다. 꽃은 4~5월에 노란색으로 핀다. 열매는 붉게 익고 아래로 쳐져 달린다.

이용부위 : 줄기, 뿌리, 열매, 수피, 나무

용 도 : 식용, 약용

이용방법 : 장과(漿果)는 보존했다가 가공하거나 절여서 사용한다. 신선한 주스는 껌이나 시럽에 이용되며 변비 해소에 효과가 있다. 옛 이집트에서는 해열제로 사용되었다. 줄기와 뿌리의 수피는 유효한 알칼로이드를 많이 함유하여 항균, 항염증, 간(肝)의 활동을 좋게 하므로 담석을 치료한다. 또 간 질환을 예방하고 알코올 중독을 치료하기도 한다. 줄기의 수피는 혈관을 확장시키는 역할을 한다[1]. 동맥을 확장시켜 항경련성의 효과 외에도 혈압 강화작용을 한다고 보고되어 있다. 콜레라의 치료에도 효과가 있다[2].

주 의 : 자궁에 자극을 주기 때문에 임신중에는 사용하지 않는다[2].

회양목

학명 : *Buxus sempervirens*

과명 : BUXACEAE (회양목과)

영명 : Boxwood

원산지 : 유럽 남부, 서아시아, 북아프리카

특 징 : 속명의 Buxus는 라틴명으로 '상자(puxas)'에서 유래되었는데 이 나무로 작은 상자를 만든 것에서 유래되었다. 높이 6m 정도 자라는 상록 관목이다. 작은 가지는 네모지고 녹색이다. 잎의 길이는 1.2~1.7cm이고 표면은 혁질(革質)로 녹색이며 엽병(葉柄)은 짧다. 꽃은 4~5월에 황녹색으로 핀다. 열매는 난형으로 6~7월에 갈색(褐色)으로 익는다.

이용부위 : 잎, 수피, 나무

이용물질 : 에센셜 오일

용 도 : 약용, 미용제, 방향제

이용방법 : 잎에 벅신(buxine)을 함유하고 있으며, 이것은 피를 맑게 하고 머리카락을 잘 자라게 하는 데 도움을 준다. 잎과 수피는 류머티즘을 치료하고 기생충을 없앤다. 나무는 마취약이나 진정제로 사용되고, 여기서 추출한 에션셜 오일은 치통이나 치질약으로 사용한다. 잎과 나무는 용해해서 적갈색의 머리 염색소를 만들고, 수피는 향수로 사용하기도 한다[1].

칼루나

학명 : *Calluna vulgaris*

과명 : ERICACEAE (진달래과)

영명 : Heather

원산지 : 유럽, 북아메리카

특　　징 : 속명의 Calluna는 그리스어 'kallunein(청소하다)'으로, 가지로 빗자루를 만든 데서 유래했다. 60cm 정도의 상록성 소관목으로 내한성이 강하다. 가지는 옆으로 벌어지면서 밀생한다. 잎은 인편상(鱗片狀)으로 2~3mm 정도이며 가지에 밀집하여 붙고 마주난다. 꽃은 6~9월에 작은 종모양으로 가지 중간 정도부터 윗부분에 빽빽이 붙으며 흰색, 분홍색을 기본으로 해서 다양한 색상의 원예품종이 있다. 꽃봉오리에는 녹색과 황색의 염색소를 가진다.

이용부위 : 꽃, 잎, 줄기, 뿌리

용　　도 : 식용, 약용, 염료용

이용방법 : 잎은 차나 맥주의 풍미를 내는 데 사용한다. 꽃봉오리에는 철분 성분이 높으며 지혈제, 이뇨제, 방부제, 진정제로 사용된다. 신장, 비뇨기관, 간염 치료에 쓰이며 일반적인 강장제이기도 하다. 목욕제로 이용하면 류머티즘 통증을 완화시킨다. 여드름 치료제로도 사용한다[1]. 특히 식물 중의 알부틴 성분은 비뇨기계에 대한 살균작용을 하며, 통풍을 치료한다[2]. 염료, 초가지붕재료, 사료로 하거나 염색소로 많이 이용하는 식물이다.

자주받침꽃

학명 : *Calycanthus floridus*

과명 : CALYCANTHACEAE (받침꽃과)

원산지 : 북아메리카 남동부

영명 : Carolina Allspice, Strawberry Shrub

특 징 : 속명의 Calycanthus는 그리스어 'calyx(꽃받침)'과 'anthos(꽃)'의 합성어로 꽃잎과 꽃받침이 같다는 데서 유래되었다. 높이 3m 정도 자라는 낙엽 활엽 관목이다. 작은 가지에 잔털이 있으며 피목이 산생(散生)한다. 잎의 길이는 6~15cm로 마주나며 긴 타원형으로 끝은 뾰족한 편이다. 엽병(葉柄)이 있다. 꽃은 녹자색 또는 적자색으로 많은 화피열편(花被裂片)이 꽃받침 통의 가장자리에 배열된다. 꽃이 자주색이며 꽃받침과 꽃잎의 구분이 어려워 자주 받침꽃이라고 한다.

이용부위 : 잎, 뿌리, 수피, 나무, 씨앗

용 도 : 식용, 약용, 포푸리

이용방법 : 향긋한 수피는 아메리카 원주민들에 의해 처음 사용되었는데 오늘날에도 때때로 계피의 대용품으로 사용된다. 뿌리껍질이나 씨를 달인 즙은 근육경련을 완화시키는 데 복용되었다[1]. 이것은 아로마틱 가든에 인기가 있어 많이 사용된다. 향기 좋은 잎, 나무, 뿌리는 포푸리에 사용한다.

학명 : *Camellia sinensis* (syn. *Thea sinensis*)

과명 : THEACEAE (차나무과)

영명 : Tea

원산지 : 중국

차나무

특 징 : 속명의 Camellia는 17세기 체코의 선교사 G. J. Kamell의 이름에서 유래되었으며 약 15종이 있다. 높이는 6m까지 자라는 상록 관목이다. 가지는 잘 분지(分枝)한다. 잎의 길이는 2~15cm로 타원형으로 광택이 있고 혁질(革質)이다. 끝은 약간 뾰족하고 잎가에 거치가 있으며 엽병(葉柄)은 짧다. 꽃은 11월에 아래를 향하며 크림색의 꽃이 피며 향기가 있다. 열매는 삭과(蒴果)로 편구형이며 성숙하면 3갈래로 터지고 그 속에 3개의 종자가 들어 있다.

이용부위 : 잎, 줄기, 씨앗

이용물질 : 에센셜 오일

용 도 : 식용, 약용, 관상용

이용방법 : 차는 세계적으로 알려진 기호식품이다. 건조방법에 따라 명칭이 다른 차를 생산하게 된다. 최근에는 건강식품으로 주목받고 있어 가공한 잎을 요리에 사용하기도 한다. 잎에 포함된 플라보노이드는 악취를 없애는 효과가 있어 껌이나 약용상품 등에 이용된다[3]. 차의 용도 외에 관상수로 산울타리나 분재로서의 수요도 높고 녹화사업의 식재(植栽)로도 이용된다. 에센셜 오일은 맛과 향기를 내고 타닌은 알알한 맛과 색을 만들어낸다. 인도산 차는 수렴제이며 타닌 성분을 많이 함유하고 있다. 중국차는 카페인을 많이 함유하고 있으며, 독소를 제거하고 신진대사를 규칙적으로 조정하는 원기를 돕는 음료다. 녹차에 관한 연구보고에 따르면 면역 시스템을 자극하고 콜레스테롤 수치를 낮춘다고 한다. 차게 한 홍차 팩은 햇볕으로 인한 화상을 진정시킨다[1].

록 로즈

학 명 : *Cistus creticus*

과 명 : CISTACEAE (시스투스과)

영 명 : Rock Rose

원 산 지 : 유럽 남부, 지중해 연안

특 징 : 속명의 Cistus는 이 식물의 옛 그리스명에서 유래되었다. 높이 60~120cm 정도 자라는 상록 저목으로, 가지는 많이 분지하며 건조한 땅에서 잘 자란다. 어린 줄기, 잎의 표면, 악편 등에 성상의 털이 있다. 잎의 길이는 2~5cm로 난형 또는 난상 장타원형이다. 꽃은 여름에 홍자색~담홍색으로 피고 꽃잎의 형은 일정하지 않으며 수술은 노랗다. 열매는 삭과(蒴果)로 가을에 익는다. 변이가 많고 다수의 아종(亞種), 변종(變種)이 있으나 명확히 구분하기는 어렵다.

이용부위 : 전초

용 도 : 관상용

이용방법 : 밤이 되면 방향이 강해진다. 야간에 이 향을 즐기기 때문에 창 주변에 심어 향이 집안으로 들어오게 심으면 좋다. 또한 아치 주변에 심어 관상으로 즐기면 한층 운치가 있다. 암석정원 장식으로 매우 잘 어울리며 고산식물로도 재배된다[3].

래빗브러쉬

학명 : *Chrysothamnus nauseosus*

과명 : COMPOSITAE (국화과)

원산지 : 북아메리카 서부

영명 : Rabbitbrush, Gray Rabbitbrush

특 징 : 높이 2m 정도 자라는 키가 낮은 관목이다. 가지는 많이 벌어져 둥글게 퍼지며 방향성을 가진다. 깃털처럼 생긴 잎은 부드럽고 향기가 있으며 회녹색이다. 꽃은 황색으로 관상화의 두화로 뭉쳐져 핀다. 열매는 삭과(蒴果)로 익으면 갈색이 된다.

이용부위 : 꽃, 잎, 줄기, 뿌리, 수지

용 도 : 약용, 염료용, 방충제

이용방법 : 아메리카 원주민들은 이 식물을 약용으로 사용했다. 감기가 들었을 때는 이 식물을 불에 태워 연기를 흡입했다. 꽃이나 잔가지의 유즙(乳汁)을 추출해서 기침이나 감기, 폐결핵을 치료하는 데 사용했다. 줄기와 잎은 천연두 환자의 피부 세척에, 뿌리 즙은 생리통이나 감기 치료에 사용했다. 가지와 잎에서 추출한 것으로 연고를 만들었다. 말에 붙은 쇠파리를 퇴치시키기도 한다. 꽃은 노란색과 오렌지색의 염색소를 낸다[1].

커피나무

학명 : *Coffea arabica*

과명 : RUBIACEAE (꼭두서니과)

원산지 : 아프리카, 열대아시아

영명 : Coffee, Arabian Coffee

특징 : 속명의 Coffea는 아라비아 이름인 coffa, caffa로부터 전해졌다. 즉 '힘, 생활력'이라는 뜻으로 흥분작용이 있다는 것을 뜻한다. 40종이 있고, 높이 3~7m 정도 자라는 상록 관목이다. 수피는 연회색이다. 잎의 길이는 7~15cm이며 긴 타원상 난형으로 끝이 뾰족하고 잎가는 거치가 없고 파상(波狀)이다. 꽃은 8~9월에 순백색으로 피며 별모양으로 갈라진다. 열매는 주홍색으로 익으며 속에 2개의 씨가 들어 있다.

이용부위 : 잎, 수피, 종자

용도 : 식용, 향신료, 약용, 염료용

이용방법 : 성숙한 열매의 씨앗을 발효, 건조시킨 것이 원두다. 종류, 날씨, 가공 방식에 따라 다양한 맛과 향을 낸다. 디저트나 향신료, 조미료, 염색소로 사용하기도 한다. 뇌와 심장병 환자의 자극제와 이뇨제로도 사용한다. 커피의 카페인 성분은 진통을 없애는 효과가 있어서 편두통이나 만성 천식환자에게 사용하기도 한다[1].

난티잎개암나무

학명 : *Corylus heterophylla*

과명 : CORYLACEAE (너도밤나무과) **영명** : Hazel

원산지 : 유럽, 북반구 온대 아시아, 북아프리카

특 징 : 속명의 Corylus는 옛 라틴명이며 그리스어의 투구(corys)의 형태에서 유래되었다. 높이 3m 정도이며 작은 가지에 선모가 있다. 잎의 길이는 6~12cm로 난상원형 또는 넓은 도란형이며 흔히 난티잎 같다. 잎가는 불규칙한 결각과 함께 복 거치가 있다. 꽃은 3월에 피는데 암꽃은 동아(冬芽)처럼 보이고 수꽃은 아래로 처지며 길이가 4~5cm다. 꽃밥은 황색이다. 열매는 견과(堅果)로 둥글고 10월에 갈색으로 익으며 털이 있다.

이용부위 : 잎, 줄기 열매, 수피, 나무, 수지, 씨앗

용 도 : 식용, 미용제, 방향제

이용방법 : 유럽에서는 로마시대부터 식용했으며, 요즈음에도 견과를 생으로 먹거나 캔디, 케이크, 과자, 아이스크림, 음료에 사용한다. 견과유(堅果油)는 요리, 향수, 마사지오일, 비누, 그리고 윤활유에 사용된다. 민간에서는 수꽃을 갈아서 멍든데 사용했으며, 열매는 곱게 갈아서 얼굴 마사지에 사용한다. 잎은 담배 대용품으로 쓰이기도 한다[1].

학 명 : *Crataegus* species

과 명 : ROSACEAE (장미과)

영 명 : Hawthorn, May Blossom

원산지 : 유럽, 인도, 북아프리카

산사나무

특　　징 : 속명의 Crataegus는 그리스어 '힘'과 '갖다'의 합성어로 재질이 굳다는 뜻에서 유래되었다. 높이 6m 정도 자라는 낙엽 소교목이다. 가지에 가시가 있다. 잎의 길이는 5~10cm로 어긋나며 넓은 삼각상 난형 또는 능상(菱狀) 난형으로, 우상으로 깊게 갈라지며 엽병(葉柄)은 긴 편이다. 꽃은 산방화서로 5월에 흰색으로 핀다. 열매는 이과(梨果)로 둥글고 9~10월에 붉게 익는다.

이용부위 : 꽃, 잎, 열매, 나무, 씨앗

용　　도 : 약용

이용방법 : 잎, 꽃, 열매는 심장과 순환계를 튼튼하게 하여 신장병, 동맥경련, 불규칙한 심장박동으로 약해진 심장 치료에 쓰인다. 또한 심장혈관을 넓히고 펌핑 작용을 개선해서 고혈압을 낮추는 동시에 저혈압을 정상으로 바꾸는 효과가 있다. 심장의 관상동맥과 말초동맥을 확장시키는 후라보노이드를 함유하며, 프로시아니진은 심장박동수를 느리게 한다. 영국의 의학 잡지에 실린 보고에 의하면 열매는 동맥경화증이나 신장 질환으로 인한 고혈압을 내리게 하고, 꽃은 심장의 노화나 심장판막증 환자의 건강 상태를 현저하게 개선시키는 효과가 있다고 한다. 협심증, 부정맥, 동맥의 경련, 신경성 불면증에도 효과가 있다. 중국에서는 이 나무의 열매가 소화를 돕는 데 사용되고, 프랑스에서는 소화불량이나 이질 치료에, 일본에서는 심장 기능을 향상시키는 것으로 확인되었다[1), 2)].

서향(천리향)

학명 : *Daphne odora*

과명 : THYMELAEACEAE (팥꽃나무과)

영명 : Nepali Paper Plant

원산지 : 동히말라야, 중국

특　　징 : 속명의 Daphne는 그리스어 월계수의 옛이름이다. 본 속의 잎이 월계수의 잎과 비슷한 데서 유래되었으며 50~100여 종이 있다. 높이 1~1.5m 정도 자라는 상록성 관목이다. 원줄기는 곧으며 가지가 많고 갈색 섬유가 들어 있다. 잎은 3~8cm로 어긋나며 타원상 피침형으로 잎가는 밋밋하다. 꽃은 3~4월에 흰색 또는 홍자색으로 피며 향기가 있다.

이용부위 : 꽃, 잎, 뿌리, 수피, 씨앗

용　　도 : 약용, 방향제, 제지용

이용방법 : 수피를 달여 발열을 치료하고 벤 상처에도 사용한다. 뿌리에서 추출한 즙은 장을 치료하고, 독성이 있는 씨앗은 기생충을 없앤다. 네팔에서는 수피를 말려서 물에 불린 뒤 끓여서 씻은 다음 두들겨서 다시 말려 네팔 전통의 견고하고 섬세한 고운 종이와 로프를 만든다. 이 종이는 방부성, 살균성이 있다. 꽃은 말려서 포푸리에 이용한다[1].

치자

학명 : *Gardenia jasminoides*

과명 : RUBIACEAE (꼭두서니과)

영명 : Gardenia

원산지 : 북반구 온대

특 징 : 속명의 Gardenia는 미국의 식물학자 A. Garden씨의 이름에서 유래되었으며 약 200여 종이 난다. 높이 2~3m 자라는 상록 관목(灌木)이다. 작은 가지에는 털이 있다. 잎의 길이는 3~15cm이며 긴 타원형으로 광택이 난다. 끝은 뾰족하며 엽병(葉柄)이 짧고 마주난다. 꽃은 6~7월에 흰색으로 핀다. 열매는 꽃받침과 더불어 3.5cm 정도이며 세로로 6~7개의 능각(稜角)이 있고 가을에 주황색으로 익는다.

이용부위 : 꽃, 잎, 뿌리, 열매

이용물질 : 에센셜 오일

용 도 : 약용, 향신료, 염료용

이용방법 : 열매를 산치자(山梔子)라고 하며 한방에서는 진정, 지혈, 소염제로 이용한다. 민간에서는 열매를 익혀서 불면증이나 코피 등에 내복한다[2]. 옛날부터 달콤한 향기 때문에 사랑받아 왔다. 방향이 꽤 강하며 치자만으로도 충분히 효과가 있다. 여러 겹의 꽃도 있다. 열매는 선명한 홍색을 하고 있으나 함유된 색소는 황색이다. 밤의 감로 물을 만들 때 조금 넣으면 예쁜 황색으로 된다[3].

목화

학명 : *Gossypium hirsutum*

과명 : MALVACEAE (아욱과)

원산지 : 미국 열대지역

영명 : Upland Cotton, Cotton Root

특　　징 : 속명의 Gossypium는 목화의 라틴명으로 부풀은 삭과를 비유한 말에서 유래되었으며 32여 종이 난다. 높이 1~2m 자라는 재배식물이다. 잎의 길이는 5~10cm이며 장상엽(掌狀葉)으로 3~5갈래로 갈라져 있고 암록색이다. 잎은 어긋나며 엽병(葉柄)은 길다. 꽃은 오전에 피어 오후가 되면 지는데 필 때는 크림색이었다가 다음날 분홍색으로 변한다. 열매는 삭과(蒴果)로 포에 싸여 있고 익으면 3개로 갈라진다.

이용부위 : 잎, 뿌리, 열매, 씨앗

용　　도 : 식용, 약용, 섬유용

이용방법 : 씨를 짜서 식용유로 사용하고 찌꺼기는 가축용으로 쓰였다. 가공되지 않은 종유(種油)로부터 축출된 고시폴(gossypol)은 호르몬의 공급원이 되고 남성용 피임약으로도 사용이 가능하다. 항바이러스성이고 항균성이며 월경통(月經痛)을 경감시킨다[1]. 삭과(蒴果)는 씨앗과 솜털을 포함하며 2,500년 이상 목화솜으로 만들어 왔다.

풍년화

학 명 : *Hamamelis virginiana*

과 명 : HAMAMELIDACEAE (조록나무과)

영 명 : Witch Hazel

원 산 지 : 캐나다 동부, 미국 동부

특 징 : 속명의 Hamamelis는 그리스어로 'hamos(비슷하다)'와 'melis(사과)'의 합성어로, 서양 모과(Mespilus)와 닮은 데서 유래되었다. 높이 5~ 10m 정도 자라는 낙엽 관목이다. 잎의 길이는 4~12cm로 마름 잎 비슷한 타원형으로 잎의 윗부분에 파상(波狀)의 둔한 거치가 있으며 마주난다. 꽃은 4월에 황색으로 잎보다 먼저 핀다. 열매는 삭과(蒴果)로 8월에 익으며 검은색 종자가 튀어나온다.

이용부위 : 잎, 줄기, 수피, 씨앗

용 도 : 약용

이용방법 : 씨앗은 먹을 수 있고 잎은 몸을 따뜻하게 하는 차를 끓일 수 있다[1]. 농도를 연하게 하여 달인 액을 차게 한 것은 결막염(結膜炎)에 안약으로 사용하고 습포제는 좌상(挫傷)이나 출혈의 최고 약 중의 하나다. 수증기 증류한 것은 타닌이 함유되어 있지 않으므로 같은 효과가 있다[2]. 잎과 꽃이 피는 가지에서 증류한 증류물은 살균성과 수렴성이 있어서 피부 통증에 사용된다. 트거나 햇볕에 탄 피부, 멍, 부기, 그리고 뾰루지에 사용한다. 출혈을 멈추게 하거나 정맥이상 확장에도 쓴다. 연고(軟膏)나 좌약(挫藥)은 치질에 효과적이다[1].

커리플랜트

학명 : *Helichrysum italicum*

과명 : COMPOSITAE (국화과)

원산지 : 유럽 남서부

영명 : Curry Plant, Everlasting

특　　징 : 높이 50cm 정도 자라는 소관목이다. 잎의 길이는 2~6cm로 피침형으로 회녹색이 나며 강한 카레 냄새가 난다. 줄기는 목질화된다. 꽃은 노랗게 피며 광택이 있으며 열매는 원통형이다.

이용부위 : 꽃, 잎

용　　도 : 향신료, 포푸리, 장식용

이용방법 : 잎에서 카레 향기가 나기 때문에 커리플랜트라는 이름이 있지만 카레가루의 원료는 아니다. 두 종류의 식물이 이름은 같으나 서로 다르다. 잎에서 나는 카레 향 때문에 스프나 냄비요리에 이용되지만 먹기 전에 향이 없어지며, 간혹 복통을 일으킬 수도 있다[1]. 선명한 겨자색의 꽃은 드라이한 느낌이 있고 퇴색도 적어서 리스, 포푸리, 토피어리로 쓰인다. 다만, 꽃에는 향기가 없기 때문에 어디까지나 채색 효과로 쓰인다[3].

페루향수초(헬리오트로프)

학 명 : *Heliotropium arborescens*

과 명 : BORAGINACEAE (지치과)

영 명 : Heliotrope, Cherry Pie

원 산 지 : 페루의 열대 및 온대

특 징 : 속명의 Heliotropium은 그리스어 'helios(태양)'과 'tropos(향하다)'라는 뜻의 합성어로 빛의 방향에서 유래되었으며 약 250종이 난다. 높이 2m까지 자라는 소관목이다. 가지는 퍼지거나 직립한다. 잎의 크기는 3~10cm이며 난상피침형으로 끝은 좁고 뾰족하며 엽병은 짧다. 줄기와 엽병은 갈색을 띤다. 꽃은 산방화서로 조밀하게 밀집하며 보라색이나 자색으로 피며 후에는 희게 변한다.

이용부위 : 꽃, 잎, 줄기

이용물질 : 에센셜 오일

용 도 : 약용, 미용제, 장식용

이용방법 : 페루의 원주민 잉카 족은 신선한 헬리오트로프를 열을 내리는 데 사용했다. 동종요법의 팅크제는 만성후두염으로 쉰 목소리를 치료한다[1]. 정유는 향수의 원료로 잘 알려져 있다. 포푸리나 부케로도 달콤한 향기를 즐길 수 있다. 향기가 없는 품종도 있으므로 구입할 때 확인해야 한다[3]. 꽃으로 만든 분말가루는 향비누나 텔컴파우더※에 사용되며 에센셜 오일은 향수 만드는 데 쓰인다[1].

※텔컴파우더:활석가루에 붕산과 향료를 넣은 화장품.

하이비스쿠스

학명 : *Hibicus sabdariffa*

과명 : MALVACEAE (아욱과)

원산지 : 남아프리카

영명 : Indian sorrel, Jamaica sorrel

특　　징 : 속명의 Hibicus는 이집트의 'hibis(신)'과 그리스의 'isco(같다)'의 합성어로 '신에게 바치는 꽃'이라는 뜻에서 유래되었다. 높이 1.2~2m 정도 자라는 반상록성 소관목이다. 줄기는 기부로부터 다수의 줄기가 나와 총생(叢生)한다. 잎은 난형인 것과 장상엽(掌狀葉)으로 3갈래로 갈라지는 것도 있다. 꽃의 크기는 직경이 10cm 정도의 크기로 단생하고 연황색으로 중심부는 암적색이다. 소포편과 꽃받침은 적색으로 꽃받침이 발달하여 다즙질이 되어 식용할 수 있다.

이용부위 : 꽃, 잎, 열매

용　　도 : 식용, 방향제, 미용제

이용방법 : 허브 차나 요리에 생잎을 쓰기도 하지만 과실을 이용하는 경우가 많다. 끓인 물 1리터에 생과일 25g을 넣어 5분간 끓인 후에 걸러서 냉장고에 보관한다. 분홍색으로 상큼한 신맛이 특징이며, 뜨거운 차로 음용(飮用)해도 좋다. 로션이나 린스에 이용되는데, 린스는 육모 촉진, 탈모 방지, 두피 활성, 모발 강화의 역할이 있고 보습 효과도 있다. 그러나 로션이나 린스는 1개월 이내에 모두 사용해야 한다[3].

학 명 : *Hyssopus officinalis*

과 명 : LABIATAE (꿀풀과)

영 명 : Hyssop

원산지 : 유럽 남부

herb

히솝

특 징 : 영명 히솝은 히브리어의 에솝(Esob)에서 유래하며 성서에 많이 등장한다. 높이 1.5m까지 자라는 반상록성 소관목이다. 줄기의 가지는 중간 정도에서 다수 갈라진다. 잎은 피침형으로 좁고 진녹색으로 코를 찌르는 듯한 방향(芳香)이 있으며 마주난다. 꽃은 7~8월에 보라색, 흰색, 청색, 분홍색 등으로 다양하며 수상화서(穗狀花序)로 달린다.

이용부위 : 꽃, 잎

이용물질 : 에센셜 오일

용 도 : 식용, 약용, 방향제, 미용제

이용방법 : 방향 성분은 주류의 풍미를 더하고, 이 식물의 매운 맛이 있는 말빈 성분에는 거담작용이 있다. 달인 액이나 생잎을 부순 것은 세정약(洗淨藥)이나 습포제로 찰과상(擦過傷), 좌상(挫傷), 화상(火傷)의 처치에 사용한다. 추출물에는 항바이러스작용이 있으며, 특히 구강헤르페스를 일으키는 바이러스에 효과적이다. 인플루엔자, 감기, 카타르, 기관지염 등 호흡기계 질환에도 처방된다. 경엽(莖葉)을 입욕제로 하면 피부를 정화하고 냉증 개선에 효과가 있다[2),3)]. 향수나 코롱의 원료로 사용한다.

주 의 : 소량(1일 2회, 허브로 1~2g)을 복용할 것.

아일렉스

학 명 : *Ilex vomitoria*

과 명 : AQUIFOLIACEAE (감탕나무과)

원 산 지 : 미국 남서부, 멕시코

영 명 : Black Drink Plant, Emetic Holly

특 징 : 속명의 Ilex는 서양 호랑가시(holly) 또는 holly oak(Quercus Ilex)의 라틴 이름이며, 300~400종이 있다. 높이 6m 정도 자라는 상록 관목이다. 내한성이 강하다. 잎의 길이는 4~8cm로 긴 타원상 난형이다. 잎가에는 가시모양의 거치가 있으며 파상(波狀)이며, 혁질(革質)로 뻣뻣하다. 꽃은 5월에 흰색으로 피고 향기가 난다. 열매는 동그랗고 붉은 색으로 익으며 광택이 난다.

이용부위 : 잎, 열매

용 도 : 식용, 약용, 방향제

이용방법 : 잎은 카페인 음료로 하거나 차로 마신다. *Ilex guayusa*는 guayusa 성분의 원료로 아마존 지방사람들을 흥분시키는 차가 된다. *Ilex paraguariensis*는 남미에서 유명한 Yerba Mate'※(마테 차)를 만들고, 강장제, 변비약, 이뇨제로 쓰이며 식욕을 돋구기도 한다. 또한 지적인 활력을 증가시킨다. 마취성이 있는 잎은 아메리카 원주민들이 의식에 사용했다. 이 잎을 발효시키면 자극적인 최토제(催吐劑)가 된다. 열매는 구토 증세를 일으킬 때 해독제로 쓴다[1].

※ Yerba Mate' : 파라과이에서 나는 차로 마테 차 또는 파라과이 차라고도 한다.

인디고

학 명 : *Indigofera tinctoria*

과 명 : LEGUMINOSAE (콩과)

영 명 : Indigo

원 산 지 : 동남아시아

특　　징 : 속명의 Indigofera는 라틴어 'indigo(쪽)'과 'fero(있다)'의 합성어이며 쪽에서 염료를 취한다. 높이 2m 정도 자라는 낙엽 반관목(灌木)이다. 가지는 옆으로 많이 갈라진다. 잎의 길이는 0.5~2.5cm이며 긴 타원형으로 끝에 작은 돌기가 있고, 엽병(葉柄)도 있다. 꽃은 보라색 또는 분홍색 계통으로 7~8월에 핀다. 열매는 원주형으로 크기가 3cm 정도로 9월에 익으며 5~6개의 종자가 들어 있다.

이용부위 : 잎, 줄기, 뿌리

용　　도 : 약용, 염료용

이용방법 : 중국에서는 뿌리와 잎을 우울증이나 부은 선(腺), 발진(發疹)을 치료하는 데 사용하고, 잎에 항암 성분이 있는 것으로 생각한다. 발효된 줄기와 잎은 풍부한 청색의 염색소를 갖고 있으며 4,000년 동안이나 중요시되어 왔다. 인도에서는 잎으로 머리로 검게 염색한다[1].

란타나

학명 : *Lantana camara*

과명 : VERBENACEAE (마편초과)

영명 : Lantana

원산지 : 미국

특　징 : 속명의 Lantana는 라틴어의 lentara '만곡하다' 또는 '맺다'의 뜻으로 옛 식물명인 유럽산 *Viburnum lantana*의 화서(花序)와 비슷한 데서 유래되었다. 높이 0.3~2m 정도 자라는 소관목이다. 잎의 길이는 2.5~3cm 정도 자라는 난상 타원 피침형으로 끝이 뾰족하다. 잎가에는 거치(鋸齒)가 있으며 조금 두껍고 주름이 있다. 잎은 마주나며 엽병(葉柄)이 있다. 꽃의 색은 황색, 주황색, 분홍색, 적색 등 다양하다.

이용부위 : 잎, 뿌리

용　도 : 약용, 관상용

이용방법 : 잎에는 키니네(quinine)와 같은 경련성의 성분 란탄닌(lantanine)을 가지고 있다. 이것들은 기관지 질환, 눈병, 해열에 사용된다. 해독성을 가진 뿌리는 위통(胃痛)이나 복통(腹痛), 해열(解熱)에 사용한다[1]. 식물 전체에 독성이 있으므로 주의가 필요하다. 꽃색이 다양하고 오래가기 때문에 정원수나 분화용으로 많이 이용된다.

라벤더

학명 : *Lavandula* species

과명 : LABIATAE (꿀풀과)

영명 : Lavender

원산지 : 지중해

특　　징 : 속명의 Lavendula는 라틴어 lavo '씻다'의 뜻으로 몸을 씻는 데 사용한 것에서 유래되었다. 높이 60~100cm 정도 자라는 상록 반관목(灌木)이다. 잎의 길이는 2~6cm로 선상 피침형이다. 잎과 줄기 전주에는 향기가 있다. 꽃은 수상화서(穗狀花序)로 피고 연보라색이며 길이는 6~12mm다.

이용부위 : 꽃, 잎, 줄기

이용물질 : 에센셜 오일

용　　도 : 식용, 약용, 방향제, 미용제

이용방법 : 방향성의 우수한 허브다. 꽃은 풍미있는 잼, 식초, 단것, 크림 그리고 프로방스의 스튜나 설탕에 절여 결정(結晶)화시켜서 장식에 사용한다. 꽃과 잎은 허브 차로 이용하면 불안, 두통, 헛배부름, 메스꺼움, 현기증, 구취를 없애는 효과가 있다[1]. 에센셜 오일은 화상이나 벌레물린 데 좋은 치료약이다. 강력한 살균작용이 있어 상처 치료에도 좋다. 흉부의 감염증, 가래, 감기에도 전통적인 침출액이나 증기흡입법이 사용되었다. 진정작용도 있어 불안이나 긴장완화, 소화관의 경련 완화에도 효과가 있다. 침출액은 신경성 두통에 효과가

Lavandula dentata

있다. 마사지오일로 몇 방울을 이용하면 근육을 풀고 신경통이나 류머티스 통증을 완화한다[2]. 에센셜 오일은 포마드의 원료가 되며 희석한 것을 두피에 문지르면 발모를 촉진시킨다. 증류 시에 빼낸 라벤더워터는 피부 세정이나 상처 처치에 효과적이다. 햇볕에 그을렸을 때나 손상된 피부 개선에도 효과가 있다. 화장크림을 만드는 데도 사용한다[3]. 드라이플라워는 화훼장식용으로 이용되며, 포푸리를 만들어 향주머니 같은 소품장식으로 많이 쓰인다.

⋆잉글리쉬 라벤더(*Lavandula angustifolia*) : 잎을 차로 즐기면 다른 프렌치 라벤더 종과 같이 기분 전환에 효과가 높은 것으로 알려져 있다. 홍차에 섞어도 풍미가 좋고 일상적으로 마시는 차로도 자주 쓰인다. 초콜릿, 케이크와 같이 즐기면 잘 어울린다.

⋆라반진(*Lavandula flagrans*) : 봉오리는 포푸리, 목욕제, 화장수 만드는 데 사용한다. 정유의 함유율이 높고 향료원료로 재배된다. 많은 품종이 개발되고 있는데, 특히 수퍼 종자는 재생 효과가 높고, 화장수 등 피부 손질용 제품의 원료로 쓰인다.

Lavandula angustifolia

Lavandula stoechas

Lavandula angustifolia 'Twickel Purple'

구기자나무

학명 : *Lycium chinense*

과명 : SOLANACEAE (가지과)

영명 : Wolfberry

원산지 : 동아시아

특 징 : 속명의 Lycium은 중앙아시아의 lycia에서 자라는 가시가 많은 관목인 lycion이라는 옛 그리스명에서 유래되었다. 높이 4m 정도 자라는 낙엽 관목이다. 원줄기는 비스듬히 자라면서 끝이 밑으로 처진다. 잎의 길이는 3~8cm로 좁고 긴 타원형으로 엽병(葉柄)이 있다. 꽃은 보라색으로 6~9월에 피며 별모양이다. 열매의 길이는 1.5~2.5cm이며 8~10월에 주황색으로 익는다.

이용부위 : 잎, 뿌리, 열매

용 도 : 약용

이용방법 : 열매와 뿌리껍질 그리고 잎은 중국의학에서 기운을 돕고 간, 신장, 피를 정상으로 돌릴 때 사용된다. 어린이의 폐렴, 당뇨병, 결핵, 영양실조로 인해 흐릿해진 시력을 치료하는 데 사용된다. 또 근육 발달을 증진시키고, 너무 빨리 난 흰머리, 얼굴이 거칠어지거나 피부에 착색을 방지하는 효능이 있으므로 다른 약초와 함께 사용하면 노화를 늦출 수 있다[1].

뿔남천

학명 : *Mahonia aquifolium*

과명 : BERBERIDACEAE (매자나무과)

영명 : Oregon Grape

원산지 : 북서 아메리카, 서부 캐나다

특 징 : 속명의 Mahonia는 19세기 아메리카의 식물학자 B. Mc. Mahon의 이름에서 유래되었다. 높이가 2m 정도 자라는 상록 관목이다. 수피는 코르크질이며 목재는 황색이다. 잎의 길이는 3~6cm로 우상복엽으로 가지 끝에 모여서 난다. 잎의 가장자리에서는 거치가 있고 혁질이며 엽병이 없다. 꽃은 총상화서로 화수(花穗)의 길이는 13cm 정도이며 노란색이다. 열매는 장과(漿果)로 남청색으로 익고 백분으로 덮여 있다.

이용부위 : 뿌리, 근경

용 도 : 약용, 염료용

이용방법 : 뿌리와 지하의 흡근(吸根)은 혈액 정화 성질이 있기 때문에 습진, 좌창(여드름 등의 피부병), 건선, 감기나 고열로 인한 입가의 발진 같은 피부병을 치료하는 데 쓰인다. 소화제로도 작용하며 간장을 튼튼하게 한다. 식욕을 돕고 메스꺼움을 억제하며, 류머티즘으로 인한 염증을 줄이는 데 사용된다[1]. 해독약, 노폐물 정화약으로 높이 평가되고 있다[2]. 뿌리는 노란색 염료를 낸다.

주 의 : 알칼로이드의 벨베린을 함유하므로 임신중에는 사용하지 않는다[2].

카사바

학명 : *Manihot esculenta*

과명 : EUPHORBIACEAE (대극과)

영명 : Cassava

원산지 : 열대 남부, 중앙아메리카

특　징 : 속명의 Manihot는 브라질에서 부르는 이름이며, 약 160종이 난다. 높이 2~3m 정도 자라는 초본성 관목이다. 줄기는 직립하며 백분(白粉)이 덮여 있다. 잎의 길이는 8~20cm로 어긋나며 장상엽(掌狀葉)으로 3~7개로 깊이 갈라져 있고 엽병(葉柄)은 길다. 꽃은 수상화서(穗狀花序)로 핀다. 괴근(塊根)은 길이가 8~13cm이고 청산을 함유한 유독성 유액(乳液)이 나온다.

이용부위 : 잎, 뿌리

용　도 : 식용

이용방법 : 괴경(塊莖)은 채소로 먹거나 태피오카※의 재료가 되며 술과 알코올로 발효된다. 여기에는 독성인 청산(靑酸)을 함유하고 있으므로 이 독은 물로 씻거나 압축시키거나 요리과정에서 제거해야 한다. 끓여서 만든 즙은 쓴맛이 나며, 살균이 되어 'pepper-pot' 소스에 들어간다[1].

※태피오카 : 카사바 뿌리로 만든 식용 전분.

학명 : *Myrica cerifera*

과명 : MYRICACEAE (소귀나무과)

영명 : Wax Myrtle, Candleberry

원산지 : 동북아메리카

소귀나무

특　　징 : 속명의 Myrica는 그리스어 'myrizein 방향, 향료'에서 유래되었으며 높이 12m 정도 자라는 상록 관목(灌木)이다. 수피(樹皮)는 회색이며 작은 가지는 약간 털이 있다. 잎의 길이는 5~15cm로 혁질(革質)로 타원상 도피침형(倒披針形)이다. 상반부에 거치(鋸齒)가 있으며 표면은 녹색, 뒷면은 연녹색이다. 꽃은 4월에 핀다. 열매는 6~7월에 익는다.

이용부위 : 잎, 줄기, 뿌리, 열매, 수피

용　　도 : 식용, 약용, 미용제, 염료용

이용방법 : 열매의 외과피(果皮)는 날 것을 먹으며, 잎을 차로 해서 마시면 해열 효과가 있다[1]. 북아메리카의 허블리스트는 중요한 수렴약으로, 위장 내의 염증이나 감염증 치료에 사용했다. 분만 후 출혈의 치료에도 사용하며 월경 과다나 백대하(白帶下)에 내복하기도 한다. 따뜻하게 달인 액은 감기나 발열의 치료에 사용한다. 분말로 만든 수피는 코피 치료를 위해 코로 흡입하는 분말로 사용된다. 수피를 달인 액은 목의 염증에 좋은 양치약이 된다. 습포는 벤 상처나 궤양의 치료에 유효하다. 미리시토린 성분은 살균 효과가 있고 담즙의 분비를 촉진한다[2]. 강장성이 있는 뿌리의 껍질은 혈액 순환을 완활하게 하고, 지혈작용, 비농(鼻膿), 장염을 치료한다. 열매는 향기나는 초를 만드는 데 쓰이거나, 면도용 비누나 화장품 원료로도 사용된다. 수피는 염료로 쓰인다[1].

학명 : *Myrtus communis*

과명 : MYRTACEAE (도금양과)

영명 : Myrtle, Sweet Myrtle

원산지 : 지중해, 북아프리카

미르틀

특 징 : 속명의 Myrtus는 옛 그리스명이다. 높이 5m 정도 자라는 상록 관목이다. 가지는 많이 갈라져 무성하게 자란다. 잎의 길이는 4cm 정도로 피침형 또는 긴 타원상 피침형으로 조밀하게 붙고 혁질(革質)로 광택이 있으며 마주난다. 잎에는 강한 유칼리 비슷한 향이 있다. 꽃은 5월에 흰색으로 엽액(葉腋)에 단생하며 금년도 가지에 달린다. 과실은 원형으로 검은색이다.

이용부위 : 꽃, 잎, 열매

용 도 : 식용, 약용, 관상용, 방향제

이용방법 : 꽃은 작으며 달콤한 향기를 갖고 있어 식품이나 술의 향료로 사용한다. 꽃봉오리와 열매는 오렌지 향이 있어 단 요리의 디저트로, 잎은 구운 고기의 향신료로 사용된다. 꽃은 화장실용 워터를 만들기도 한다. 잎은 여드름 연고, 방부제, 지혈용 즙이나 멍, 치질에 사용되고, 잎에서 추출한 정유는 치육염(齒肉炎) 치료에 쓰인다[1]. 그리스 시대에는 머리 장식으로도 많이 사용했다. 상록성이므로 옥외에 심어 관상용으로 즐기거나 화분에 심어 실내용으로도 적당하다. 웨딩 화환으로 잘 알려져 있다. 월계수 잎 이상으로 뛰어난 포푸리의 소재이며 잎의 향기도 좋고 꽃도 아름답다. 싱싱한 줄기 잎은 탄력이 있고 계절감이 넘치는 소재로 응용범위가 넓다[3]. 꽃과 잎은 포푸리로 쓰거나 허브 베개로도 사용한다.

학 명 : *Nandina domestica*

과 명 : BERBERIDACEAE (매자나무과)

영 명 : Sacred Bamboo

원 산 지 : 중국, 일본

herb

남천

특 징 : 속명의 Nandina는 일본명의 '난뎅'에서 유래된 것이다. 높이 2~3m 정도 자라는 상록 또는 반낙엽성 관목이다. 잎의 길이는 5cm로 두텁고 타원상 피침형이다. 끝은 뾰족하며 처음에는 진녹색이나 가을에 붉은색으로 단풍이 든다. 엽병(葉柄)이 있다. 5~7월에 흰색의 꽃이 원추화서(圓錐花序)로 핀다. 열매는 가을에 붉게 익는다.

이용부위 : 줄기, 뿌리, 나무

용 도 : 약용, 공예품

이용방법 : 인도나 중국에서는 뿌리와 줄기를 해열이나 독감을 예방하는 데 사용한다. 기침, 백일해, 기관지염을 예방하고, 복통을 안정시키거나 소화불량이나 위장염으로 인한 설사를 막고 다친 후의 뼈를 튼튼하게 한다[1]. 일본에서는 향기로운 목재를 젓가락 만드는 데 사용한다.

예루살렘 세이지

학명 : *Phlomis fruticosa*

과명 : LABIATAE (꿀풀과)

영명 : Jerusalem sage

원산지 : 지중해 연안~유럽 동부

특 징 : 속명의 Phlomis는 그리스어의 'phlego(불에 태우다)'의 뜻에서 유래되었다. 높이 130cm 정도 자라는 소관목이다. 가지는 많이 분지(分枝)한다. 줄기 하부의 잎은 타원상 피침형, 또는 긴 난형이다. 잎가는 밋밋하거나 파상이다. 잎의 양면에는 흰색의 성상모(星狀毛)가 밀집하고 엽병이 있다. 화서의 잎은 엽병(葉柄)이 없거나 짧고 피침형이다. 꽃은 한 마디에 14~36개가 달리며 밝은 노란색이다. 열매는 소견과(小堅果)로 털이 있거나 없다.

이용부위 : 꽃, 전초

용 도 : 가든용, 포푸리

이용방법 : 꽃의 색이 밝고 한 번 피면 오래가므로 허브 화단용의 주역으로 많이 이용된다. 꽃잎은 따서 그늘에 말려 포푸리나 향주머니에 이용된다. 이중삼중으로 심은 화이트 가든의 가장자리를 장식하는 데 이용된다. 꽃은 늦은 시기까지 핀다[3].

서양까치밥나무(구우즈베리)

학명 : *Ribes nigrum*

과명 : GROSSULARIACEAE (범의귀과)

영명 : Blackcurrant, Quinsy Berries

원산지 : 히말라야, 중앙아시아, 유럽

특 징 : 속명의 Ribes는 아라비아 이름인 ribas에서 유래되었다. 약 150종이 난다. 높이 1~2m 정도 자라는 낙엽 관목이다. 작은 가지에는 가시가 있다. 잎의 길이는 2~3cm로 둥글며 3~5개로 갈라지며 어긋난다. 깊고 둔한 거치가 있으며 양면에는 털이 많다. 꽃은 4~5월에 흰색의 총상화서(總狀花序)에서 2~3개의 꽃이 핀다. 열매는 장과(漿果)로 둥글고 지름 2cm 정도이며 털이 약간 나 있다. 적색, 황색 또는 녹색으로 익으며 먹을 수 있다.

이용부위 : 잎, 뿌리, 열매, 수피

이용물질 : 에센셜 오일

용 도 : 식용, 약용

이용방법 : 열매는 잼, 디저트, 와인, 코디얼※, 술 등을 만드는 데 쓰이고, 잎은 차로 우려 마신다. 잎은 지혈용이나 혈압 강하에 효과적이고, 잎으로 만든 차는 설사, 감기, 목이 붓거나 마를 때 마신다. 열매의 추출액은 목감염, 고혈압, 모세혈관이 약할 때 쓰인다. 씨앗은 감마 리노레익(gamma-linoleic)산을 함유한다[1].

※코디얼(cordial) : 감미(甘味)와 향미(香味)를 배합한 알코올성 음료.

옻나무

학명 : *Rhus typhina*

과명 : ANACARDIACEAE (옻나무과)

원산지 : 동북아메리카

영명 : Stag Horn Sumach, Indian Lemonade

특 징 : 속명의 Rhus는 옛 그리스명 rhous가 라틴어화된 것에서 유래되었다. 높이 7~10m 정도 자라는 낙엽 관목이다. 작은 가지는 붉은 빛이 돌고 털이 있다. 잎의 길이는 4~10cm로 우상복엽(羽狀複葉)으로 어긋난다. 잎가는 거치(鋸齒)가 있는 것과 밋밋한 것이 섞여 있다. 가을에 붉게 단풍이 든다. 꽃은 원추화서로 액생(腋生)한다. 길이는 15~30cm로 갈색 털이 밀생(密生)한다. 열매는 편구형으로 황갈색으로 익는다.

이용부위 : 꽃, 잎, 뿌리, 열매, 씨앗

용 도 : 식용, 염료용

이용방법 : 신 열매는 중동지방 요리에 널리 이용되었다. 흠뻑 젖은 씨앗이나 말린 열매는 샐러드 드레싱, 요거트 소스, 매리네이드(식초, 포도주, 향신료를 넣은 액체)에 사용된다. 가루로 만든 열매는 생선과 육고기에 풍미를 더한다. 영국에서는 천주교인들이 꽃을 이용해서 쌀에 색을 냈다[1].

장미

학 명 : *Rosa* species

과 명 : ROSACEAE (장미과)

영 명 : Rose

원 산 지 : 중국

특 징 : 속명의 Rosa는 옛 라틴명으로 그리스어의 'rhodon(장미)'과 캘트어의 'rhodd(붉다)'에서 유래되었다. 최근 원예용 장미는 여러 원종들의 교배에 의해서 만들어졌다. 특성별로 나누어 보면 floribunda rose(사계성 중륜장미), hybrid Tea rose(사계성 대륜장미), miniature rose(극소륜장미), shrub rose(반덩굴성 장미), climbing rose(덩굴성 장미)의 5가지로 나눌 수 있다.

이용부위 : 꽃, 잎, 열매

이용물질 : 에센셜 오일

용 도 : 식용, 약용, 방향제, 미용제

이용방법 : 꽃잎을 따서 그늘에 건조시켜 허브 차로 마신다. 시럽, 요리 장식, 향을 내거나 설탕 절임용으로 사용한다[3]. 장미의 열매에는 비타민 C가 풍부하여 이를 차로 만들어 마시면 비타민 C의 풍부한 공급원이 된다. *Rosa canina*는 중세에는 광견병 치료에 유효한 것으로 알려졌었다. 잎은 완화작용, 수렴작용이 있으므로 다양한 상처의 치료약이 된다. 씨앗은 이전에 이뇨약으로 사용했으며, 열매에는 강장작용이 있다. 꽃잎은 옛날부터 화장수, 목욕제로 사용했으며

장미

미용 효과가 상당한 것으로 알려져 있다. 열매에서 채취한 정유는 피부 재생작용이 있어서 피부를 아름답게 하는 크림의 재료로 사용된다. 꽃에서 채집한 정유는 향수 등 화장품 원료로 귀하게 쓰인다. *Rosa officinalis*는 아로마테라피에 사용되고, *Rosa rubiginosa*와 *Rosa damascene*는 향기가 좋으며, 해당화(*Rosa rugosa*)는 비타민 C의 공급원이 되는 *Rosa cinina*의 좋은 대용품이 된다[1].

학명 : *Rosmarinus officinalis*

과명 : LABIATAE (꿀풀과)

영명 : Rosemary, Sea Dew

원산지 : 지중해

로즈마리(미질향)

특 징 : 속명의 Rosmarinus는 'ros(이슬)'이라는 뜻과 'marinus(바다)'라는 뜻의 합성어다. 이 속의 식물이 프랑스 남부 해안 근처의 석회질 언덕에서 나는 데서 유래되었다. 높이 60~150cm 정도 자라는 상록 관목(灌木)이다. 줄기는 직립 분지(分枝)한다. 잎의 길이는 1.5~3cm로 선형으로 좁고 길며 혁질(革質)로 회녹색이다. 꽃은 봄에서 여름까지 총상화서(總狀花序)로 피며 연보라색 또는 흰색이다.

이용부위 : 꽃, 잎, 줄기

이용물질 : 에센셜 오일

용 도 : 식용, 약용, 향신료, 미용제, 방부제

이용방법 : 잎을 말려 차로 하거나 육고기요리에 첨가한다. 항균, 항진균작용이 있는 로즈마리네신 성분은 고창(鼓腸)을 억제하고 소화기, 간장, 담낭에 자극을 주며 담즙의 분비를 증가시켜 체내에서 분해하고 소화관이나 담낭의 평활근(平滑筋)을 자극한다. 또 혈행(血行)을 촉진시켜 약해진 혈관을 강하게 하고 생리통 치료에도 이용된다. 침출액은 외용약으로 사용하며, 에센셜 오일을 머리에 직접 바르면 두통에 뛰어난 효과가 있다. 류머티즘 치료용 습포제에도 첨가된다. 꽃의 증류수는 눈의 세정에 사용되고, 잎은 향수의 원료가 된다. 또한 린스로 사용되기도 하며 비듬을 억제시키는 효과가 있어 로즈마리 헤어토닉은 잘 알려져 있다[3].

⋆**화이트 로즈마리** : 현관의 양쪽에 심으면 향기가 좋은 인상적인 앤트랜스가 된다. 생울타리나 화단의 가장자리에 장식하기도 한다.

주 의 : 복용은 수일 동안만 사용한다. 임신중에는 복용을 피한다[2].

※고창(鼓腸) : 장내에 가스가 차서 배가 부른 증상.

라스퍼베리

학명 : *Rubus adoratus*

과명 : ROSACEAE (장미과)

원산지 : 유럽, 동북 아시아, 북미 동부

영명 : Flowering Raspberry Thimbleberry

특 징 : 속명의 Rubus는 옛 라틴명으로 열매의 색깔이 붉은 데서 유래한다. 높이가 1~2m까지 자라는 낙엽 관목이다. 잎은 5~8cm로 어긋나며 단엽으로 3~5개로 갈라진다. 엽병에 가시가 있고 잎가는 불규칙한 거치가 있다. 어린 잎의 뒷면에는 연한 털이 있다. 꽃은 6~7월에 자홍색으로 가지 끝이나 엽액에서 원추화서로 달린다. 열매는 둥글고 털이 있으며 담홍색으로 익는다.

이용부위 : 잎, 줄기, 뿌리, 열매

용 도 : 식용, 약용, 향신료

이용방법 : 열매에는 철분과 비타민 C의 함유량이 많아 디저트에 사용하며, 가공하여 먹거나 조미료로도 사용한다. 중국에서는 자양분이 풍부하여 빈혈을 감소시키고 신장병이나 요실금에도 효과가 있다고 소정(所定)되었다. 잎에는 타닌이 있으며 해독작용을 한다[1]. 차를 임신 후기에 복용하면 모유의 영양가를 높이므로 모유의 분비를 좋게 하며 자궁근(子宮筋)과 골반근육을 정상화하여 생리통에도 사용된다. 잎은 탁월한 수렴성 치료약으로서 어린이의 하리(下痢)에 효과가 있다. 냉침출액도 양치약이나 입안 세정약이 된다[2].

루스쿠스

학명 : *Ruscus aculeatus*

과명 : LILIACEAE (백합과)

원산지 : 온대 유럽

영명 : Butcher' s Broom, Box Holly

특 징 : 속명의 Ruscus는 옛 라틴명으로 원산지는 일본 및 지중해 연안지방이며 3~5종이 난다. 높이 20~70cm 정도 자라는 상록 관목이다. 지하경(地下莖)은 진녹색으로 여러 개가 총생(叢生) 또는 속생(束生)한다. 잎의 길이는 1.5~4cm 정도로 난상타원형이다. 끝은 뾰족하며 잎 끝에 가시가 있다. 꽃은 3~4월에 종모양의 녹백색 꽃이 핀다. 열매는 암나무에 달리고 9~11월에 익으며 붉은 색이다.

이용부위 : 꽃, 잎, 뿌리, 줄기, 씨앗

용 도 : 약용

이용방법 : 최근에 먹을 수 있다는 것이 밝혀진 새싹은 아스파라거스와 비슷하다. 끝이 뾰족한 타원형의 잎은 옛날에 자궁과 관련된 병을, 뿌리는 관절염을 치료했다. 연구 결과에 의하면 이 식물 전체가 염증을 가라앉히고 혈관이 좁아지는 것과 치질의 내외부적 예방을 한다고 한다. 또한 정맥류성 혈관과 동상을 고친다[1].

학명 : *Ruta graveolens*

과명 : RUTACEAE (운향과)

영명 : Rue, Herb of Grace

원산지 : 유럽 남동부

herb

루

특　　징 : 속명의 Ruta는 옛 라틴명에서 유래되었다. 유럽 남동부에 7종이 분포한다. 상록성의 아저목이다. 높이 60cm 정도 자라며 갈색의 줄기가 총생한다. 잎은 우상심열(羽狀深裂)로 어긋난다. 향기가 있다. 꽃은 황색으로 정생(頂生)하며 산방화서로 달린다. 꽃잎에 거치가 있다. 열매는 삭과(蒴果)다.

이용부위 : 잎, 씨앗

이용물질 : 에센셜 오일

용　　도 : 식용, 약용, 향신료, 방충제

이용방법 : 허브 차는 구충(驅蟲) 효과가 있다[2]. 잎에서는 독특한 향기가 난다. 말린 잎은 강력한 제충(除蟲) 효과가 있어서 피부 약한 사람이나 유아는 사용에 주의가 필요하다. 피로해진 눈과 눈의 피로로 인한 두통 치료에 탁월한 효과가 있는 것으로 알려져 있으며, 치료 효과가 강력하므로 소량만 사용한다. 에센셜 오일과 알칼로이드에는 항경련작용이 있어 신경성 소화불량이나 복통에도 사용한다. 집에 두면 개미의 침입을 막는 효과가 있다고 한다[3].

주　　의 : 임신중에는 사용하면 안 된다. 쿠마린 성분은 광선에 대한 눈의 과민증을 일으킬 수 있다. 피부에 직접 닿으면 발진이 생기는 경우가 있다[2].

학 명 : *Satureja montana*

과 명 : LABIATAE (꿀풀과)

영 명 : Winter Savory, Bean Herb

원산지 : 유럽 남부, 지중해 연안

윈터세이보리

특 징 : 속명의 Satureja는 옛 라틴명으로 프리니우스에 의해 사용되었다. 높이 30~45cm자라는 상록 저목이다. 어린 줄기에는 부드러운 털이 있다. 잎은 선상 또는 선상 피침형이며, 끝은 뾰족하다. 잎가는 밋밋하다. 꽃은 흰색에서부터 적자색으로 핀다. 전초에 향이 난다. 허브로 사용하는 savory는 이 식물의 잎을 건조시킨 것이다. 윈터 세이보리와 섬머 세이보리는 근연종(近緣種)으로 전자는 상록 저목으로 분홍색, 라일락색, 흰색의 꽃이 늦은 여름에 피고, 후자는 1년초다.

이용부위 : 꽃, 잎, 줄기

용 도 : 식용, 약용, 향신료, 미용제

이용방법 : 콩으로 만든 모든 요리의 풍미를 더할 뿐만 아니라, 언 콩의 맛도 개선시킨다. 소금이나 후추처럼 사용하는 것이 일반적이다. 싸하고 매운 맛을 가지고 있어서 전통적으로 송어, 사라미※, 양고추냉이소스 그리고 주류, 토닉 와인에 사용했다. 세이보리에는 윈터세이보리와 섬머세이보리가 있으며 두 가지 모두 소화 촉진, 소독작용이 있다. 벌에 쏘였을 때나 손상된 피부에 효과가 있으며, 욕조에 넣고 몸을 담그면 피로가 회복되어 기분이 좋아진다[3]. 꽃의 윗부분은 수렴성과 방부성이 있어 양치제와 지성피부를 위한 얼굴 찜질에 이용된다[1].

※사라미(salami): 향미가 강한 소시지.

황면국(샌토리나)

학명 : *Santolina chamaecyparissus*

과명 : COMPOSITAE (국화과)

원산지 : 지중해

영명 : Santolina, Lavender Cotton

특 징 : 속명의 Santolina는 라틴어 'sanctus(신성한)'과 'linum(아마)'의 합성어다. 원산지는 지중해 연안으로 유럽 및 아시아에 약 8종이 난다. 높이 45~60cm 정도 자라는 상록 관목이다. 분지가 많고 총생한다. 잎은 작은 선형으로 육질이며 은회백색의 털이 덮여 있다. 꽃은 7~8월에 가지 끝에 두상화로 피며 황색이다.

이용부위 : 꽃, 잎, 줄기

이용물질 : 에센셜 오일

용 도 : 약용, 방향제, 향신료, 미용제, 방충제, 정원용

이용방법 : 중세 유럽에서는 종자를 끓여 우려내 허브 차를 만들고 구충약으로 사용한 역사가 있다[3]. 신장을 깨끗하게 하며, 월경을 자극하고, 황달 치료를 돕는다. 꽃과 잎은 동전버짐과 딱지 앉은 피부를 낫게 하거나 깨끗하게 한다[1]. 가지를 다발로 묶어 장에 매달거나 카페트 밑에 깔아 놓기도 했다. 잎은 포푸리를 만들고, 어린 가지는 옷이나 린넨, 카페트, 책 사이에 넣어 나방이나 빈대좀을 예방했다. 잎은 카모마일이나 머위와 같이 섞어 허브 담배를 만들고, 꽃은 말려 장식품으로 한다. 식물 전체는 화단 가장자리나 허브 가든을 장식한다.

파인애플 세이지

학 명 : *Salvia elegans*

과 명 : LABIATAE (꿀풀과)

영 명 : Pineapple Sage

원 산 지 : 멕시코, 과테말라

특 징 : 속명의 Salvia는 라틴어의 '안정, 치유' 또는 salvo '구하다'라는 뜻이다. 높이 1m 정도 자라는 아저목이다. 잎의 길이는 5~10cm로 난형으로 결각(缺刻)이 있다. 파인애플과 비슷한 향이 있어서 파인애플 세이지라고 한다. 꽃은 길이 약 4cm로 붉은색이며 한지(寒地)에서 재배할 때는 겨울에 보호가 필요하다.

이용부위 : 잎

용 도 : 향신료, 포푸리용

이용방법 : 멕시코 원산으로 가을에 맑은 빨간 꽃이 핀다. 잎을 손으로 비비면 파인애플 향기가 난다. 파인애플 향의 잎은 육고기의 맛을 좋게 한다. 어린 잎은 다른 재료와 같이 튀겨서 크림을 곁들여 요리로 내놓기도 한다. 잎은 포푸리로 쓰이며, 집안의 방향을 위해 태우기도 한다[1]. 추위에 약하므로 처마 밑에서 월동시킨다[3].

클라리세이지

학명 : *Salvia sclarea*

과명 : LABIATAE (꿀풀과)

영명 : Clary Sage, Clear Eye

원산지 : 유럽~중앙아시아

특　징 : 속명의 Salvia는 라틴어의 '안정, 치유' 또는 salvo '구하다'라는 뜻이며, 원산지는 난대와 온대다. 500~700종이 난다. 높이 1m 정도 자라는 2년초 또는 다년초다. 곧추 자라며 중간부분부터 가지가 갈라진다. 잎은 긴 타원형 또는 난형으로 거치(鋸齒)가 있다. 벨벳질감을 가지며 냄새가 독특하다. 꽃은 여름에 흰색과 보라색으로 가지 끝에 긴 수상화서(穗狀花序)로 달린다. 포엽(苞葉)은 연보라색 계통이다.

이용부위 : 꽃, 잎, 씨앗

이용물질 : 에센셜 오일

용　도 : 약용, 향신료, 방향제, 관상용

이용방법 : 관상 가치가 높은 클라리세이지의 잎 침출액은 살균과 피부 재생작용이 있으며 궤양(潰瘍), 찰과상(擦過傷), 손상된 피부 손질에 효과적이다. 방향 성분을 추출한 에센셜 오일은 오데 코롱을 만들거나 아로마테라피에 사용한다. 라벤더 물을 첨가하면 피부 노화를 개선하는 효과가 있다[3].

세이지

학 명 : *Salvia officinalis*

과 명 : LABIATAE (꿀풀과)

영 명 : Sage, Garden Sage

원산지 : 지중해, 북아프리카

특 징 : 속명의 Salvia는 라틴어의 '안정, 치유' 또는 salvo '구하다'라는 뜻이며 원산지는 난대와 온대에 500~700종이 난다. 높이 30~90cm로 원줄기는 네모져 있다. 아래부분은 목질화되어 있고 전초에서 향기가 난다. 잎은 마주나며 타원형 또는 긴 타원형이고, 잎가는 밋밋하다. 꽃은 원줄기 끝에서 발달하고 자주색 꽃이 층층으로 달린다.

이용부위 : 꽃, 잎

이용물질 : 에센셜 오일

용 도 : 식용, 약용, 미용제, 방충제

이용방법 : 허브 차는 기분을 밝게 하고 흥분을 진정시키는 작용이 있으나 효력이 강하기 때문에 지속적으로 마시는 것은 피한다[3]. 학명에서 보는 바와 같이 몇 세기 동안 세이지의 치유력이 평가받고 있다. 따뜻한 침출액은 감기의 응급처치약이 된다. 페놀산은 항균작용이 있으며 특히 포도상구균의 한 종으로 효과가 좋다. 소량의 사과산을 섞은 세이지 허브 차는 양치약으로 사용하고 목의 통증이나 인후염(咽喉炎), 편도염(扁桃炎)에 뛰어난 치료약이 된다. 입안 세정

Salvia coccinea

Salvia officinalis 'Tricolor'

약으로도 쓰이며, 염증이 생긴 치육이나 궤양성 구내염에 효과가 있다. 또한 육모(育毛) 효과도 있다. 꽃과 잎은 달여서 로션이나 샴푸의 재료로 사용되고, 푹 삶은 잎으로는 습포(濕布)약을 만들거나 상처 처치, 피부 장애 개선에 사용한다. 목욕제로 사용하면 피로 회복과 피부 미용에 좋다. 비만 해소에도 유효하다. 쯔용은 강력한 방부 효과를 가진다.

주　　의 : 세이지는 쑥보다 쯔용을 많이 포함하고 있지만 쑥보다 안전한 식물로 간주되고 있다. 그러나 쯔용에는 독성의 가능성이 있으므로 허브 차를 사용할 때는 1～2주간 이내로 한정해야 한다[2].

Salvia splendens

Salvia pratensis

Salvia patens

센나

학명 : *Senna alexandrina*

과명 : LEGUMINOSAE (콩과)

영명 : Alexandrian Senna

원산지 : 열대 아프리카, 인도

특 징 : 1m 정도 자라는 아관목이다. 잎은 4~12cm이며 긴 타원형으로 마주나고 잎가는 밋밋하다. 꽃은 3~4월에 황색으로 산방화서로 달린다. 열매는 협과(莢果)로 초여름에 녹색이나 마르면 갈색이 된다.

이용부위 : 잎, 열매

용 도 : 식용, 약용

이용방법 : Alexandrian Senna와 Tanner's Cassia는 세계적으로 가장 효능이 좋은 하제약으로 사용되고 있는데, 이것은 이 식물 중의 센노사이드 성분 때문이다. 모든 안트라키논 종류는 장관벽을 자극하고 배변을 촉진하지만, 습관성이 되기 쉬우므로 이 허브의 사용은 권하지 않는다. 센나만 사용하면 복통을 일으키므로 일반적으로 생강이나 펜넬, 코리안더, 딜, 오렌지껍질, 감초 등의 방향성 허브나 소화기능을 증진하는 허브와 섞어서 사용한다[2]. 잎과 협과는 하부의 소화기관을 청소하고 자극하므로 단식용으로도 쓰인다. 잎의 작용이 더 강하여 심하면 구토나 멀미를 일으킬 수 있으므로 주의가 필요하다. 장 속의 기생충을 없애기도 한다[1].

주 의 : 제한한다.

세이지브러쉬

학 명 : *Artemisia tridentata*

과 명 : COMPOSITAE (국화과)

영 명 : Sagebrush

원 산 지 : 멕시코, 미국 서부

특 징 : 높이 3m 정도 자라는 소관목이다. 줄기는 목질화되며 흰색이 난다. 방향이 난다. 잎은 부드럽고 은회백색이 나며 잎 끝이 거치가 있다. 꽃은 은회백색의 원추화서(圓錐花序)로 작고 밀집하여 달린다.

이용부위 : 꽃, 잎, 줄기

이용물질 : 에센셜 오일

용 도 : 약용, 방향제

이용방법 : 잎은 소화불량이나 위에 가스가 찼을 때 씹어 먹거나, 편두통일 때 습포제로 만들어 사용한다. 달여서 입 안을 행구면 입 속 균을 살균하기도 한다. 꽃에서 추출한 향은 스트레스나 정신적으로 불안할 때 아로마테라피에 사용한다. 아메리카 원주민들은 신성한 의식을 거행할 때 잎을 태워 연기를 내기도 했다[1].

학명 : *Spartium junceum*

과명 : LEGUMINOSAE (콩과)

영명 : Spanish Broom

원산지 : 지중해, 유럽 남서부

스파티움

특 징 : 속명의 Spartium은 직물에 쓰여지는 벼과 어느 종의 그리스어에서 유래되었다. 높이 2~3.5m 정도 자라는 낙엽 관목이다. 원주상의 줄기는 털이 없으며 암갈색이고 잎의 역할을 한다. 잎은 작은 잎 하나가 나거나 아니면 없다. 꽃은 여름부터 9월까지 계속 피며 황색으로 총상화서(總狀花序)로 달린다. 열매의 길이는 5~10cm 정도로 5~12개의 종자가 들어 있다.

이용부위 : 꽃, 잎, 줄기

이용물질 : 에센셜 오일

용 도 : 약용, 염료용, 방향제

이용방법 : 꽃에는 이뇨제나 변비 해소의 성분이 들어 있다. 가지는 쉽게 구부러져서 솔이나 빗자루를 만들고, 줄기로는 바구니를 만든다. 이 식물의 섬유는 실이나 로프, 캔버스 종이, 베갯속으로 사용된다. 꽃에는 노란 염색소가 들어 있다. 에센셜 오일로는 향수를 만드는데, 이 향수는 일랑일랑 오일과 잘 섞어 사용한다[1].

라일락

학명 : *Syringa vulgaris*

과명 : OLEACEAE (물푸레나무과)

영명 : Lilac

원산지 : 유럽 동남부

특 징 : 속명의 Syringa는 그리스어의 syrinx(philadelphus의 작은 가지로 만든 피리의 그리스명)에서 유래되었다. 높이 5~7m 정도 자라는 낙엽성 관목이다. 어린 가지는 털이 없다. 잎의 길이는 5~12cm이며 난형으로 끝은 뾰족하고 마주난다. 꽃은 4~5월에 원추화서(圓錐花序)로 달리고 흰색, 보라색, 연보라색 등이 있으며 향기롭다.

이용부위 : 꽃

이용물질 : 에센셜 오일

용 도 : 약용, 방향제, 포푸리

이용방법 : 꽃은 예전에 해열제로 이용했었다. 꽃에서 추출한 향수는 상업적으로 활용되었다. 꽃잎은 말려서 포푸리에 사용한다. 꽃에서 풍기는 달콤한 향기는 정원 분위기를 풍요롭게 하며, 꽃말에서 알 수 있듯이 라일락은 첫사랑의 감정을 의미한다[1].

주 의 : 너무 깊게 이 꽃향기를 맡으면 매슥거리기도 한다[2].

백리향

학명 : *Thymus quinquecostatus*

과명 : LABIATAE (꿀풀과)

영명 : Korean Thyme

원산지 : 한국, 일본, 북반구 온대

특　　징 : 속명의 Thymus 그리스어 'thyein(향기를 품다)'에서 유래되었다. 바닷가 바위 주변 등지에서 자라는 낙엽반 관목이다. 높이는 10cm 정도로 옆으로 뻗으면서 자란다. 잎은 0.5~1.2cm로 타원형이며 향기를 가진다. 꽃은 6월경에 연보라색에서 연 자주색으로 피며 엽액에서 2~4개씩 달리나 가지 끝부분에 모여나서 짧은 수상으로 보인다. 열매는 분과로 둥글며 9월에 암갈색으로 익고 전초에 향기가 강하다.

이용부위 : 꽃, 잎, 줄기

이용물질 : 에센셜 오일

용　　도 : 식용, 약용, 방향제, 미용제

이용방법 : 차로 마시면 발한을 촉진하므로 감기에 효과가 있고, 거담(去痰)작용도 탁월하다. 정유의 주성분인 티몰에는 항균작용과 항진균작용이 있다. 티몰은 구충작용을 하는데, 특히 십이지장충과 회충에 효과적이다. 이 식물은 양치약이나 구내 세정약으로, 후두염과 치육(齒肉) 감염증에 뛰어난 효과가 있다[2].

주　　의 : 추출된 정유는 양에 상관없이 유독하므로 전문가의 지시 없이 절대로 내복해서는 안 된다. 임신중에는 어떠한 경우에도 사용하면 안 된다.[2]

크리핑와일드타임

학 명 : *Thymus serpyllum*

과 명 : LABIATAE (꿀풀과)

영 명 : Creeping Wild Thyme

원 산 지 : 유럽 북부

특 징 : 속명의 Thymus 그리스어 'thyein(향기를 품다)'에서 유래되었다. 높이 10cm 정도 자라는 다년초로 포복형의 지하경(地下莖)을 가진다. 잎의 길이는 0.5~1.2cm로 타원형으로 작으며 향기를 가진다. 꽃은 핑크, 연보라색으로 가지 끝부분에 총생(叢生)한다. 타임과 유사한 특성을 가진다. 이 외에도 관상용의 원예품종도 있다.

이용부위 : 꽃, 잎, 줄기

이용물질 : 에센셜 오일

용 도 : 식용, 약용, 방향제, 미용제

이용방법 : 허브 차는 살균 효과와 진정작용이 뛰어나다. 목의 통증이나 숙취 해소에 좋다. 씨앗을 꿀에 절여 목이 아플 때 먹으면 후련해진다[3]. 주성분인 티몰은 살균력이 강해서 양치제나 피부 정화에 효과적이다. 연고제로 만들어 피부병 치료약으로 사용해도 된다. 방향 성분을 화장수, 유액, 크림에 첨가하면 미용효과가 있고, 린스에 첨가하면 탈모 방지 효과가 있다[2].

타임

학명 : *Thymus vulgaris*

과명 : LABIATAE (꿀풀과)

영명 : Common Thyme

원산지 : 지중해 서부

특 징 : 높이 40cm 정도 자라는 낙엽 아관목이다. 줄기는 목질화되며 가지가 많이 갈라지고 옆으로 퍼진다. 잎은 0.5~1.5cm로 난상 타원형 또는 넓은 피침형이며 마주난다. 꽃은 6~7월에 가지 끝부분에 총생(叢生)하며 연보라색으로 핀다. 열매는 분과로 둥글며 9월에 암갈색으로 익는다. 전체에 향기가 있다.

이용부위 : 꽃, 잎, 줄기

이용물질 : 에센셜 오일

용 도 : 식용, 약용, 향신료, 방향제, 미용제, 방충제, 방부제

이용방법 : 요리용으로 그 용도가 광범위하며, 특히 육고기나 닭고기 요리 등에 잘 어울린다. 잎에는 살균, 흥분작용이 있어서 차로 마시면 발한을 촉진하여 감기에 효과적이며 거담작용도 현저하다[2]. 신경, 호흡기관 계통의 질환에도 효과가 높다. 특별한 이유없이 기분이 좋지 않을 때 사용하기도 한다[3]. 주성분인 티몰은 강한 살균력이 있어서 양치제나 피부 정화에 이용한다. 입안 세정약으로 사용하면 후두염이나 치육(齒肉) 감염증에도 뛰어난 효과를 보인다[2].

페리윙클(빈카)

학 명 : *Vinca major*

과 명 : APOCYNACEAE (협죽도과)

영 명 : Greater Periwinkle

원 산 지 : 프랑스, 이탈리아, 유고슬라비아

특 징 : 속명의 Vinca는 라틴어의 vincire '맨다' 또는 '연결하다'라는 뜻으로, 줄기가 구부러지는 성질을 가진 것에서 유래되었다. 높이 30~40cm 정도 자라는 상록성 덩굴성 숙근초다. 땅 위로 포복하는 줄기는 각 마디에서 발근(發根)한다. 잎의 길이는 4cm 정도로 난형 또는 도란형이다. 끝은 뾰족하며 마주난다. 꽃은 3~7월에 직립된 줄기 상부의 엽액(葉腋) 각 마디에서 남보라색으로 핀다.

이용부위 : 꽃, 잎

용 도 : 약용

이용방법 : 잎은 강장제(强壯劑), 수렴제(收斂劑)로 이용된다. 체내 출혈과 월경의 출혈을 감소시키는 역할을 한다. 궤양이나 심한 인후통(咽喉痛)에도 효과적이며, 혈압을 낮추기도 한다. 치질(痔疾), 코피, 작은 상처도 치료한다. 연구결과에 의하면 알칼로이드(Alkaloid)와 빈카마인(Vincamine)은 대뇌의 혈액순환을 좋게 하는 것으로 알려져 있다[1].

백당나무

학명 : *Viburnum sargentii*

과명 : CAPRIFOLIACEAE (인동과)

영명 : Crampbark

원산지 : 유럽, 북아프리카, 아시아

특 징 : 속명의 Viburnum은 옛 라틴명이다. 원산지는 온대에 120여 종이 분포한다. 높이 2~4m 정도 자라는 낙엽 활엽 관목이다. 여러 대가 총생(叢生)한다. 잎의 길이는 5~10cm로 3갈래로 갈라진 넓은 장상엽(掌狀葉)으로 줄기 끝에 마주난다. 갈라진 끝은 뾰족하며 상반부에는 거치가 있다. 꽃은 5~6월에 연녹색을 띤 흰색으로 핀다. 열매는 9월에 적색으로 익으며 겨울까지 달려 있다.

이용부위 : 줄기, 열매, 수피

용 도 : 식용, 약용, 염료용

이용방법 : 악취가 나는 신선한 열매는 젤리나 디저트 등의 요리로 식용화할 수 있다. 줄기의 수피는 진정제나 신경약으로 쓰이며, 근육통과 장의 경련(痙攣)과 발작을 완화시킨다. 특히 진통기나 임신을 수반한 경련통의 완화에 효과적이다. 아메리카 원주민들은 유행성 이하선염에 줄기의 수피를 사용하기도 했다. 열매에서는 염색소를 산출할 수 있다[1].

학명 : *Yucca filamentosa*

과명 : AGAVACEAE
(용설란과)

영명 : Yucca, Needle Palm

원산지 : 미국 남동부

herb

실유카

특　　징 : 속명의 Yucca는 서인도제도 하이티의 지명에서 유래되었다. 높이가 4.5m 정도 자라는 상록성 아관목이다. 지하경(地下莖)은 짧고 굵다. 잎의 길이는 40~50cm 정도이고 색은 백록색 분말이 있으며 중간 정도에서 뒤로 젖혀진다. 잎에는 실과 같은 섬유질이 있으며 줄기는 없다. 꽃대 높이는 1~3m 정도 자란다. 꽃은 여름부터 가을까지 원추화서(圓錐花序)로 피며 연녹백색이다.

이용부위 : 꽃, 잎, 뿌리, 열매

용　　도 : 식용, 약용, 섬유용

이용방법 : 인디언들에게는 식량의 근원으로, 불모지에서도 볼 수 있는 식물이다. 꽃자루는 다 자랐을 때 먹을 수 있으나, 꽃봉오리는 피기 전에만 먹을 수 있다. 꽃자루와 꽃잎은 요리에 사용하고 열매는 날 것으로 먹는다. 뿌리로 연고나 찜질약을 만든 것은 발목 삔 데 좋으며, 피부를 진정시키는 효과가 있다. 차로 마시면 관절염(關節炎), 통풍(痛風)을 완화시킨다[1]. 잎으로는 바구니를 엮거나 섬유를 뽑아 로프를 만들기도 한다.

HERBHERBHERBHERBHERBHERBHERB

3

다년초(HERBACEOUS PERENNIALS)

학명 : *Achillea millefolium*

과명 : COMPOSITAE (국화과)

영명 : Yarrow

원산지 : 유럽~서아시아

서양 톱꽃

특 징 : 속명의 Achillea는 그리스의 의사인 Achilles가 병사의 상처를 고쳤다는 전설에서 유래되었다. 높이 1m 정도 자라는 숙근성 다년초다. 줄기는 직립하고 털이 있으며 상부에서 분지한다. 잎은 긴 타원상 피침형이다. 잎가에는 거치(鋸齒)가 있다. 꽃은 6~9월에 복산방화서로 피며 흰색, 분홍색, 자색 등 다양하다.

이용부위 : 꽃, 잎, 줄기, 뿌리

이용물질 : 에센셜 오일

용 도 : 약용, 미용제

이용방법 : 영국에서는 야로우 연고가 오래 전부터 민간요법으로 화상이나 칼에 벤 데, 지혈, 상처 등에 사용되어 효과를 인정받았다. 감기, 인플루엔자, 건위(健胃)에도 효과적이다. 달인 즙은 발한(發汗)작용을 하고 열을 내리며 독소를 체외로 방출시키는데, 식물 중에 포함되어 있는 탄닌의 작용으로 생각된다. 코피를 멈추게 한다고 해서 'nosebleed'라고도 한다. 꽃과 잎으로 만든 습포제, 세정제는 여드름, 습진, 손상된 피부에 좋으며, 피부 정화작용을 한다. 양모(養毛) 효과가 있어 샴푸 등에도 쓰인다[2].

주 의 : 사람에 따라서는 내복하면 광감작증(光感作症)을 일으킬 염려가 있으므로 주의해야 한다[2].

학 명 : *Aconitum napellus*

과 명 : RANUNCULACEAE (미나리아재비과)

영 명 : Monkshood

원산지 : 유럽, 아시아, 미국

herb

아코니툼

특 징 : 속명의 Aconitum은 그리스어 'akonais(바위 위에)'라는 뜻에서 유래되었다고 한다. 높이 1~2m 정도로 자라는 숙근초다. 줄기는 직립한다. 잎은 장상엽(掌狀葉)으로 5~7갈래로 갈라진다. 갈라진 잎은 긴 타원형이며 깊은 결각(缺刻)이 있다. 꽃은 8~9월에 꽃대 위로 길게 투구모양으로 연보라색 꽃이 핀다.

이용부위 : 잎, 뿌리

용 도 : 약용

이용방법 : 작은 괴경(塊莖)은 독성이 있다. 뿌리의 껍질은 신경통, 류머티즘, 좌골신경통 등에 효과가 있다. 또한 신경의 중심을 자극하여 진정제, 진통제, 해열제로 사용된다. 중국에서는 뿌리를 쇼크, 심장병, 자궁암에 처방한다. 종에 따라서는 항종양이나 항바이러스성 성질을 갖고 있다는 연구 결과가 있다[1].

창포

학명 : *Acorus calamus*

과명 : ARACEAE (천남성과)

원산지 : 아시아, 미국 동부

영명 : Sweet Flag, Calamus, Sweet Sedge

특　징 : 속명의 Acorus는 그리스어의 'a(없다)'라는 말과 'kore(동공)'라는 말의 합성어다. 높이 1.5m 정도 자란다. 잎은 근경의 선단에서 직립 총생(叢生)하고 납작하며 끝은 뾰족하다. 근경의 직경은 2cm 정도 된다. 줄기와 잎에서 향기가 난다. 꽃대는 잎 사이에서 나오며 5~6월에 연황색의 육수화서가 핀다.

이용부위 : 잎, 줄기, 뿌리

이용물질 : 에센셜 오일

용　도 : 식용, 약용, 향신료, 미용제, 살충제

이용방법 : 잎눈(葉芽)과 줄기의 안쪽은 샐러드 재료로 사용한다. 뿌리는 풍미있는 술과 사탕을 만들 수 있다. 뿌리는 자극적이며 흥분제나 환각 유발제로 쓰이고, 소화불량에도 사용한다. 중국에서는 청력 장애, 현기증, 중풍이나 관절염, 간질에 처방하기도 한다. 성경 '출애굽기'편을 보면 13세기에는 타타르인에 의해 유럽에도 보급되어 치료용 허브로 사용했음을 알 수 있다[2]. 잎과 근경은 스킨로션, 가루치약, 흰개미 살충제로도 유명하다.

주　의 : 다량 복용하면 소화관을 자극하므로 소량만 사용한다.

복수초

학 명 : *Adonis vernalis*

과 명 : RANUNCULACEAE (미나리아재비과)

원산지 : 유럽

영 명 : Yellow Pheasant's Eye, Spring Adonis

특 징 : 속명의 Adonis는 그리스 신화에 나오는 청년 이름이다. 본 속의 유럽종은 꽃이 붉기 때문에 adonis의 피에 비유되어 유래되었다. 높이 20cm 정도 자라는 숙근성 다년초다. 근경은 짧고 털이 많다. 잎은 넓은 삼각상 난형의 선상 피침형이며 어긋난다. 엽병(葉柄)은 길다. 엽병은 줄기를 싸고 있으며 기부에 잘게 갈라진 녹색의 탁엽(托葉)이 있다. 꽃은 2~4월에 노랗게 핀다. 열매는 수과(瘦果)로 두상에 공모양으로 모여서 달린다.

이용부위 : 꽃, 줄기

용 도 : 약용

이용방법 : 식물 전체에 독성이 있다. 처음에는 성병에 사용했고, 그 다음은 심장병에 사용했다. 연구 결과에 의하면 꽃머리는 진정제와 심장흥분제(강심제)로 사용된다. 디기탈리스보다는 독성이 약하지만 흡수가 불규칙하기 때문에 사용에 한계가 있다. *Adonis amurensis*에 대한 중국의 연구에 의하면 이뇨제나 안정제로 쓰이고, 혈액 순환을 좋게 한다고 한다[1].

아니스히솝

학명 : *Agastache foeniculum*

과명 : LABIATAE (꿀풀과)

영명 : Anise Hyssop

원산지 : 북아메리카

특 징 : 속명의 Agastache는 그리스어의 'aga(매우)'와 'stachys(이삭)'의 합성어로 굵은 수상화서(穗狀花序)가 달린 데서 유래했다. 높이 70~100cm 정도 자라는 다년초 또는 2년초다. 줄기는 네모지고 직립하며 가지는 갈라진다. 잎의 길이는 5~10cm로 난상 심장형으로 끝이 뾰족하다. 잎가에는 둔한 거치가 있고 엽병(葉柄)이 있다. 꽃은 7~9월에 피며 연보라색이다. 가지 끝과 원줄기 끝에 윤산화서(輪繖花序)로 달린다.

이용부위 : 꽃, 잎, 줄기

용 도 : 식용, 약용, 장식용

이용방법 : 꿀풀과의 히솝과 닮았으며 잎에서 단맛의 아니스향이 나기 때문에 아니스히솝이라고 한다. 풀의 모습이나 성질도 민트와 비슷하다. 어린 잎을 따서 만든 허브 차는 상쾌한 맛이 난다. 아메리카 원주민 사이에서는 기침을 멈추는 약으로 사용했다고 한다[3]. 줄기 채 말려서 리스용 토대로 돌려 동계 색의 생화를 포인트로 꽂으면 이채로운 장식품을 만들 수 있다.

무늬용설란

학 명 : *Agave americana*

과 명 : AGAVACEAE (용설란과)

영 명 : Agave, Century Plant

원 산 지 : 멕시코

특 징 : 속명의 Agave는 'agave(고귀한)'이란 뜻으로 식물체가 건장한 데서 유래되었다. 잎은 다육질로 1m 이상 자란다. 도피침형으로 가장자리에 날카로운 가시가 있다. 꽃대는 10m 이상 자란다. 가지는 갈라져서 연노란색의 큰 종모양의 원추화서(圓錐花序)를 이룬다. 열매는 원주상 긴 타원형이다. 이 식물의 잎이 용의 혀와 닮았기 때문에 용설란(龍舌蘭)이라고 한다.

이용부위 : 꽃, 잎, 뿌리

용 도 : 식용, 제지용, 섬유용, 도료용

이용방법 : 멕시코에서는 화경(花梗)이 시들 무렵 수액을 채취하여 용설란 술을 만든다. 줄기에 있는 큰 봉오리는 구워 먹기도 한다. 화경(花梗) 윗부분은 의식용으로 몸에 칠하는 검은 페인트로 사용하기도 한다. 과육(果肉)을 제거한 잎과 뿌리는 미끈미끈한 거품을 만든다. 잎의 수액은 완화제(緩和劑)이며 화상을 치료하는 데 사용한다. 잎으로는 종이를 만들고, 섬유질은 실을 생산한다[1].

학명 : *Agrimonia eupatoria*

과명 : ROSACEAE (장미과)

영명 : Agrimony

원산지 : 유럽, 남북 아프리카, 북아시아

짚신나물

특 징 : 속명의 Agrimonia는 그리스명으로 꽃에 가시가 있어 argemone과 비슷한 데서 유래되었다. 30~100cm 정도 자라는 다년초다. 전체에 털이 있다. 잎은 3~6cm이며 우상복엽으로 어긋나고 5~7개의 소엽이 있으며 긴 타원형이다. 양끝은 좁으며 가장자리에 거치가 있다. 꽃은 6~8월에 원줄기 끝과 가지 끝에 총상화서로 달리며 노란색이다.

이용부위 : 꽃, 잎, 줄기, 뿌리

용 도 : 식용, 약용, 방향제, 미용제, 포푸리

이용방법 : 말린 허브는 살구향이 나므로 말린 뿌리를 부수어 섞어 향주머니를 만들고, 양조되어 소화기계의 강장제로 쓰인다. 잎과 꽃의 혼합물은 눈을 밝게 하는 것으로 알려졌다. 염증을 일으킨 잇몸을 가라앉히고 기침, 편도선에도 좋다. 위염, 방광염(膀胱炎), 결석(結石), 결핵(結核)을 치료한다. 연구 결과에 의하면 신체 내부의 바이러스나 박테리아 등을 퇴치한다[1]. 타닌 성분의 온화한 수렴작용은 점막을 정상화하여 소화액의 분비와 음식물의 흡수를 촉진시킨다. 위나 십이지장의 소화성 궤양이나 대장염에 유효한 치료약이 된다. 식물 중의 매운맛 성분은 간장(肝臟)과 담낭(膽囊)의 기능을 조절한다. 독일에서는 담석이나 강경변 치료에 쓰인다고 한다. 류머티즘과 통풍 환자의 요산치(尿酸値) 상승을 막기도 한다[2]. 말린 잎을 목욕제로 쓰면 운동 후 근육통의 완화와 손상된 피부를 가라앉히는 효과가 있다. 피로성 두통에는 세면기에 뜨거운 물과 달인 액을 넣고 발을 담그면 효과가 있다. 달인 액은 양치약으로도 사용한다[3].

조개나물

학 명 : *Ajuga multiflora*

과 명 : LABIATAE (꿀풀과)

영 명 : Bugle, Carpet Bugle

원 산 지 : 유럽, 이란, 카우카시아

특 징 : 속명의 Ajuga는 그리스어 'a(부정, 없다)'와 'jugos(짝)'의 합성어로 쌍으로 되지 않았다는 뜻에서 유래되었다. 높이 15cm 정도 자라는 상록 다년초다. 잎은 근생하며, 길이는 5~8cm다. 잎가에 둥근 거치가 있고 엽병(葉柄)이 있다. 잎은 황록색이 나며 간혹 갈색이 나기도 한다. 꽃은 윤생(輪生)하며 청색, 흰색, 적색의 꽃이 핀다.

이용부위 : 꽃, 잎, 줄기

용 도 : 식용, 약용, 관상용

이용방법 : 생장점은 샐러드 재료로 이용한다. 이 식물은 멍이나 작은 타박상 등에 쓰이고, 혼합물은 내출혈을 막고 혈압을 내리기도 한다. 역사적으로 황달이나 간장, 비장에 쓰였으며 약한 마취약으로 사용되었다. 동종요법에서는 편도선이나 궤양에 쓰인다[1]. 음지성 식물이며 화단 가장자리에 무리지어 심으면 관상적 가치가 있다. 사방으로 무성하게 퍼지기 때문에 적당히 간격을 두고 심는다[3].

레이디스 맨틀

학 명 : *Alchemilla mollis*

과 명 : ROSACEAE (장미과)

원산지 : 동유럽 ~ 소아시아

영 명 : Lady' s Mantle, Dewcup

특 징 : 속명의 Alchemilla는 이 식물의 아라비아명 alkemelych로 엽면의 비단 같은 털을 의미하는 데서 유래되었다. 높이 60cm 정도 자라는 숙근초(宿根草)다. 잎은 크며 심장형으로 가장자리는 파상(波狀)으로 갈라져 있다. 엽면에는 부드러운 털이 조밀하게 난다. 꽃은 작고 녹색을 띤 노란색으로 산방화서로 핀다.

이용부위 : 잎, 줄기

용 도 : 식용, 약용, 미용제, 염료용

이용방법 : 어린 잎은 스위스 홍차나 샐러드에 첨가된다. 우려낸 푸른 부분은 질의 가려움을 감소시키고 출산 후 회복을 돕는다. 월경주기를 조절하며, 갱년기 장애를 완화한다. 잎을 달인 액은 염증을 일으킨 눈, 설사, 좌창(여드름) 그리고 손상된 피부를 치료한다. 찰과상이나 치아를 뽑은 후에 피를 멈추게 한다. 잎은 초록색 염료를 낸다. 소의 사료로도 이용되는데, 우유의 생산량을 증가시키는 것으로 알려졌다[1]. 옛날부터 상처 치료약으로 사용되었고, 소화기관에 대하여 수렴성이 있는 강장약이며, 위장염으로 인한 하리(下痢)의 멈춤에도 효과가 있다[2].

알로에 베라

학 명 : *Aloe vera*

과 명 : LILIACEAE (백합과)

영 명 : Aloe Vera

원 산 지 : 지중해, 아프리카

특 징 : 속명의 Aloe는 아라비아 이름으로 alloe'h라는 말에서 유래되었다. 아프리카에 200~250종 이상이 난다. 잎은 30~50cm 정도로 다육질의 줄기와 잎을 가졌다. 잎가에는 가시모양의 거치가 있다. 잎의 끝은 뾰족하며 로켓모양이다. 녹색의 잎에는 흰 점무늬가 있다. 꽃은 가을에 수상화서로 달린다.

이용부위 : 잎

용 도 : 식용, 약용, 미용제

이용방법 : 채취한 액즙은 주스 등의 음료에 사용된다. 약용 알로에는 잎의 기부를 잘라 젤리상의 물질을 추출한다. 생즙은 강력한 하제(下劑)이므로 약용으로는 적당하지 않다. 젤리상의 물질은 뛰어난 치유물질로 알려져 있으며, 알로에의 다당체는 면역기능 강화 역할을 한다. 국소적으로 피부 재생을 촉진하고, 통증을 완화시키는 작용이 있으므로 좌상(挫傷), 피부 궤양, 화상, 햇볕에 그을린 피부 등의 치료에 탁월한 효과가 있다[2]. 잎의 내부에 있는 젤리 상태의 물질은 건성피부를 보호하는 데 뛰어난 효과가 있다. 채취한 뒤 오래 방치하면 좋지 않으므로 바로 사용하는 것이 좋다[3].

학명 : *Allium sativum*

과명 : LILIACEAE (백합과)

영명 : Garlic

원산지 : 중앙아시아

마늘

특　　징 : 속명의 Allium은 옛 라틴명이며 캘트어로 '맵다' 또는 '냄새'가 난다는 뜻에서 유래되었다. 높이 60~80cm 정도 자라며 주로 재배하는 다년초로 강한 냄새가 난다. 잎은 서로 감싸면서 마주난다. 7월에 잎 속에서 화경(花梗)이 나와 그 끝에 산형화서가 달린다. 꽃은 흰 자줏빛이 돌며 인경은 식용한다.

이용부위 : 꽃, 뿌리

용　　도 : 식용, 약용, 향신료

이용방법 : 고대 이집트문화의 영향을 받았던 시대부터 이미 식용과 약용으로 사용되었다. 그리스 역사가 헤로도토스(B.C. 484~425)는 '거대한 피라미드를 만든 노예들은 마늘을 많이 먹었다'라고 전하고 있다. 지중해나 동양에서는 버터, 식초, 갈릭소금 등 요리에 널리 이용되어 왔다. 근대과학에서도 마늘의 다양한 치유 효과를 실증하고 있다. 인도에서는 한 실험을 통해 마늘을 먹으면 혈액중의 콜레스테롤과 지방 함량이 현저하게 감소되었다는 보고가 있었으며, 미국의 조지 워싱턴 대학은 혈액의 응고를 감소시키는 기능이 있어서 심혈관 질환에 유효하다고 보고했다. 포유동물과 인간의 혈압을 낮추는 것으로 알려져 있어서 혈압 상승 방지 및 뇌동맥내 혈병(血餠) 증가로 인한 뇌졸중(腦卒中) 예방에 효과가 있다[2]. 또한 감기, 가래, 소화 촉진, 고혈압, 동맥경화에도 효과적이다[2]. 방충 살균 효과가 높다는 사실도 오래 전부터 잘 알려져 있어서, 식품저장고에 놓아 두면 해충으로부터의 피해를 막을 수 있다. 특히 바구미가 싫어하는 것으로 알려져 있다[3].

부추

* **양파**(*Allium sepa*) : 특유의 자극적인 냄새는 식욕을 증진시키는 데 효과가 있다. 초된장무침, 튀김, 볶음, 냄비요리, 굽는 요리 등에 다양하게 이용되며, 양념이나 향신료로 사용되는 등 용도가 다양하다. 껍질은 염료로 사용한다.
* **산마늘**(*Allium victorialis* var. *platyphyllum*) : 요리용 허브의 하나로 인경을 파내지 않고 잎의 포기 옆부터 잘라내어 이용한다. 잎은 많이 데치지 않도록 주의한다. 초된장무침은 미역, 땅두릅과 함께 먹으면 잘 어울린다. 계란국의 고명이나 샐러드, 육고기 요리에 곁들이기도 한다. 간장 절임을 하여 저장하면 좋다.
* **부추**(*Allium tuberosum*) : 요리용 허브의 하나로 일 년에 여러 차례 수확할 수 있다. 길이가 20~30cm로 자라면 밑부분을 3cm 정도 남기고 자라서 이용한다. 잎은 된장국, 김치, 무침, 절임, 볶음, 계란요리 등 다양하게 사용된다.
* **산달래**(*Allium grayi*) : 요리용 허브의 하나로 파나 부추와 같은 냄새가 난다. 잎과 인경은 마늘처럼 구워 먹으면 체력 증진에 도움이 된다. 가벼운 찰과상이나 독벌레에 물렸을 때 잎과 줄기를 갈아 으깨어 습포한다.
* **파**(*Allium fistulosum*) : 요리용 허브로 오랜 역사를 가지며 양념, 장국, 국건더기 등으로 많이 쓰인다. 어린 인경과 줄기 잎의 초장무침도 맛있다. 섬세한 풍미로 늘 인기가 있다.

차이브

학명 : *Allium schoenoprasum*

과명 : LILIACEAE (백합과)

영명 : Chive

원산지 : 북반구 온대 ~ 한대

특　　징 : 속명의 Allium은 옛 라틴명이며 캘트어로 '맵다' 또는 '냄새'가 난다는 뜻에서 유래되었다. 높이 20~30cm 정도 자라는 다년초다. 지하경(地下莖)을 가진 인경으로 줄기 속은 비어 있다. 잎은 선형으로 근생(根生)한다. 꽃은 4~5월에 줄기 끝에 분홍색의 작은 꽃이 무리지어 피는데 동그란 공모양이며 산형화서로 달린다.

이용부위 : 꽃, 뿌리

용　　도 : 식용, 관상용

이용방법 : 차이브가 들어 있는 버터는 여러 가지로 중요하다. 버터를 한 시간 정도 상온에 방치하여 부드럽게 되면 잘게 썬 잎을 골고루 섞는다. 민트나 레몬 즙을 넣으면 풍미가 더 난다. 잎을 절인 오일이나 식초도 각종 요리에 널리 쓰인다. 유럽에서는 두터운 베이컨 오믈렛 위에 얹어 먹기도 한다. 마늘이나 민트와 같이 절여도 좋으며, 약초로는 사용하지 않는다. 관상용으로는 암석정원에 잘 어울린다[3].

월도

학 명 : *Alpinia galanga*

과 명 : ZINGIBERACEAE (생강과)

원 산 지 : 동남아시아

영 명 : Greater Galangal, Siamese Ginger

특 징 : 속명의 Alpinia는 이탈리아 식물학자 Prosper Alpini씨의 이름에서 유래되었다. 온실성 관엽 식물로 높이 2m 정도이며 직립으로 자란다. 잎의 길이는 50cm 정도이며 긴 타원상 피침형으로 줄기에 2열로 양쪽으로 붙는다. 꽃대는 줄기 끝에 30cm 정도로 자라고 6~7월에 수상화서(穗狀花序)로 달리며 흰색 또는 연분홍색을 띤다. 아래로 늘어져 핀다.

이용부위 : 꽃, 줄기, 뿌리

이용물질 : 에센셜 오일

용 도 : 식용, 약용, 향신료

이용방법 : 근경은 맵고 생강 같은 향이 나며 동남아시아에서는 스프나 카레에 사용한다. 어린 싹이나 꽃은 그대로 먹기도 하고, 꽃은 삶거나 절여서 이용한다. 동양에서는 싱싱한 근경(根莖)을 기관지염, 홍역, 위염, 콜레라, 심한 피부병을 치료하는 데 사용하며, 코감기에도 효과가 있다. 씨앗은 소화가 안 될 때 사용하면 효과가 있다. 근경(根莖)으로부터 향수의 원료인 에센셜 오일 다마리(damali)를 추출한다[1].

양아욱(마시맬로)

학명 : *Althaea officinalis*

과명 : MALVACEAE (아욱과)

영명 : Marsh Mallow

원산지 : 유럽, 서아시아

특 징 : 속명의 Althaea는 그리스어의 '치료'라는 뜻으로 약효가 있다는 것에서 유래되었다. 높이 2m 정도 자라는 다년초 또는 2년초다. 원줄기는 녹색이며 털이 있다. 잎은 크며 심장형이며 5~7개로 깊이 갈라져 있다. 둔한 거치(鋸齒)가 있으며 엽병(葉柄)은 길다. 꽃은 줄기 중간 이상의 엽액에 1~2송이씩 원추화서(圓錐花序)로 핀다. 꽃은 6~8월에 피며 색은 흰색, 적색, 연황색, 적자색, 흑갈색 등으로 매우 다양하다. 촉규화(蜀葵花)라고도 한다.

이용부위 : 꽃, 잎, 뿌리, 씨앗

용 도 : 식용, 약용

이용방법 : 잎으로 만든 차는 기관지염이나 호흡기 장애를 완화시키고 거담(去痰)작용도 한다. 벌에 쏘였을 때 생잎을 문지르듯 바르면 부종이 빠진다고 한다[3]. 2년이 지난 뿌리, 잎, 꽃을 건조시켜 달인 액이나 습포약(濕布藥)은 입안, 인두, 위의 염증을 완화시킨다[3]. 마시맬로는 점액 함량이 높아서 위, 소장의 염증, 궤양을 수반한 진통 치유에 효과적이다. 소화관 내벽의 재생약, 비뇨기관, 호흡기관의 진통약으로도 사용한다[2].

알카넷

학명 : *Anchusa officinalis*

과명 : BORAGINACEAE (지치과)　　**영명** : Alkanet

원산지 : 유럽, 아시아

특　　징 : 속명의 Anchusa는 'Alkanet(홍색염료)'라는 뜻에서 유래되었다고 한다. 높이 50~100cm 정도 자라는 2년초 또는 다년초다. 줄기는 직립한다. 잎은 긴 타원상 피침형으로 마주나며 털이 있고 엽병(葉柄)은 없다. 근출엽(根出葉)은 군생(群生)하고 줄기가 나와 그 끝에서 수상화서(穗狀花序)로 달리며 뭉쳐 난다. 꽃은 밝은 청색으로 초여름에 핀다.

이용부위 : 꽃, 잎, 뿌리

용　　도 : 식용, 약용, 미용제, 염료용, 포푸리

이용방법 : 어린 잎과 피기 시작한 꽃은 식용으로 샐러드나 설탕에 절여서 케이크를 장식한다. 당근과 같은 굵은 뿌리는 달게 졸이면 맛이 좋으며, 부드러운 잎은 생식할 수 있다[3]. 뿌리는 피를 맑게 하고 감기로 인한 거담약으로 사용한다. 뿌리의 외피를 갈아 만든 가루는 루즈나 머리 염색약으로 사용한다. 또 열은 브라운 핑크에서 강한 적색의 식물 염색소를 산출한다. 말린 잎은 향주머니를 만드는 데 사용하기도 한다[1].

파인애플

학명 : *Ananas comosus*

과명 : BROMELIACEAE (파인애플과)

영명 : Pineapple

원산지 : 브라질

특　　징 : 속명의 Ananas는 파인애플의 남아메리카 지명 nanas에서 유래되었다. 70~100cm 정도 자라며 잎은 로켓모양으로 총생(叢生)하며 좁고 길게 자란다. 끝으로 갈수록 점점 좁아지고 끝이 뾰족하다. 잎가는 가시와 거치가 있다. 앞면은 뿌연 암록색이다. 꽃대도 중심부에서 나와 끝에서 솔방울모양으로 꽃이 핀다. 열매는 처음에는 녹백색이었다가 익으면 황갈색으로 변하며 향기가 난다.

이용부위 : 꽃, 잎, 열매

용　　도 : 식용, 약용, 미용제

이용방법 : 당도가 높고 비타민 A, 비타민 C, 비타민 B가 많이 들어 있다. 신선한 과육을 그대로 먹거나 조리하기도 한다. 반죽, 젤리, 사탕, 주스, 술을 만들기도 한다. 새싹은 카레에 들어가며, 나머지 찌꺼기는 식초를 만들거나 가축의 사료로 사용한다. 생리 불순, 소화 불량, 각기, 기생충, 신경성 피로 해소를 도와 준다. 효소는 부기를 빼고 항생물질을 강화시킨다. 섬유소, 단백질은 심장 쇼크나 발작증을 약화시키는 기능이 있다[1]. 과육은 약화된 피부를 온침(溫浸)시키는 효소로서 얼굴 마사지에 쓰인다.

황금마가렛

학 명 : *Anthemis tinctoria*

과 명 : COMPOSITAE (국화과)

원 산 지 : 유럽, 이란, 코카서스

영 명 : Dyer' s Chamomile, Yellow Chamomile

특 징 : 속명의 Anthemis는 옛 그리스명으로 'anthemon(꽃)'이란 뜻에서 유래되었다. 높이 60cm 정도 자라며 다년초다. 줄기는 가늘고 길며 단단하다. 잎은 우상(羽狀)으로 중열하며 열편(裂片)은 긴 타원형으로 거치가 있다. 꽃은 6~9월에 피며 두상화(頭狀花)는 약간 크고 설상화(舌狀花)는 선황색이다.

이용부위 : 꽃, 잎, 줄기, 뿌리, 씨앗

용 도 : 약용, 염료용, 미용제

이용방법 : 로만 카모마일이나 저먼 카모마일보다는 크고 선명한 황색의 꽃잎을 갖고 있다. 북아메리카에서는 씨앗에서 채취한 오일을 귀앓이나 귀먹음의 치료에 사용했다. 이 식물은 *Anthemis cotula* (Mayweed)처럼 진경제(鎭痙劑) 또는 월경을 자극하는 유사한 특성을 갖는 허브다[1]. 밝은 황색에서 올리브색의 염색소를 낸다. 꽃을 글리세린에 담근 것은 미용제로 사용하기도 한다[3].

서양매발톱꽃

학명 : *Aquilegia vulgaris*

과명 : RANUNCULACEAE (미나리아재비과) **영명** : Columbine

원산지 : 유럽 남동부

특 징 : 속명의 Aquilegia는 라틴어의 'aqua(물)'와 'legere(모음)'라는 뜻의 합성어로 꽃이 깔대기모양의 꽃잎에 물방울이 고이기 때문에 붙여진 것이다. 높이 70cm 정도 자라는 숙근성 다년초다. 잎은 잎자루에서 3개로 갈라진 장상엽(掌狀葉)이며 끝은 둥근 모양이다. 꽃은 4~5월에 피며 각 꽃잎의 거(距)는 직선으로 난다. 끝으로 갈수록 가늘어지며 꽃색은 흰색, 황색, 적색, 자색 등으로 매우 다양하다.

이용부위 : 꽃, 잎, 뿌리, 줄기

용 도 : 약용

이용방법 : 꽃과 잎은 이뇨제로는 쓰이지만, 독성이 강하므로 주의를 필요로 한다. 신경 계통의 병을 치료하는 동종요법으로 사용되기도 한다. 뿌리는 피부병의 외용약으로 잘 알려져 있으나, 의학적 지시에 따라 사용해야 한다[1].

학 명 : *Armoracia rusticana*

과 명 : CRUCIFERAE (십자화과)

영 명 : Horseradish

원산지 : 유럽 동남부

홀스래디쉬(겨자무)

특　　징 : 속명의 Armoracia는 고대 라틴명에서 유래되었다. 재배하는 다년초다. 뿌리는 굵으며 깊이 곧추 들어간다. 근생엽의 길이는 10~23cm이며 긴 타원형이다. 잎가에는 둥근 거치가 있으며 엽병(葉柄)은 길다. 화경(花梗)의 높이는 70cm 정도다. 꽃은 5월에 원추화서(圓錐花序)로 달리며 흰색이다.

이용부위 : 꽃, 잎, 뿌리, 열매

용　　도 : 식용, 약용, 향신료

이용방법 : 어린 잎은 샐러드에 넣고, 근경은 고추냉이 비슷한 매운 맛과 향기가 난다. 강판에 갈아 홀스래디쉬 크림 또는 소스를 만들어 아보카도와 섞어 사용한다. 뿌리는 갈아서 분말 고추냉이 재료로 쓰인다. 일반적으로 로스트 비프에 곁들인다. 얇게 슬라이스한 뿌리를 오일이나 식초에 절이면 매콤한 풍미가 난다. 고추냉이와 비슷한 맛이기 때문에 오일은 어패류의 샐러드 드레싱으로도 좋다.[3] 강력한 순환 자극약으로 머스터드 오일을 함유하기 때문에 항균성도 있다. 머스터드 오일은 폐나 비뇨기 감염증에도 효과가 있다. 아스파라긴 성분은 이뇨작용을 한다. 통풍이나 류머티즘의 내복약도 된다. 류머티스 관절이나 혈행 촉진에 효과가 있으므로 습포제로 이용하기도 한다[2].

주　　의 : 피부에 과도하게 사용하면 물집이 생기는 경우가 있다. 갑상선 기능이 저하된 경우나 티록신(Thyroxin)을 복용했을 때는 사용해서는 안 된다[2].

아니카

학명 : *Arnica montana*

과명 : COMPOSITAE (국화과)

원산지 : 유럽, 서아시아

영명 : Arnica, Leopard' s Bane

특 징 : 높이 75cm 정도 자라는 다년초다. 줄기는 직립하여 자란다. 근경은 기면서 자라며, 근생엽은 로켓모양의 긴 타원형으로 끝은 약간 뾰족한 듯하며 거치가 있다. 흰털로 덮여 있고 엽병은 없다. 경생엽은 줄기에 마주나며 엽병이 없다. 여름에 데이지 같은 황색의 두화(頭花)가 달린다.

이용부위 : 꽃, 잎, 뿌리

용 도 : 약용

이용방법 : 꽃의 독성은 염증을 완화시키고 혈액 순환을 원활히 하는 성분이 있다. 연고나 팅크제는 멍 들거나 손과 발목을 삐었을 때, 근육통, 류머티즘 통증을 치료할 때 외부적으로 발라 주지만, 상처난 피부에는 바르면 절대로 안 된다. 최근 연구 결과에 의하면 이 식물은 면역성을 자극하고 유해한 세균을 죽이므로 백혈구의 움직임을 촉진시키고, 세균에 대한 항균성을 높이는 것으로 보고되었다[1].

주 의 : 시판하는 것이나 자격이 있는 허블리스트에 의해 처방된 양 이외에 사용해서는 안 된다. 외용하면 피부에 발진이나 염증을 일으킬 수 있기 때문에 이런 경우에는 사용을 금한다[2].

학 명 : *Asarum canadense*

과 명 : ARISTOLOCHIACEAE (쥐방울덩굴과)

영 명 : Wild Ginger

원 산 지 : 캐나다 동부, 북아메리카, 북반구 온대

herb

족도리풀

특 징 : 속명의 Asarum은 그리스어 'a(없다)'와 'saroein(장식)'의 합성어에서 유래되었다. 숙근성 다년초로 근경은 가늘고 길다. 잔털뿌리가 많으며 매운 맛이 난다. 잎은 크고 심장형으로 기부는 깊이 파져 있다. 엽병(葉柄)은 연한 갈색이 난다. 꽃은 4~5월에 적갈색을 띤다. 열매는 둥글고 화피열편(花被裂片)이 달려 있으며 20개 정도의 씨앗이 들어 있다.

이용부위 : 잎, 뿌리

이용물질 : 에센셜 오일

용 도 : 향신료, 약용, 방향제

이용방법 : 말린 뿌리는 맵고 약간 쓴맛이 나기 때문에 생강 대신 사용하기도 한다. 생강 향이 나는 잎은 샐러드 재료로 사용한다. 뿌리는 소화 강장제로, 복통이나 위장에 가스가 찼을 때에 효과가 있다. 뿌리에는 항종양 성분이나 아리스토로칙산(aristolochic acid)이 함유되어 있어서, 아메리카 원주민들은 피임약, 감기약, 인후염, 신경성이나 경련을 고치는 데 사용하기도 했다. 뿌리에서 채취한 오일은 향수의 원료가 된다[1].

사우던우드

학명 : *Artemisia abrotanum*

과명 : COMPOSITAE (국화과)

영명 : Southernwood

원산지 : 지중해 연안~서아시아

특 징 : 속명의 Artemisia는 소아시아 카리아왕 Mausolus의 왕비 Artemisia를 기념하기 위해 붙여진 데서 유래한다. 높이 1m 정도 자라는 상록성 아관목 또는 다년초다. 줄기는 목질화(木質化)된다. 구미에서는 야생화되고 있다. 잎은 1~3회 우상심열하며 회녹색으로 향기가 나며, 실같은 모양으로 털이 있다. 꽃은 7~10월에 두화(頭花)가 노란색으로 빽빽하게 핀다. 경엽(莖葉)은 아브산트 및 레몬의 방향이 있다.

이용부위 : 잎, 줄기

용 도 : 식용, 약용, 향신료, 미용제, 방충제

이용방법 : 잎에서 달고 강한 향이 나며, 레몬향이 약간 나기도 한다. 이것을 아로마 식초나 플로랄 워터에 사용한다. 잎을 우려낸 차는 양모제나 어린이에게 기생하는 벌레를 퇴치하는 데 사용한다. 잎을 목욕제나 습포제로 만들어 찜질하면 피부에 좋으며, 베개 속으로 사용하면 불면증 해소에 도움이 된다. 포푸리로 하여 향주머니로 이용한다. 과자 만들 때는 향신료로도 사용한다. 몸에 바르면 벌레를 퇴치하고, 옷 사이에 넣어 나방을 쫓기도 한다[1].

웜우드

학명 : *Artemisia absinthium*

과명 : COMPOSITAE (국화과)

영명 : Wormwood, Green Ginger

원산지 : 유라시아, 북아프리카, 지중해지방

특 징 : 높이 1m 정도 자라는 상록 저목 또는 숙근성 다년초다. 잎은 가늘게 갈라지고 은회색이며 향기가 있다. 꽃은 두상화서로 작고 둥글며 황색으로 여름부터 가을까지 핀다. 열매는 수과로 점성이 있다. 잎의 색이 예뻐서 화단에 재배한다.

이용부위 : 꽃, 잎, 줄기

용 도 : 식용, 약용, 향신료, 방충제

이용방법 : 쓴맛이 나는 허브로, 백포도주의 향미(香味)로 사용되었으나 많이 마시면 신경을 마비시키기 때문에 1915년 이후 프랑스에서도 그 제조가 금지되었다. 잎과 꽃의 즙은 소화기관, 담낭(膽囊), 혈액의 강장제로, 염증을 감소시키거나 불순물을 청소한다. 또 열을 내리고 아연의 독성을 감소시킨다. 특히 선형동물(線形動物)이나 선충(線蟲)을 구제한다. 옛날부터 여성들이 많이 이용하는 허브로 월경을 촉진한다. 외용의 습포제이며, 분만시 출산을 속히 하고 출산 후 회복에 도움이 된다[2]. 이 식물은 이름에서 보는 바와 같이 유해 곤충을 퇴치하는 데도 사용된다[1),2)].

주 의 : 임신중에는 피한다. 단기간 사용만 가능하다[2].

타라곤

학 명 : *Artemisia dracunculus*

과 명 : COMPOSITAE (국화과)

원산지 : 유럽 동부, 시베리아

영 명 : French Tarragon
Estragon

특 징 : 높이 40~100cm 정도 자라는 숙근성(宿根性) 다년초다. 가지는 많이 분지하며 털은 없다. 잎은 선형으로 좁고 긴 편이며 잎끝이 뾰족하고 짙은 녹색으로 밀집한다. 꽃은 두화(頭花)로 녹색으로 둥글며, 가지 끝에 원추상으로 붙는다.

이용부위 : 잎, 뿌리

이용물질 : 에센셜 오일

용 도 : 식용, 약용, 향신료

이용방법 : 프랑스 요리에서 중요한 재료 중 하나로 음식에 풍미를 더한다. 잎에는 요오드, 미네랄 염, 비타민 A, 비타민 C가 들어 있다. 잎으로 만든 차는 식욕을 자극하고 소화를 도울 뿐 아니라 건위(健胃), 가슴앓이에 효과가 있는 일반적인 강장제다. 잎을 달인 액은 통풍, 류머티즘, 관절염에 효과가 있다는 주장이 있으며, 목욕제로 이용해도 같은 효과가 있다고 한다[3]. 쓴 약을 먹기 전에 잎을 씹으면 혀의 미각을 일시적으로 없앤다. 뿌리는 치통을 완화시킨다[1]. 타라곤의 중요한 특성 중 하나는 특유의 좋은 맛으로, 향신료로서 부동의 입지를 차지하고 있다.

머거워트(쑥)

학 명 : *Artemisia vulgaris*

과 명 : COMPOSITAE (국화과)

영 명 : Mugwort

원 산 지 : 유럽~시베리아, 북아프리카

특 징 : 속명의 Artemisia는 소아시아 카리아왕 Mausolus의 왕비 Artemisia를 기념하기 위해 붙여진 데서 유래한다. 높이 50~200cm 정도 자라는 숙근성 다년초다. 가지는 많이 분지한다. 잎의 길이는 6~12cm로 우상(羽狀)심열하거나 중열(中裂)하고 열편(裂片)은 2~4개이며 마주난다. 잎 뒷면은 회백색으로 털이 있다. 화서(花序)에 붙은 잎은 선형이다. 꽃은 두화(頭花)로 복 총상으로 붙는다.

이용부위 : 잎, 뿌리, 씨앗

용 도 : 식용, 약용, 방충제

이용방법 : 잎은 요리에 사용하며, 동양에서는 떡과 뜸의 재료로 이용하고 있다. 소화를 돕고 생리 불순을 교정하지만 임신중에는 주의해야 한다. 피부병에도 효과가 있으며, 중국과 유럽에서는 류머티즘과 통풍 치료에도 사용한다. 옛날부터 여성들이 자주 이용했는데, 습포제로 사용하면 분만할 때 출산이 빨라지고 출산 후 빨리 회복시키는 데 효과적이다[2]. 벌레 퇴치에도 유용하다[1].

주 의 : 자격있는 허브 요법사의 처방 없이는 임신중 사용하거나 장기간 또는 대량 사용을 피해야 한다[2].

학명 : *Asclepias tuberosa*

과명 : ASCLEPIADACE-AE (박주가리과)

영명 : Pleurisy Root, Butterfly Weed

원산지 : 미국 남부, 동부

아스클레피아스

특　　징 : 속명의 Asclepias는 그리스의 'askulap(의신)'으로부터 유래되었으며 약 200종이 있다. 높이 2m 정도 자라는 다년초다. 줄기는 목질화되며 황갈색이 나고, 기부로부터 직립하여 자란다. 잎의 길이는 5~10cm로 긴 타원상 피침형으로 엽병(葉柄)은 짧다. 잎의 주맥(主脈)은 뚜렷하게 보이며 줄기와 잎에서 유즙(乳汁)이 나온다. 꽃은 봄부터 가을까지 줄기 끝 엽액(葉腋)에서 긴 꽃대 끝에 5~10개의 꽃이 산형으로 달린다. 꽃의 색깔은 황색, 오렌지색, 도홍색 등 다양하다. 열매는 삭과(蒴果)로 갈색으로 익어서 터지면 실크 같은 솜털이 흩날리며 이것을 베갯속으로 이용하기도 한다.

이용부위 : 꽃, 잎, 줄기, 뿌리, 열매, 씨앗

용　　도 : 식용, 약용

이용방법 : 부드러운 생장점과 뿌리, 어린 씨앗주머니는 야채로 이용된다. 꽃은 자연 그대로 단맛을 내는 천연 감미료로 쓴다. 신선한 잎 차는 구토를 일으킨다. 뿌리는 기관지 비대증과 림프 배액을 늘리는 데 쓰이고 기관지염, 흉막염(胸膜炎)에 좋은 치료제고, 비뇨기 질환에도 이용된다. 에스트로겐 작용을 한다는 연구 결과 보고도 있었다. 수액은 효소 asclepain을 갖고 있어서 사마귀를 없애는 데 효과적이다. 뿌리는 옛날부터 피임용으로 쓰여 왔다[1]. 강력한 발한작용과 거담작용을 하여 감기, 인플루엔자, 호흡 장애에도 효과가 있다[2].

주　　의 : 흰 유즙을 내는 식물은 모두가 위험할 수 있다. 뿌리를 생으로 먹으면 구토를 일으킬 수 있다[2].

학 명 : *Asperula tinctoria*

과 명 : RUBIACEAE (꼭두서니과)

영 명 : Sweet woodruff, Dyer' s woodruff

원 산 지 : 유럽, 아시아

herb

웟드러프

특 징 : 속명의 Asperula는 라틴어 'asper(조합하다)'의 뜻으로 본 속의 식물 잎이 거칠거칠한 데서 유래되었다. 높이 30~60cm 정도 자라는 다년초(多年草)다. 줄기는 보라색을 띤다. 근경은 붉은색을 띠고 포복성(匍匐性)이다. 잎은 선형으로 아래부분에서 6~10개가 돌려나고 중간부분에서 4~6개가 돌려난다. 엽병은 없으며, 윗부분에서는 난형으로 마주난다. 꽃은 6~7월에 누두상(漏斗狀)으로 4중열(中裂)한다. 봉오리는 연보라색을 띠나 피면 열어진다.

이용부위 : 꽃, 잎

용 도 : 약용, 방향제, 염료용, 미용제

이용방법 : 방향이 있는 잎을 말려서 맥주의 풍미를 더하는 데 이용한다. 차로 마시면 편두통이나 기분이 쳐졌을 때 효과가 있다. 칼에 벤 상처, 찰과상(擦過傷), 손상된 피부에는 생잎을 부치면 좋다. 침출액을 마시면 혈액이 정화되고 피부가 아름다워지는 효과가 나타난다. 방향 성분은 향수의 원료로 사용한다. 뿌리는 붉은색의 염색소를 포함하고 있다. 대부분의 꼭두서니과 식물들은 염료로 이용된다[3].

베라돈나

학명 : *Atropa belladonna*

과명 : SOLANACEAE (가지과)

원산지 : 지중해, 유럽, 아시아

영명 : Belladonna, Deadly Nightshade

특　　징 : 높이 1.5m 정도 자라는 다년초로 악취가 강하다. 줄기는 가지가 많이 나며 붉은 빛이 돈다. 잎은 10~20cm 정도로 큰 편이고 긴 타원상 난형이다. 끝은 약간 뾰족하며 마주난다. 꽃은 여름부터 초가을 사이에 갈색을 띤 보라 또는 녹색으로 피며 통상 종모양으로 처지듯 달린다. 열매는 장과(漿果)로 검은색으로 익고 광택이 나며 별모양의 꽃받침 안에 있다.

이용부위 : 잎, 뿌리

용　　도 : 약용, 미용제

이용방법 : 잎과 뿌리에는 자극성이 있어 중추신경계를 약하게 한다. 호흡에 관련되는 항근경련이나 류머티즘, 근육통, 복부진정제로 사용된다. 또한 수면제, 마취약, 진정제로도 사용한다. 추출한 진액은 동공(瞳孔)을 확대시키는 효과가 있어 예전에 이탈리아 여성들이 사람들에게 매력적으로 보이기 위해 사용한 적이 있지만, 지금은 외과적 수술의 테스트에 쓰인다[1]. 코의 분비물을 감소시키는 효과가 있다.

데이지

학명 : *Bellis perennis*

과명 : COMPOSITAE (국화과)

영명 : Lawn Daisy, English Daisy

원산지 : 유럽, 서아시아

특 징 : 속명의 Bellis는 라틴명으로 '아름답다'는 뜻에서 유래되었다. 높이 15cm 정도 자라는 다년초다. 뿌리는 사방으로 퍼지며 수염 같다. 근생엽은 도란형으로 주걱 같고 잎가는 밋밋하거나 다소 거치가 있다. 엽병(葉柄) 윗부분은 날개로 되어 있다. 꽃은 봄에서 가을까지 피며 흰색, 연홍색, 홍색, 홍자색 등 다양하다. 뿌리에서 6~9cm 길이의 화경(花梗)이 나와 그 끝에 1개의 두화(頭花)가 달린다.

이용부위 : 꽃, 잎, 줄기

용 도 : 식용, 약용

이용방법 : 부드러운 어린 잎과 꽃은 샐러드 재료로 사용한다. 유럽에서는 기가 약하고 활동성이 약한 어린이에게 꽃을 우려낸 차를 먹이기도 했다. 봄에는 줄기 수액을 상처에 발라 회복을 돕기도 한다. 꽃은 목욕물에 담가 사용하면 피부의 부기를 빼거나 추위를 잘 견디게 도와 준다. 습진이나 피부 세척제, 질 세척제, 기침약으로도 사용되어 왔다. 가슴 종양의 성장을 늦춘다는 연구 결과도 보고된 바 있다[1].

학 명 : *Brassica hirta*

과 명 : CRUCIFERAE (십자화과)

영 명 : Salad mustard

원산지 : 유럽

herb

머스터드(겨자)

특 징 : 속명의 Brassica는 양배추의 옛 라틴명으로 캘트어에서 양배추를 bresic이라고 한 데서 유래한다. 높이 1~1.5m 정도까지 자라는 다년초로 곧추 자란다. 근생엽은 우상(羽狀)으로 파열하고 경생엽은 넓은 선형 또는 피침형으로 길이는 4~10cm 정도로 어긋난다. 잎가에는 거치가 있다. 꽃은 5~6월에 황색으로 십자형이고 꽃잎과 꽃받침은 4개이다. 열매는 타원형이고 9~10월에 익는다.

이용부위 : 꽃, 잎

용 도 : 식용

이용방법 : 매운 야채 중의 하나로, 잎이나 종자에서 독특한 매운 맛이 나는 것이 가장 큰 특징이다. 어린 잎이나 새순을 사용한 샐러드는 물론, 육류와 함께 샌드위치로 즐겨도 색다르다. 꽃은 살짝 데쳐서 먹는다[3]. 유명한 머스터드 소스를 만드는 재료다.

학 명 : *Bupleurum falcatum*

과 명 : UMBELLIFERAE (산형과)

영 명 : Sickle Hare' s Ear

원 산 지 : 유럽 남동부, 아시아

herb

시호

특 징 : 속명의 Bupleurum은 그리스어 'bous(황소)'와 'pleuron(근골)'의 합성어로 잎이 달리는 형태에서 유래되었다. 높이 1m 정도까지 자라는 다년초다. 근경은 굵으며 짧다. 근생엽은 밑부분이 좁아져서 엽병(葉柄)처럼 되고 경생엽은 넓은 선형 또는 피침형으로 길이는 4~10cm 정도다. 꽃은 8~9월에 황색으로 피고 가지 끝과 원줄기 끝에 복산형화서가 달린다. 열매는 타원형이고 9~10월에 익는다.

이용부위 : 꽃, 잎, 줄기, 뿌리

용 도 : 약용

이용방법 : 뿌리는 사포닌(saponin), 지방 등이 들어 있어 생약으로 많이 사용된다. 중국에서는 말라리아나 다른 열병, 간장 장애, 황달, 생리불순을 완화시키는 데 사용한다. 이 식물의 다른 부위는 루틴(rutin)을 갖고 있어서 두통, 빈혈, 소화 불량, 구토, 요통 치료에 효과적이다[1].

헤어벨

학명 : *Campanula rotundifolia*

과명 : CAMPANULACEAE (초롱꽃과)

영명 : Harebell

원산지 : 북반구 온대

특 징 : 속명의 Campanula는 라틴어의 'campana(종)'라는 뜻으로 화관의 형태에서 유래되었다. 높이 15~45cm 정도로 자라는 다년초(多年草)로 형태적인 변화가 많은 종이다. 밑부분의 잎은 심장상 난형으로 길고 엽병(葉柄)이 있으며 파상(波狀)이다. 줄기 잎은 선상 피침형으로 엽병이 없다. 꽃은 6~10월에 청색의 총상화서(總狀花序)가 종모양으로 달린다.

이용부위 : 뿌리

용 도 : 약용

이용방법 : 캐나다 원주민들은 뿌리를 약으로 사용했다. 전하는 바에 의하면 캐나다 알베르타의 끄리 족들은 바삭바삭한 검은 방향성의 뿌리를 씹으면 마음이 약해질 때 죽음으로부터 제외된다고 생각했다. 또 끄리 족들은 뿌리를 지혈용 붕대로 사용하거나 부기를 가라앉히거나 외상을 빨리 낫게 하는 데 사용했다. 치패와 족※들은 뿌리의 즙을 귀가 아플 때 사용하기도 했다. 뿌리는 완두콩 맛이 나며 갈색이다[1].

※ 치패와 족(Chippewa) : 슈페리어 호수지방에 사는 북미 인디언.

일일초

학 명 : *Catharanthus roseus* (syn. *Vinca rosea*)

과 명 : APOCYNACEAE (협죽도과)

영 명 : Madagascar Periwinkle

원 산 지 : 마다가스칼

특 징 : 속명의 Vinca는 라틴어의 vincire '맨다' 또는 '연결한다'라는 뜻으로 줄기가 구부러지는 성질을 가진 데서 유래한다. 30~60cm 정도 자라는 반관목상의 다년초다. 줄기는 직립하며 잘 분지한다. 잎은 2.5~5cm로 긴 타원형이다. 꽃은 7~9월에 흰색, 붉은색 등 다양하게 피며 매일 1송이씩 피어 일일초라고 한다.

이용부위 : 꽃, 잎, 줄기, 뿌리

용 도 : 약용

이용방법 : 연구 결과에 의하면 인슐린 대용과 55종의 알칼로이드산을 갖고 있다. 이 중 일부 성분은 백혈구 림프선에 영향을 주고, 비장(脾腸)을 튼튼하게 하며, 항암작용을 한다. 어린이 백혈병 치료, 호지킨병※, 굳은 종양에 사용한다. 건강한 세포에도 영향을 줄 수 있어 사용 기간을 짧게 해야 한다[1]. 꽃이 핀 전초는 상처약, 수렴약, 혈당 강화제로 쓴다. 자궁 출혈이나 월경 과다 같은 출혈을 멈추게 하기 위해 외용이나 내복한다. 강장제, 이뇨제로 쓰이는 것 외에 달인 액은 양치약으로 목이 아플 때나 입안을 깨끗이 하는 데 쓰인다[3].

※ 호지킨(Hodgkin)병 : 악성 육아종증(肉芽腫症).

병풀

학명 : *Centella asiatica*

과명 : UMBELLIFERAE (산형과)

영명 : Centella

원산지 : 열대, 아열대

특 징 : 속명의 Centella는 라틴어 'centum(많은)'의 축소형이며 둥근 돈 같은 잎이 많은 데서 유래되었다. 높이 50cm 정도 자라는 다년초다. 원줄기는 옆으로 뻗고 마디에서 뿌리가 내리며 인접한 곳에는 2개의 비늘 같은 퇴화엽(退化葉)이 있다. 잎은 2~5cm로 신원형(腎圓形)이고 잎가는 둔한 거치(鋸齒)가 있으며 엽병(葉柄)은 길다. 꽃은 7~8월에 피며 홍자색이다. 열매는 분과(分果)로 편원형이고 그물눈이 있으며 처음에는 털이 있으나 점차 없어진다.

이용부위 : 잎, 꽃

용 도 : 약용

이용방법 : 영적인 힘을 내는 동양의 장수 허브로 새로운 주목을 받고 있다. 원기를 돋우고 항염증성 성질이 있으며 상처를 치료한다는 연구 결과가 있었다. 이뇨작용 및 대변을 돕고, 진정작용이 있는 것으로 알려져 있다. 한센병과 피부궤양을 포함한 피부 감염을 치료하며 피부 재생작용을 자극하고 혈액 청정작용과 면역성을 활성화시킨다. 또한 기억력을 향상시키고 정신적 피로를 줄이는 신경강장제다. 간 질환과 고혈압을 치료한다[1].

카밀레

학명 : *Chamaemelum nobile* (syn. *Matricaria chamomilla*)

과명 : COMPOSITAE (국화과)

영명 : Perennial Chamomile, English Chamomile

원산지 : 유럽 서부

특징 : 속명의 Matricaria는 라틴어 'matrix(자궁)'의 뜻으로, 이 식물이 부인병에 약효가 있는 것에서 유래되었다. 높이 30~60cm 정도 자라는 다년초다. 줄기에는 능선이 있다. 잎에 사과 향기가 있으며 가지가 많이 갈라진다. 잎은 2~3회 우상(羽狀)으로 갈라지고 엽병이 없다. 꽃은 6~9월에 산방상으로 핀다. 설상화(舌狀花)는 흰색이고, 관상화(管狀花)는 황색이다. 열매는 수과(瘦果)로 타원형이다.

이용부위 : 꽃, 잎

이용물질 : 에센셜 오일

용도 : 약용, 미용제,

이용방법 : 피기 시작한 꽃에 뜨거운 물을 붓고 4, 5송이의 꽃을 넣으면 연한 황색의 차로 우러난다. 로만 종은 사과 향기가 난다. 기호에 따라 꿀을 넣어 단맛을 내면 마시기 쉽다. 자기 전에 안면 차로 이용하면 효과가 있다. 욕조에 꽃을 넣으면 방향 성분이 피부 속에 침투해서 혈액 순환을 촉진시키고 여드름, 동상, 습진 피부의 장애를 호전시킨다. 샴푸, 비누 만드는 데도 이용할 수 있고 세안을 계속하면 피부를 부드럽고 윤기나게 하는 효과가 있다[3].

레드바레리앙

학명 : *Centranthus ruber*

과명 : VALERIANACEAE (마타리과)

영명 : Red Valerian

원산지 : 유럽, 지중해, 북아메리카, 서아시아

특　징 : 이 속에는 약 10종이 있으며 1년초 또는 다년초로 취급되는 허브다. 높이 60~90cm 정도 자라며 암석 정원에서 흔히 볼 수 있다. 잎은 긴 난형으로 마주나며 잎가는 밋밋하다. 상부의 잎은 우상으로 갈라져 결각(缺刻)이 조금 있다. 꽃은 6~9월에 진분홍, 홍색의 잔잔한 별모양으로 줄기 끝에 원추화서(圓錐花序) 또는 산방상 총상화서(總狀花序)로 빽빽하게 달린다. 꽃은 수명이 길다.

이용부위 : 꽃, 뿌리

용　도 : 약용, 장식용, 방향제, 정원용

이용방법 : 향수의 원료로 사용되는 뿌리는 정신 안정제로도 이용된다. 흥분 상태에 있는 기분을 진정시키기도 하고, 기분이 가라앉았을 때에는 항우울작용을 하기도 한다. 상처나 찰과상(擦過傷)에도 효과적이다. 최근에는 간 질환에도 효능이 있다는 발표가 있었다[2]. 유럽에서는 화훼장식에 많이 이용하고 있다. 생명력이 강하고 척박한 토지에서도 잘 자라기 때문에 암석 정원용으로 적당하다[3].

학명 : *Cimicifuga racemosa*

과명 : RANUNCULACEAE (미나리아재비과)

영명 : Black Cohosh

원산지 : 북아메리카

승마

특　징 : 속명의 Cimicifuga는 라틴어 'cimix(빈대)'와 'fuger(도망가다)'의 합성어로 냄새가 강하기 때문에 빈대가 도망간다는 데서 유래되었다. 높이 1~2m 정도 자라는 다년초다. 잎의 길이는 3~8cm로 갈라지고 어긋나며 좁은 난형이다. 잎가에는 결각상(缺刻狀)의 불규칙한 거치(鋸齒)가 있다. 꽃은 6~7월에 흰색으로 원줄기 끝에 20~30cm의 총상화서(總狀花序)가 달린다.

이용부위 : 뿌리

용　도 : 약용

이용방법 : 아메리카 원주민들은 출산을 쉽게 하는 데 사용했다. 뱀에게 물리거나 경련이 일어났을 때에 해독제로 사용했으며, 최근 그 가치가 새롭게 부각되고 있는 약초다. 신경통 치료에 광범위하게 사용된다. 진정 효과의 일부는 아마도 중추신경계를 진정시키는 아네모닌 성분 때문인 것으로 보고되어 있다. 두통이나 귀울림의 치료에도 사용한다. 염증성 특성은 생리통, 류머티즘, 출산, 두통, 기침, 천식을 치료한다. 전초가 약효 있는 것으로 확인되었고, 호흡기 계통의 질병을 치료한다는 연구 결과가 있었다[1].

주　의 : 강력한 치료약으로 허브 의료를 경험한 사람만 사용이 가능하다. 심한 두통, 현기증, 시각 장애, 심장박동수의 감소, 구토를 일으킨다. 임신중에는 피한다[2].

학 명 : *Convallaria majalis*

과 명 : LILIACEAE (백합과)

영 명 : Lily of the Valley, May Lily

원산지 : 유럽, 동북아시아

은방울꽃

특 징 : 속명의 Convallaria는 라틴어 'convallis(골짜기)'와 'leirion(백합)'의 합성어로 산골짜기에 피는 백합꽃이라는 뜻에서 유래되었다. 높이 20~30cm 정도 자라는 다년초다. 지하경은 옆으로 길게 뻗는다. 잎은 12~18cm로 난상 타원형이다. 끝은 뾰족하고 표면은 진녹색이다. 꽃은 흰색으로 종모양이며 화경(花梗)의 높이는 20~35cm다. 열매는 장과(漿果)로 둥글며 적색으로 익는다.

이용부위 : 꽃, 잎, 뿌리

이용물질 : 에센셜 오일

용 도 : 약용, 방향제, 웨딩용

이용방법 : 추출한 액은 지혈제, 피부 미백, 피부 세척제로 아쿠아오우(aqua aurea)라고 한다. 중국에서는 강장제로 쓰인다. 심장을 안심시키고 통풍을 치료하며, 언어 능력, 기억력을 좋게 한다. 꽃의 끝부분과 뿌리는 디기탈리스처럼 강심배당체(强心配糖體)를 함유하므로 심장박동을 조절하지만 독성은 디기탈리스보다 약하다[1]. 이 물질은 관상동맥에 영향을 주지는 않으나 심장박동수를 감소시키고 정상화한다. 플라보노이드는 동맥 확장을 촉진시키고, 아스파라긴은 이뇨작용을 하며 체내의 남은 체액의 배출을 촉진한다. 이러한 이유로 고혈압 환자에게도 안전하게 사용할 수 있다[2]. 꽃에서 추출한 에센셜 오일은 향수를 만들지만, 추출이 어려워 화학적인 것으로 대용하고 있다. 종모양의 꽃은 신부의 부케에 많이 사용한다.

주 의 : 자격을 가진 전문가의 처방에 의해서만 사용이 가능하다[2].

학명 : *Crocus sativus*

과명 : IRIDACEAE (붓꽃과)

영명 : Saffron Crocus

원산지 : 그리스, 소아시아

샤프란

특 징 : 속명의 Crocus는 그리스어 'crokos(샤프란)' 또는 'croke(실)'로 암술이 실 같은 데서 유래되었다. 높이 23cm 정도 자라는 다년초로 구근은 편구형이다. 잎은 선형으로 꽃이 핀 다음 제대로 자란다. 꽃은 10~11월에 흰색이나 연한 자줏빛으로 피는데 깔때기모양이다. 화경은 짧고 잎과 더불어 밑부분이 엽초로 싸여 있다.

이용부위 : 꽃

용 도 : 식용, 약용, 미용제

이용방법 : 세계적으로 고가 향신료 중의 하나로 기원전 16세기부터 사용했던 것을 크레타 섬의 벽화에서도 확인할 수 있다. 페르시아나 서아시아로부터 중국으로 대량 수출되었다. 꽃은 착색에 이용된다. 영국에서는 달콤한 방향과 오렌지색을 가진 샤프란이 콘폴 지방의 전통적인 케이크의 첨가물로 사용되어 많은 사람들에게 친숙하다. 프랑스의 브이야베이스, 스페인의 빠에리아, 미라노리조또 등은 모두 샤프란의 색과 향을 사용했다. 말린 수술 10개 정도를 뜨거운 물에 넣어 마시면 감기에 좋다[3]. 최음제로 과다하게 사용할 경우 중독될 수도 있다. 열을 내리고 경련을 줄이며 비대해진 간의 회복에 사용할 뿐만 아니라 신경안정제로도 쓰인다. 외부적으로는 타박상, 류머티즘, 머리부분 신경통에 사용한다. 인도에서는 샤프란을 의식에 사용하는데, 물에 녹기 쉬움에도 불구하고 화장미용제로 쓰거나 신성한 종교적 염료로 이용한다[1]. 샤프란의 색소는 수용성이므로 직물의 염료로는 적당하지 않다[2].

학명 : *Cynara scolymus*

과명 : COMPOSITAE (국화과)

영명 : Glove Artichoke

원산지 : 지중해 북부

아치쵸크

특　　징 : 속명의 Cynara는 그리스어 'kyon(개)'의 뜻으로 총포의 바늘모양의 침이 개의 이빨과 비슷한 데서 유래되었다. 높이 1.5~2m 정도 자라는 다년초다. 줄기는 길고 굵으며 억세다. 잎은 크고 길며 우상으로 깊이 갈라져 있다. 표면은 흰색의 털이 밀생(密生)하고 엉겅퀴처럼 바늘 침이 있다. 꽃은 6~9월에 두화(頭花)로 보라색이다. 비늘모양의 총포편은 엷은 육질로 되어 있다. 종자는 단단하며 난형이다.

이용부위 : 꽃, 봉오리, 잎, 뿌리

용　　도 : 식용, 약용, 장식용, 염료용

이용방법 : 유럽에서는 봉오리를 야채로 이용하고, 나머지 부분은 훌륭한 약초가 된다. 시나린과 수코리모사이드의 두 성분은 담즙 분비를 촉진하기 때문에 기능이 저하된 간이나 쇠약해진 소화관의 치료에 전통적으로 사용되어 왔다. 시나린은 혈액중의 콜레스테롤 수치와 트리글리세리드 수치를 낮추는 것으로 확인되어 유럽에서는 동맥경화 치료에 널리 이용하고 있다. 이뇨약, 간장질환, 단백뇨 등에도 사용된다[2]. 화훼장식에 이용되며, 건조시켜도 크게 퇴색되지 않아서 드라이 어레인지먼트에 이용해도 좋다. 잎에서 회색의 염색소를 추출한다[3].

학명 : *Curcuma longa* (syn. *Curcuma domestica*)

과명 : ZINGIBERACEAE (생강과)

영명 : Turmeric

원산지 : 인도

강황

특 징 : 속명의 Curcuma는 아라비아어 'kurkum(황금)'이라는 뜻에서 유래되었으며, 65종이 난다. 높이 1m 정도 자라는 다년초다. 근경은 생강모양으로 황색이다. 잎의 길이는 30~50cm로 긴 타원형이다. 끝은 뾰족하고 황록색이 나지만 주맥(主脈)은 자색이 돈다. 꽃은 여름부터 가을까지 연황색으로 수상화서(穗狀花序)에서 3~4개가 달린다. 화포는 분홍색이며 하부의 포엽(苞葉)은 녹색을 띤다. 주로 동남아시아에서 재배된다.

이용부위 : 꽃, 잎, 줄기, 뿌리

이용물질 : 에센셜 오일

용 도 : 식용, 약용, 향신료, 염료용, 방충제

이용방법 : 카레 요리, 쌀이나 곡류, 혼합 향신료(가람마사라), 콩 요리 등에 황색의 착색료나 향신료로 사용한다. 한방에서는 어깨 통증, 생리통, 산통(疝痛)※의 치료에 처방한다. 태국에서는 코브라 독액을 치료하며, 불교도의 의복을 염색하는 데 사용한다. 인도에서는 의식에 쓰인다[2]. 뿌리를 건조시킨 분말은 옷감이나 털실을 황색이나 갈색으로 염색시키는데 이 염료로 염색한 천이나 종이는 방충 효과가 있다고 한다[3].

※산통(疝痛):갑자기 심하게 일어나는 간헐적 복통으로, 복부 내장의 여러 질환에 따르는 증후로 대개 담석증 발작, 신석 발작(腎石發作), 장폐색 등의 경우에 나타난다.

레몬그래스

학명 : *Cymbopogon citratus*

과명 : GRAMINEAE (벼과)

영명 : Lemon Grass

원산지 : 남인도, 스리랑카

특　징 : 속명의 Cymbopogon은 그리스어 'cymbe(배)'와 'pogon(수염)'의 합성어로 포영(苞穎)이 배처럼 생겼고 털이 많은 데서 유래되었다. 높이 1.5m 정도 자라는 다년초다. 잎의 길이는 30~120cm로 선형이며 군생(群生)한다. 구근모양의 줄기를 가지고 강한 레몬 향기가 있다. 꽃은 8~9월에 피며 원추화서(圓錐花序)로 달린다.

이용부위 : 잎, 줄기

이용물질 : 에센셜 오일

용　도 : 식용, 약용, 방향제, 미용제

이용방법 : 레몬 향기가 나는 차로 유명하다. 말린 것 1ts 정도에 생잎 썰은 것 가볍게 한 움큼이 1인분이 된다. 따뜻한 포트에 넣고 뜨거운 물을 붓고 4~5분 뒤에 마신다. 살균 효과가 있으며 발한(發汗), 해열(解熱), 복통(腹痛)에 효과적이다. 유행성 감기 치료에 사용하기도 했다고 한다. 피부 질환에도 좋으며 피부의 분비를 조절한다. 항균작용 효과는 식품 등의 보존에 이용한다[3].

파피루스

학 명 : *Cyperus papyrus*

과 명 : CYPERACEAE (사초과)

원 산 지 : 아프리카

영 명 : Papyrus, Egyptian Paper Reed

특 징 : 속명의 Cyperus는 옛 그리스명 'kypeiros(비너스)'의 뜻에서 유래되었다. 열대, 아열대, 온대에 약 600~700종이 난다. 높이 5m까지 자라는 다년초로 습지를 좋아한다. 줄기는 여러 개가 총생(叢生)하며 직립한다. 줄기의 단면은 삼각의 능형이다. 잎의 길이는 8~15cm로 줄기의 정상에서 긴 선형이며 우산살모양으로 많이 밀생(密生)한다. 아래로 늘어진다.

이용부위 : 줄기, 뿌리

용 도 : 식용, 약용, 소품가구용, 제지용, 섬유용

이용방법 : 이집트인들은 근경을 먹거나 약으로 사용했다. 섬유를 엮어서 돛을 만들거나, 꽃다발로 만들어 사원이나 무덤을 장식했다. 요즈음에는 줄기로 연료, 매트, 바구니 등을 만들거나 부력이 있는 유관속(維管束)을 같이 엮어서 배를 만들기도 한다. 줄기의 수(髓)는 기원전 2500~3000년 경부터 종이로 만들어 사용했다. 그리스어로는 'biblos', 'byblos'라고 하여 바이블, 즉 성서의 원래 이름이다[1].

카네이션

학 명 : *Dianthus caryophyllus*

과 명 : CARYOPHYLLACEAE (석죽과)

원산지 : 지중해

영 명 : Clove Pink, Gillflower, Carnation

특 징 : 속명의 Dianthus는 그리스어 'dios(주피터신)'와 'anthos(꽃)'의 합성어로, 주피터 자신의 꽃이라는 데서 유래되었다. 높이 30~80cm 정도 자라는 다년초다. 여러 대가 나와 곧추 자라며 전체에 분백색이 돈다. 잎은 마주나며 선형 또는 피침형이다. 밑부분은 서로 합쳐져서 통처럼 되고 가장자리는 밋밋하다. 꽃은 6~8월에 윗부분에서 약간의 가지가 갈라지고 그 끝에 1개씩 달린다. 열매는 삭과(蒴果)로 끝이 4개로 갈라진다.

이용부위 : 꽃

이용물질 : 에센셜 오일

용 도 : 식용, 약용, 방향제, 미용제, 절화용

이용방법 : 신의 꽃이라고도 한다. 혼약을 상징하는 꽃으로 카네이션의 원종(原種)이다. 오랜 세월에 걸친 육종으로 본래 모습은 남아 있지 않다. Clovescented Pink 꽃잎들을 과일요리, 샌드위치, 스프, 소스, 플로럴시럽, 식초, 술, 와인을 만드는 데 사용한다. 요리나 장식용으로 다양하게 이용되며, 신경강장 효과도 있다. 향이 강하며 달콤하고 진해서 향수나 비누에 사용된다[1].

학 명 : *Dictamnus albus*

과 명 : RUTACEAE (운향과)

영 명 : White Dittany

원 산 지 : 유럽 남서부, 아시아 남부, 아시아 중부

herb

백선

특 징 : 속명의 Dictamnus는 옛 그리스명 'dicte(산)'이라는 뜻에서 유래되었다. 높이 80cm 정도 자라는 숙근성 다년초다. 뿌리는 짧고 굵으며 전체에 향기가 강하다. 잎은 기수우상복엽으로 어긋나며 엽축(葉軸)의 중앙에 좁은 날개가 있다. 긴 타원형 또는 난형으로 잎가는 거치가 있다. 꽃은 5~6월에 피며 흰색 바탕에 연자색의 줄무늬가 있다. 열매는 삭과(蒴果)로 5개로 갈라지고 털이 있다.

이용부위 : 꽃, 잎, 뿌리

이용물질 : 에센셜 오일

용 도 : 식용, 약용, 방향제

이용방법 : 잎을 차로 해서 마시면 소화, 신경강장의 효과가 있다. 동종요법으로는 잎과 꽃의 팅크제※가 부인병을 치료하기도 한다. 독성이 있는 뿌리는 이뇨제로 자궁근육을 수축시킨다. 꽃과 뿌리에서 추출한 에센셜 오일은 향수를 만들거나 술의 향미(香味)를 더하는 데 사용한다[1].

※팅크제:어떤 약품을 알코올이나 에테르에 담가 녹이거나 우린 액체.

용머리

학명 : *Dracocephalum moldavica*

과명 : LABIATAE (꿀풀과)

영명 : Dragonhead

원산지 : 중앙아시아, 러시아

특　징 : 속명의 Dracocephalum은 그리스어 'drakon(용)'과 'kephale(머리)'의 뜻으로 이 식물의 꽃 형태에서 유래되었다. 높이 50cm 정도 자라는 1년초 또는 다년초다. 줄기는 기부에서부터 분지(分枝)한다. 잎의 길이는 약 4cm 정도 되며 피침형이고 결각상(缺刻狀)의 거치(鋸齒)가 있다. 전초에 레몬 비슷한 향이 있다. 꽃은 연보라색 또는 흰색으로 엽액(葉腋)에서 윤산화서로 몇 개씩 달린다. 흰색인 것은 흰용머리라고 한다.

이용부위 : 전초, 잎

용　도 : 약용, 관상용

이용방법 : 레몬과 비슷한 방향이 있어서 여름철에는 벌이 많이 모여 든다. 유럽에서는 관상용으로 인기가 있다. 반음지성 식물이므로 심는 장소를 잘 고려한다. 화분에 심어 실내에 두어도 잘 자란다[3]. 잎은 폐결핵, 장결핵에 사용한다.

자주루드베키아

학 명 : *Echinacea angustifolia (syn. Echinacea purpurea)*

과 명 : COMPOSITAE (국화과)

영 명 : Echinacea, Pulple Cone Flower

원 산 지 : 북아메리카, 중앙아메리카

특 징 : 속명의 Echinacea는 그리스어 'echinos(거친 털이 있다)'의 뜻으로 화탁의 끝이 날카로운 데서 유래한다. 높이 60~150cm 정도 자라는 다년초다. 잎은 8~15cm로 난상 피침형으로 거친 털이 있고 거치가 있다. 꽃은 7~10월에 핑크색, 진분홍색으로 설상화 꽃잎은 5~8cm로 늘어지는 경향이 있다. 중심부 관상화는 금속성 광택이 있으며 자갈색(紫褐色)이 난다.

이용부위 : 뿌리, 꽃

용 도 : 약용, 장식용

이용방법 : 북아메리카 인디언들은 뱀에게 물렸을 때나 곪은 상처 치료에 사용했다. 최근 허블리스트는 이 식물을 뛰어난 정혈약으로 인정하고, 특히 부은 곳이나 농창(膿瘡)이 되어 불순한 혈액으로 인해 생기는 피부병에 사용한다. 근경에는 병에 대한 면역력을 높이는 효능이 있는 것으로 알려져서[2] 현재 에이즈 연구자들이 확인하고 있는 중이다. 독성 없이 질병에 대한 면역력을 자극하고, 항바이러스성이며, 염증을 일으킨 결합조직을 회복시킨다. 발열과 감염된 전염병을 치료하고 알레르기를 줄인다[1]. 화훼 장식이나 포푸리에도 사용된다[3].

부레옥잠

학명 : *Eichhornia crassipes*

과명 : PONTEDERIACEAE (물옥잠과)

원산지 : 남아메리카

영명 : Water Hyacinth, Water Orchid

특　징 : 속명의 Eichhornia는 독일의 정치가 Eichorn씨의 이름에서 유래되었다. 높이 15~20cm 정도 자라는 다년초(多年草)다. 잔뿌리가 많이 생기고 잎도 많이 난다. 엽병(葉柄)은 10~20cm로 길며 중앙이 부레 같이 부풀어 수면으로 뜨기 때문에 부레옥잠(玉簪)이라고 한다. 꽃은 8~9월에 연보라색으로 핀다.

이용부위 : 잎, 줄기, 뿌리

용　도 : 식용, 방향제

이용방법 : 태국에서는 엽병으로 시큼한 스프를 끓여 먹는다. 잎은 담배를 싸는 종이와 가런드※를 만들기도 한다. 이 식물의 섬유질로 면과 섞어 실을 만든다. 너무 많이 번식하면 뿌리가 엉켜서 수로를 막을 수도 있고, 뿌리는 미네럴 소금을 공급하므로 조류를 소멸시키는 역할을 한다. 또한 중금속으로 오염된 물을 맑게 하는 작용도 한다[1].

※가런드(Garland) : 꽃이나 잎으로 만든 줄모양의 장식방법.

학 명 : *Elettaria cardamomum*

과 명 : ZINGIBERACEAE (생강과)

영 명 : Cardamom

원산지 : 인도

카르다몬

특 징 : 속명의 Elettaria는 인도의 속칭 elettari에서 유래되었다. 높이 2~3m 정도 자라는 다년초다. 줄기에 많은 잎이 2열로 붙는다. 잎의 길이는 50~100cm로 길고 좁은 편이고 끝은 뾰족하다. 꽃자루는 80cm 정도 자라고 여러 개의 꽃이 원추화서(圓錐花序)로 달린다. 꽃은 흰색이고 가장자리는 황색이나 자색이 난다. 과실은 삭과(蒴果)로 능각(稜角)이 있는 갈색의 종자를 가진다.

이용부위 : 뿌리, 열매, 씨앗

이용물질 : 에센셜 오일

용 도 : 식용, 약용, 방향제

이용방법 : 삭과(蒴果)는 비싼 향료로, 약품이나 홀그린으로 표백하거나 햇볕에 말려서 판다. 씨앗은 인도 가람 마살라나 아랍인, 에티오피아인들의 중요한 식용이 되고, 카레가루, 필레프※와 그 외 많은 달콤한 요리의 원료이기도 하다. 베두인 족※은 커피 향을 내는 데 사용했다. 데인 족※은 손님 접대용 빵을 만드는 데 사용하거나 입냄새를 향긋하게 하기 위해 씹었다. 방향이 있는 씨앗은 소화를 촉진하고, 궤양성 소화불량, 자극제, 경련 방지용으로 쓰이며 , 근경은 해열, 기능 마비, 방향성 건위제(健胃劑)로 사용한다. 에센셜 오일은 거의 익은 열매에서 채취하며 술이나 향수의 원료로 쓰인다[1].

※필레프:쌀에 고기, 양념을 섞어 만든 터키식 음식.

※베두인 족(Bedouin):사막에서 유목생활을 하는 아라비아인.

※데인 족(Dane):덴마크인, 9~11세기 영국에 침입한 북유럽 사람.

학명 : *Eupatorium purpureum*

과명 : COMPOSITAE (국화과)

영명 : Sweet Joe Pye, Boneset

원산지 : 캐나다 동부, 미국

향등골나물

특　징 : 속명의 Eupatorium은 기원전 132~63년 소아시아 Eupator를 기념한 이름으로 본 속의 어떤 종을 약용으로 한 데서 유래되었다고 한다. 높이 2~3m 정도 자라며 원줄기에 자줏빛이 난다. 잎의 길이는 10~18cm 타원형 또는 난상 긴 타원형이다. 큰 잎은 마주보며 엽병은 짧다. 잎가는 규칙적인 거치가 있다. 꽃은 7~10월에 자줏빛으로 피며 원줄기 끝에 산방화서(繖房花序)로 달린다. 열매는 삭과(蒴果)로 원통형이고 선과 털이 있다.

이용부위 : 뿌리, 씨앗

용　도 : 약용, 미용제, 염료용

이용방법 : 영명 Boneset는 '뼈를 붙이는 풀'이라는 뜻으로, 미국에서는 악성 댕기열 치료에 사용한 적이 있다고 한다. 티푸스에 걸린 뉴잉글랜드 사람을 고친 아메리카 원주민의 이름을 딴 이 식물의 근경은 생리통을 완화시키고 생식기관을 활성화시키며 통풍, 류머티즘, 신장, 방광 질환에 효과적이다. 달인 액은 발한(發汗)을 일으켜 발열에 대한 치유 효과가 있어서, 감기나 카타르 치료에 뛰어난 효과가 있다. 냉기나 습기가 원인이 되어 생긴 근육 류머티즘 치료에도 사용된다. 신경성 위장 장애에도 효과가 있다. 이 식물의 친키 성분은 약한 항염증 효과가 있는 것으로 입증되었다. 최근의 연구에서는 식물 중에 함유된 플라보노이드가 항암작용을 할 가능성을 시사한 것이었다. 씨앗은 분홍색의 염색소를 내며 인디언들이 사용했다[1].

아위

학명 : *Ferula assafoetida*

과명 : UMBELLIFERAE (산형과)　**영명** : Asafetida

원산지 : 이란

특　징 : 높이 2m 정도 자라는 다년초로 근경은 굵고 짧다. 잎은 코스모스 잎처럼 갈라져 있다. 꽃은 여름에 작고 노란색의 꽃이 산형화서로 달린다. 종자는 익으면 갈색이 되고 근경은 5년이 되면 껌을 얻을 수 있다. 생선 비린내와 같은 불쾌하고 강한 악취가 난다.

이용부위 : 잎, 줄기, 뿌리, 수지

이용물질 : 에센셜 오일

용　도 : 식용, 약용, 향신료

이용방법 : 예전에 로마사람들의 대중적인 향신료였고, 지금은 인디언 피클이나 생선야채 요리, 우스타소스에 쓰인다. 초록색부분은 야채로 먹을 수 있다. 근경에서 추출한 수지는 찌르는 듯이 강한 자극성이 있다. 수지는 소화를 돕고 신경을 치료하며 기관지염, 천식을 치료한다. 이 식물은 항응고제이며 혈압을 내리는 효과가 있다는 연구 결과가 있다[1].

터리풀

학명 : *Filipendula ulmaria*

과명 : ROSACEAE (장미과)

원산지 : 서아시아, 유럽

영명 : Meadowsweet, Bride wort

특　　징 : 속명의 Filipendula는 라틴어 'filum(실)'과 'pendulus(아래로 쳐진)'의 합성어로 기본종의 뿌리가 소구(小球)를 실로 매달은 모양에서 유래되었다. 1m 정도 자라는 다년초로 산지의 반그늘에서 잘 자란다. 근생엽은 1회 우상복엽이고 정소엽은 16cm 정도로 단풍잎처럼 갈라졌다. 꽃은 7~8월에 핀다.

이용부위 : 꽃, 잎, 줄기, 뿌리, 열매, 씨앗

이용물질 : 에센셜 오일

용　　도 : 약용, 방향제, 미용제

이용방법 : 이 식물에 함유된 살리실산염의 항염증작용은 류머티즘에 효과가 있으나 위의 출혈을 일으킬 수도 있다. 그러나 식물중의 타닌과 점액이 살리실산염의 이러한 작용을 억제한다. 실제 전초는 위산 과다의 전통적인 치료약이며, 소화작용과 이뇨작용도 있어 요산의 배출을 촉진한다[2]. 잎에서 추출한 액은 설사를 멈추게 하며, 땀을 빨리 나게 하는 효과도 있어서 비만인 사람의 체내 수분 발산을 돕는다. 꽃을 물에 여러 시간 담가 걸러서 화장수를 만들거나 말린 잎을 목욕제로 사용하면 피부 세정 효과가 있다[1].

학명 : *Foeniculum vulgare*

과명 : UMBELLIFERAE (산형과)

영명 : Fennel

원산지 : 지중해, 인도

회향(펜넬)

특　　징 : 속명의 Foeniculum은 라틴어 'faenum(건초)'에서 유래한다. 2m 정도 자라는 다년초다. 독특한 향기가 있으며 뿌리에서 잎이 군생한다. 근생엽은 엽병이 길다. 경생엽은 3~4회 우상으로 갈라지며 열편은 선형이다. 꽃은 7~8월에 황색으로 원줄기와 가지 끝에 산형화서로 달린다. 열매는 분과로 향기가 강하다.

이용부위 : 꽃, 잎, 줄기, 뿌리, 씨앗

이용물질 : 에센셜 오일

용　　도 : 식용, 약용, 향신료, 미용제, 방향제

이용방법 : 잎은 생선요리에 넣거나 소스, 스프, 스튜에 사용한다. 뿌리는 삶아서 먹는다. 씨앗은 빵, 카레, 애플파이, 생선, 소스의 풍미를 내고 샐러드용으로 사용한다. 그리스 인들은 이 식물이 감량 효과가 있다고 믿었으며 중세에는 씨앗이 건위에 좋다고 생각했다. 씨앗과 뿌리는 소화를 돕는다. 허브 차는 각종 여성 장애에 효과가 있고 여러 가지 갱년기 증상을 완화시키며, 산통에도 효과가 있다. 모유가 잘 나오게 하는 효능도 있어 양이나 소 등에도 같은 효과를 얻기 위해 사료에 혼합하는 농가도 있다. 소화 불량, 식욕 증진, 가슴앓이, 건위에도 효과가 있다[3]. 씨앗은 배고픔을 경감시키고 소화 불량을 완화시킨다. 변비 치료와 월경기간을 조절하기 위해서도 쓰인다. 뿌리를 달인 즙은 독성을 제거하여 이뇨작용을 하며, 알코올로 손상된 간의 회복을 돕는다는 연구도 있다. 항경련작용과 항균작용이 있다. 씨앗과 잎의 수증기는 피부 세안을 돕고 에센셜 오일은 술과 치약의 풍미를 낸다. 근육 이완 마사지에 사용하지만 주의가 필요하다[1].

야생딸기

학명 : *Fragaria vesca*

과명 : ROSACEAE (장미과)

영명 : Wild Strawberry

원산지 : 유럽

특　　징 : 속명의 Fragaria는 야생 딸기의 라틴명 fraga의 'fragare(향기가 나다)'에서 유래되었다. 높이 30cm 정도 자라는 다년초다. 전체에 꼬불꼬불한 털이 있다. 근생엽의 길이는 3~6cm로 3출 복엽으로 도란상 사각형이고 끝이 둥글다. 잎가에 거치가 있으며 엽병(葉柄)이 길다. 꽃은 5~6월에 흰색으로 취산화서(聚散花序)로 달린다. 열매는 육질화(肉質化)되며 적색으로 익는다. 홈이 있는 곳에 수과(瘦果)가 들어 있다.

이용부위 : 잎, 뿌리, 열매

용　　도 : 식용, 약용, 미용제, 포푸리

이용방법 : 과실은 신맛이 강하지만 생으로 먹거나 아이스크림, 샤베트나 샐러드의 장식으로 이용한다. 신선한 것은 주류나 설탕 절임의 향을 내는 데 사용한다[3]. 과일은 철분과 칼륨이 풍부하고, 방향이 있는 잎은 건조시켜 허브 차로 마신다. 뿌리는 설사나 비뇨기병의 장애를 치료한다[1]. 말린 잎은 포푸리에 들어가며 수렴제, 스킨토너, 허브 차로 이용한다.

학명 : *Galium odoratum*

과명 : RUBIACEAE (꼭두서니과)

영명 : Sweet Woodruff

원산지 : 유럽, 북아프리카

솔나물

특　　징 : 속명의 Galium은 옛 그리스명으로 galion은 'gala(젖)'에서 유래된 것으로 치즈를 만들 때 젖을 엉키게 하기 위해 이 식물을 사용한 데서 유래되었다. 높이 70~100cm 정도 자라는 다년초다. 곧추 자라면서 윗부분에서 가지가 갈라진다. 잎의 길이는 2~3cm로 8~10개가 윤생(輪生)하며 선형이고 끝이 뾰족하다. 꽃은 6~8월에 황색으로 엽액(葉腋)과 원줄기 끝에 원추화서(圓錐花序)로 달린다. 열매는 분과(分果)로 타원형이며 2개씩 달린다.

이용부위 : 꽃, 잎, 줄기, 뿌리

용　　도 : 식용, 약용, 방향제, 방충제, 염료용

이용방법 : 금방 잘라낸 싱싱한 코마린(coumarin) 향의 잎은 달고 은은하다. 마르면서 향을 내기 때문에 사용하기 몇 시간 전에 채취해 놓는 것이 좋다. 술, 백포도주, 펀치에 넣거나, 샤벳, 과일 샐러드, 아로마센트의 향료로 사용한다. 상큼한 꽃과 잎으로 만든 차는 배뇨를 촉진하고 간의 강장제 작용을 한다. 경련을 제거하여 복통을 가라앉히고, 노인이나 어린이들에게 적합한 진정제다. 집이나 교회 등의 정원에 심어 향기를 실내로 들어오게 하는 허브로 널리 사용한다. 싱싱한 잎은 찧어서 외상에 바르면 효과적이고, 말린 잎은 포푸리, 향이 나는 리넨으로 벌레들을 퇴치한다[1]. 모든 Galium속의 근경은 적색의 염색소를 갖는 꼭두서니과의 특징이 있다. 독일에서는 주류나 백포도주에 첨가하여 5월 1일에 마시는 전통이 있다[2].

쥐손이풀

학명 : *Geranium maculatum*

과명 : GERANIACEAE (쥐손이풀과)

영명 : Geranium Root

원산지 : 유럽 남부

특 징 : 속명의 Geranium은 그리스어 'geranos(학)'로 열매가 학의 부리처럼 생긴 데서 유래되었다. 높이 50~80cm 정도 자라는 다년초로 1개의 주근(主根)이 길게 뻗는다. 잎의 길이는 4~7cm이며 오각상 심장형으로 5개로 깊게 갈라지고 마주나며 엽병(葉柄)이 길다. 꽃은 6~8월에 홍자색으로 피고 엽액(葉腋)에서 나오며 끝에 1개씩 달리지만, 밑부분에서는 2개의 소화편으로 갈라져 각각 1개의 꽃이 달린다. 암술머리는 1mm 정도고, 열매는 곧추선다.

이용부위 : 꽃, 잎, 줄기, 뿌리

용 도 : 약용, 향신료

이용방법 : 이 식물에 함유되어 있는 타닌은 하제(下劑), 소화관(消化管) 출혈, 치질(痔疾)에 유효하다. 침출액은 입안 세정액이나 인후통(咽喉痛)을 완화하는 약으로 뛰어난다. 뿌리를 분말로 만든 것은 지혈용 외용약으로 사용한 일도 있다[2]. *Geranium macrorrhizum* 의 잎과 뿌리는 스파이시하여 포푸리에 사용되며 불가리아에서는 최음제(催淫劑)로 알려져 있다고 한다[1].

뱀무

학명 : *Geum urbanum*

과명 : ROSACEAE (장미과)

영명 : Herb Bennet

원산지 : 유럽, 아시아 온대

특징 : 속명의 Geum은 라틴명으로 'geuo(맛이 좋다)'라는 뜻에서 유래되었다. 높이 60cm 정도 자라는 다년초다. 전체에 털이 있고 뿌리는 짧다. 근생엽은 3~6cm로 우상이며 엽병(葉柄)이 길다. 꽃은 6월에 황색으로 가지 끝에 1개씩 달린다. 열매는 수과(瘦果)로 끝이 갈고리처럼 굽으며 털이 있다.

이용부위 : 꽃, 잎, 줄기, 뿌리

이용물질 : 에센셜 오일

용도 : 식용, 약용, 향신료

이용방법 : 근경은 스프, 스튜에 넣거나 맥주, 와인의 풍미를 내는 데 쓴다. 잎은 샐러드나 스프에 사용한다. 식물 전체가 키닌제의 대용으로 해열, 복통, 장 설사를 치료하며, 출혈, 염증, 치질을 완화시킨다[1]. 이 식물의 쓴맛 성분은 강장작용, 타닌은 수렴작용, 에센셜 오일은 소독작용을 한다. 스위스의 의사 파라케리수스(1493~1541)는 위장 카타르와 하리(下痢)에 효과적이라 주장했다. 쓴맛을 함유하기 때문에 간장이나 담낭의 기능을 정상화한다[2]. 구취를 없애는 양치제로 사용하기도 한다.

긴병꽃풀

학명 : *Glechoma hederacea*

과명 : LABIATAE (꿀풀과)

영명 : Ground Ivy

원산지 : 북아메리카

특 징 : 속명의 Glechoma는 박하의 일종에 붙여진 옛 그리스명 glechon에서 유래되었다. 높이 20~50cm 정도 자라는 다년초다. 처음에는 곧추 자라다가 옆으로 뻗으며 털이 있다. 잎의 길이는 2~3cm로 신장상 원형이며 끝이 둥글다. 잎가에는 둔한 거치(鋸齒)가 있다. 꽃은 4~5월에 연보라색으로 엽액(葉腋)에 1~3개씩 달린다. 열매는 분과(分果)로 타원형이며 꽃받침 안에 들어 있다.

이용부위 : 꽃, 잎, 줄기

용 도 : 식용, 방향제

이용방법 : 어린 싹은 나물이나 샐러드를 만들어 먹거나, 우려내서 아로마틱한 'gill' 차로 만들어 마신다. 잎은 멍든 데나 염증을 완화시키는데 효과적이고, 거담제, 이뇨제, 강장제(强壯劑), 위염, 신장 결석, 방광염(膀胱炎), 귀울림에 사용되기도 한다[1].

학명 : *Glycyrrhiza glabra*

과명 : LEGUMINOSAE (콩과)

영명 : Licorice, Sweetwood

원산지 : 지중해 연안

herb

감초

특　　징 : 속명의 Glycyrrhiza는 그리스어 'glycys(단맛)'와 'rhyza(뿌리)'의 합성어로 뿌리가 단 것에서 유래했다. 높이 1m 정도 자라는 다년초다. 뿌리가 땅 속 깊이 들어가며, 줄기는 능선이 지고 흰털이 밀생하며 선점(腺點)이 산생한다. 잎은 호생하며 소엽은 7~17개다. 꽃은 7~8월 총상화서로 연분홍색으로 핀다. 꼬투리는 편평한 선형이고 활처럼 휘었으며 종자가 6~8개 들어 있고 신장형이다.

이용부위 : 뿌리

용　　도 : 식용(감미료), 약용

이용방법 : 음식, 담배, 음료수, 단 음식, 과자의 풍미를 더하는 데 쓴다. 약용으로는 일반적으로 처방되는 다른 약초류와 잘 조화되어 생약이 함유하고 있는 쓴맛을 없애는 효과가 있다. 감초의 뿌리에 들어 있는 glycyrrhizin 성분은 서당의 50배의 단맛이 난다. glycyrrhizin 성분은 체내의 부신피질호르몬과 비슷한 구조를 가지며 glycyrrhizin산(酸)을 만든다. 감초는 거담작용, 기관지염을 치료한다. 염증, 알레르기, 천식, 위염, 위나 십이지장의 소화성 궤양, 류머티즘, 목의 통증을 낮추는 효과가 있으며, 면역체계를 강화시킨다.[1)]

기누라

학명 : *Gynura* species

과명 : COMPOSITAE (국화과)

영명 : Gynura, Purple Gynura

원산지 : 히말라야

특 징 : 속명의 Gynura는 그리스어 'gyne(암술머리)'과 'oura(꼬리)'의 합성어로 거칠고 긴 암술머리에서 유래되었다. 높이 1~4m 정도 자라는 반관목으로 줄기는 잘 분지(分枝) 한다. 잎과 줄기는 다습질이며 나중에 목질화(木質化)한다. 잎의 길이는 7~8cm로 부드럽고 연하며 난상 긴 타원형이다. 끝은 뾰족하고 거치(鋸齒)가 있다. 잎과 줄기에 자줏빛이 나며 부드러운 비로드 같은 털이 밀생(密生)하며 광택이 난다. 꽃은 두상화이지만 원추화서(圓錐花序)로 달리며 주황색으로 핀다.

이용부위 : 잎, 줄기

용 도 : 식용, 약용

이용방법 : *Gynura bicolor*, *Gynura procumbens*의 어린 싹은 식용으로 사용한다. 잎은 해열제, 적리(赤痢), 신장 질환 치료에 효과적이다. 중국에서는 이 식물종 중에서 *Gynura segetum*, *Gynura divaricata*의 뿌리가 혈액 순환을 자극하고 해독, 지혈작용을 하는 것으로 알려져 있다[1].

학 명 : *Heracleum sphondylium*

과 명 : UMBELLIFERAE (산형과)

영 명 : Hogweed, Cow Parsnip

원 산 지 : 유럽 서부

호그위드

특 징 : 속명의 Heracleum은 그리스의 신 'Hercule'에서 유래되었는데, 'Hercule의 만능약'이란 명칭을 딴 식물 중에서 약효가 가장 좋은 데서 연유했다고 전해진다. 높이 2m 정도 자라는 다년초다. 원줄기 속은 비어 있으며 곧추 자라고 굵은 가지는 갈라지며 큰 털이 있다. 근생엽과 밑부분의 잎은 엽병(葉柄)이 있고 우상(羽狀)이며 3~5개의 소엽으로 되어 있다. 뒷면과 엽병(葉柄)에 털이 있다. 꽃은 여름에 흰색에서 연한 황녹색으로 피며 가끔 분홍색을 띠기도 한다. 복산형화서로 가지와 원줄기 끝에 달린다. 열매는 편평한 도란형으로 익으면 녹갈색이 되고 독특한 무늬가 있다.

이용부위 : 꽃, 잎, 줄기, 뿌리, 수지, 씨앗

용 도 : 식용, 약용

이용방법 : 어린 순은 나물로 먹고 뿌리, 어린 잎, 생장점은 익혀서 먹거나 양조해서 맥주에 들어간다. 잎은 동종요법에서 소화제, 진정제로 쓰인다. 아메리카 원주민은 *Heracleum sphondylium* subsp. *montanum* (또는 *Heracleum maximum*)의 뿌리를 감기, 기침, 두통, 목아픔, 복통 등의 치료에 사용하고, 류머티즘이나 부기, 멍, 뾰루지에 바르는 연고로 쓰기도 했다. 뿌리는 psoralen 성분을 가지고 있어 백혈병, 에이즈, 건선(乾癬) 치료제로 연구중이다[1].

스킬라

학명 : *Scilla non-scripta (syn. Endymion non-scripta)*

과명 : LILIACEAE (백합과)

원산지 : 유럽 서부

영명 : Bluebell, Wild Hyacinth

특 징 : 속명 Scilla는 그리스어 'skyllo(해롭다)'의 뜻으로, 인경이 유독한 데서 유래되었다. 높이 50cm 정도 자라는 구근성의 다년초로 군생(群生)한다. 인경은 둥근 모양에 가깝고 피막은 종에 따라 있거나 없다. 잎의 길이는 45cm 정도로 선형이며 광택이 있고 3~6개가 난다. 꽃은 5~6월에 청자색으로 14~16송이가 화경(花梗) 끝에 총상화서(總狀花序)로 달린다. 흰색과 복숭아색도 있다.

이용부위 : 줄기, 뿌리

용 도 : 약용, 호료용

이용방법 : 어느 시인은 이 식물의 즙이 뱀에게 물렸을 때 해독작용을 한다고 시에 쓴 적이 있다. 구근은 신선할 때에는 독성이 있어서 지혈제, 이뇨제 성분을 갖고 있지만 최근에는 거의 쓰이지 않고 있다. 또한 전분을 많이 함유하고 있어서 예전에는 셔츠의 깃을 빳빳하게 세우는 데 이용했다. 구근과 줄기에 함유하는 수지는 강한 접착제로 책 제본이나 화살 깃털을 붙이는 데 사용했다[1].

원추리

학 명 : *Hemerocallis* hybrida

과 명 : LILIACEAE (백합과)

영 명 : Day Lily

원 산 지 : 북반구 온대

특 징 : 속명의 Hemerocallis는 그리스어 'hemelos(날)'와 'kallos(아름답다)'의 합성어로, 꽃이 하루만 아름답게 피는 데서 유래되었다. 높이 30~100cm 정도

자라는 숙근성(宿根性) 다년초다. 줄기는 곧추 자란다. 잎의 길이는 90cm 정도로 선형이며 중간 정도에서 아래로 쳐진다. 꽃은 7~8월에 꽃대 하나에 10~30송이가 핀다. 색은 황색 계통, 분홍색 계통, 자주색 계통 등 매우 다양하고 겹꽃도 아름답다.

이용부위 : 잎, 전초

용　　도 : 식용, 관상용

이용방법 : 어린 잎은 데쳐서 나물로 먹는다. 2차 세계대전 전에는 원추리의 원예 품종이 거의 보이지 않았으나 시카고 대학의 크라우스 교수에 의해 교잡되어 사계절 피는 종류와 왜성종이 많이 나왔다. 현재 교배육종의 중심은 미국이며, 화색이 다양하고 아름다워 플라워 어레인지먼트나 화단 장식용으로 많이 이용된다[3].

약모밀

학 명 : *Houttuynia cordata*

과 명 : SAURURACEAE (삼백초과)

원 산 지 : 아시아 동부

특 징 : 속명의 Houttuynia는 Houttuynt씨를 기념하기 위한 데서 유래되었다. 높이 20~50cm 정도 자라는 상록성 다년초로 냄새가 난다. 지하경(地下莖)은 무성하게 퍼진다. 줄기는 직립하고 털이 없다. 잎의 길이는 3~8cm로 심장형이고 진녹색이며 어긋난다. 잎에 노란 무늬가 들어 있는 것도 있다. 꽃은 흰색으로 줄기 끝에서 수상화서(穗狀花序)가 발달하여 많은 나화(裸花)가 달린다.

이용부위 : 잎, 줄기

용 도 : 식용, 약용

이용방법 : 잎과 줄기는 뜨거운 물에 데쳐서 냉수에 2~3시간 담가 비린내를 뺀 다음에 조미하여 먹는다. 약모밀과 감잎, 통보리, 조릿대의 잎 등을 섞어서 허브 차로 즐기기도 한다. 해독약으로 유명하며 생것은 악취가 있으나 마르면 없어진다. 초여름 꽃이 피기 전에 지상부의 줄기를 잘라 물에 씻은 뒤 햇볕에 말려서 약초로 사용한다. 화농성 종기에는 생잎을 알미늄 호일에 사서 불에 달구어 순하게 하여 환부에 대어 놓으면 효과가 있다. 달인 액을 마시면 이뇨, 변통에 좋다[3].

학명 : *Hypericum perforatum*

과명 : GUTTIFERAE (물레나물과)

영명 : ST. John' s Wort

원산지 : 유럽 ~ 중앙아시아

망종화(히페리쿰)

특　　징 : 속명의 Hypericum은 옛 그리스명으로 'hypo(아래)'와 'erice(풀숲)'의 합성어다. 높이 100~150cm 정도 자라는 낙엽성 소관목으로, 줄기는 가늘고 잘 분지한다. 잎은 2~4cm로 좁고 긴 타원형으로 마주나며 잎가는 밋밋하고 엽병은 없다. 꽃은 7~8월에 황색의 취산화서로 달린다.

이용부위 : 꽃, 잎, 줄기, 열매

용　　도 : 식용, 약용, 방향제, 미용제

이용방법 : 허브 차로 만들어 마시면 생리통을 완화시킨다. 달인 액 또는 잎을 잘게 썰어서 식물유에 담근 것은 찰과상, 거친 피부, 부스럼, 화상, 근육통에 효과가 있다. 수렴작용이 있어서 주름 방지 등 피부를 손질하는 데 쓴다[3]. 약용 범위가 넓으며, 습포제로 만들어 사용하면 벤 상처 치료에 효과적이다. 이것은 중세 때부터 사용했다고 한다. 최근 독일의 연구에 의하면 살균작용이 있어 구취 방지용 양치제로 유용하다고 한다. 식물 유(油)에 꽃을 넣어 성분을 추출한 오일은 외용약으로 신경통에 효과가 있을 뿐 아니라 좌골신경통의 통증 완화에도 효과가 있다. 이 오일은 피부의 체온을 내리기 때문에 화상에도 좋고, 공복에 소량 복용하면 위염이나 위궤양 치료약이 된다고 한다. 이뇨작용이 있어 체내 노폐물의 배출을 돕고, 침출액은 이뇨작용으로 인해 통풍이나 관절염의 치료에도 효과적이다. 야뇨증 치료에도 사용하는데, 이때에는 척추의 기부에 오일을 잘 문질러 발라 준다. 이 식물은 주로 신경의 진정약, 갱년기 우울증 치료약, 또는 기관지염 치료의 거담약으로 이용된다[2].

띠

학 명 : *Imperata cylindrica*

과 명 : GRAMINEAE (벼과)

영 명 : Woolly Grass

원 산 지 : 온대, 열대

특 징 : 속명의 Imperata는 16세기 이탈리아의 자연과학자의 이름에서 유래되었다. 높이 30~80cm 정도 자라는 다년초다. 근경은 땅 속 옆으로 뻗고 마디에 털이 있다. 잎의 길이는 20~50cm로 좁으며 뾰족하고 선형으로 밑부분도 점차 좁아진다. 화수(花穗)는 5월에 잎보다 먼저 나오고 10~20cm로 원주상이다. 은백색 털이 밀생(密生)한다.

이용부위 : 꽃, 줄기, 뿌리

용 도 : 약용

이용방법 : 중국에서는 꽃, 뿌리, 가는 줄기가 항바이러스성 냉각 기능을 갖고 있다고 알려져 왔다. 근경은 해열, 지혈, 가래 기침, 비뇨기계의 감염증에 사용되고 있다. 감기, 기침, 내출혈, 황달, 열로 인한 탈수 상태를 완화시키며, 고혈압을 치료하기도 한다. 연구 결과, 항암 성분이 있는 것으로 알려졌다[1].

목향

학명 : *Inula helenium*

과명 : COMPOSITAE (국화과)

영명 : Elecampane, Horseheal

원산지 : 유라시아

특 징 : 속명의 Inula는 *Inula helenicom*의 옛 라틴명으로, 그리스 신화의 헤레네(스파르타 왕의 처)에서 유래하고 그녀의 눈물로부터 이 꽃이 핀다고 전한다. 높이 2m 정도 자라는 다년초로 짧은 털이 밀생한다. 잎은 넓고 긴 타원형으로 끝이 뾰족하다. 밑부분은 엽병으로 흐르고 잎가에 거치가 있다. 꽃은 7~8월에 황색으로 핀다. 열매는 수과(瘦果)로 연한 적갈색 관모(冠毛)가 있다.

이용부위 : 잎, 뿌리

용 도 : 식용, 약용, 방향제

이용방법 : 요리용으로는 주류 또는 베르못의 향을 첨가해서 설탕 절임이나 과자의 원료로 사용한다. 뿌리에는 이누린 성분이 포함되어 있다. 유럽에서는 건위, 거담, 기관지염, 천식의 치료에 사용한다. 한방에서는 토목향(土木香)이라고 하며, 말린 뿌리는 달여서 진해, 거담에 쓴다. 쓴맛의 강장제는 담즙 분비를 촉진하여 소화 불량, 소화력 저하를 자극하여 정상화시킨다. 옛날에는 결핵 특효약으로 사용되었으나, 지금은 호흡기 질환이나 폐 감염증 치료에 사용한다. 방향성 강장약으로 식욕을 증진시키기도 한다[3), 2)].

독일 붓꽃

학 명 : *Iris germanica* var. *florentina*

과 명 : IRIDACEAE (붓꽃과)

영 명 : Orris Root

원산지 : 유럽 남부

특 징 : 속명의 Iris는 그리스어로 '무지개'라는 뜻으로 꽃의 색이 아름답고 변화가 많으며 여러 종이 있다는 데서 유래되었다. 높이 80~100cm 정도 자라는

내한성이 강한 숙근성 다년초다. 지하경(地下莖)은 짧고 굵다. 잎의 길이는 50~80cm로 검상형이며 회녹색으로 길다. 꽃은 5~6월에 다양한 색과 다양한 모양으로 핀다. 내화피편 3개는 위로 올라 피고 외화피편 3개는 아래로 쳐져서 핀다. 꽃잎 가장자리는 레이스모양을 이룬다. 열매는 삭과(蒴果)로 방추형이며 3개의 능선이 있다. 익으면 갈색의 종자가 터지면서 나온다.

이용부위 : 뿌리

이용물질 : 에센셜 오일

용　　도 : 미용제, 향신료, 공예용

이용방법 : 바이올렛 향을 가진 근경은 술에 쓰이는 쓴맛이 난다. 뿌리에서 추출한 에센셜 오일은 바이올렛 대용의 향수로 이용되며, 치약이나 화장품 원료로 사용하기도 한다. 포푸리의 고정제나 린넨 천의 향을 내는데 이용한다. 뿌리를 조각하여 로사리오 비즈를 엮기도 한다. 프랑스에서는 이 식물의 줄기를 엮어서 초가지붕을 보호하거나 고정시킨다[1].

뉴욕 식물원 내의 허브 정원

광대수염

학 명 : *Lamium album*

과 명 : LABIATAE (꿀풀과)

영 명 : White Dead Nettle

원 산 지 : 유럽 ~ 서아시아

특 징 : 속명의 Lamium은 쐐기풀과 비슷한 옛 라틴명으로 화통이 길기 때문에 'laipos(목구멍)'에서 유래되었다고 한다. 높이 50~100cm 정도 자라는 다년초로 원줄기는 네모지고 털이 약간 있다. 잎의 길이는 5~10cm로 난형이다. 끝은 뾰족하며 마주보고 엽병(葉柄)이 있다. 잎가는 거치가 있다. 꽃은 5월에 흰색 또는 연분홍색으로 엽액(葉腋)에 5~6개씩 달리며 윤생(輪生)하는 것처럼 보인다. 열매는 분과(分果)로 3개의 능선이 있으며 도란형이다.

이용부위 : 꽃, 잎, 줄기

용 도 : 식용, 약용

이용방법 : 어린 순은 데쳐서 나물로 먹거나 스프에 넣어 먹는다. 노란 무늬가 들어 있는 스폿티드 넷틀(*Lamium maculatum*)은 생명력이 강인하여 손쉽게 키울 수 있으며, 양지바른 곳에 심으면 문제없이 잘 자란다[3]. 꽃은 혈관을 수축시키고 과도한 월경, 월경 곤란, 자궁 질환, 비뇨기 질환, 방광염, 치질, 화상 그리고 몇몇의 눈병을 치료한다. 달인 즙은 습진 치료를 위한 수렴 세정액으로 쓰거나 상처의 피를 멈추게 한다. 생식기를 위한 강장제로 마신다[1].

학명 : *Leonurus cardiaca*

과명 : LABIATAE (꿀풀과)

영명 : Motherwort

원산지 : 북반구 온대

익모초

특 징 : 속명의 Leonurus는 그리스어 'leon(사자)'과 'oura(꼬리)'의 합성어이며 화서의 모양에서 유래되었다. 높이 1~2m 정도 자라는 다년초다. 줄기는 둔한 사각형이며 털이 있고 가지가 갈라진다. 잎은 5~10cm로 경생엽은 3개로 갈라지며 열편(裂片)은 다시 갈라지며 거치가 있고 엽병은 길다. 근생엽은 난상원형으로 둔한 거치가 있으며 결각상이며 꽃이 필 때는 없어진다. 꽃은 7~8월에 연홍자색으로 윗부분의 엽액에서 핀다. 열매는 분과(分果)로 난형이며 3개의 능각(稜角)이 있다.

이용부위 : 꽃, 잎, 줄기

용 도 : 약용

이용방법 : 산후나 갱년기를 완화시키는 진통약으로서 중요하여 '익모초'라는 이름을 붙였다. 혈압을 낮추는 효과가 있는 것은 배당체 때문인 것으로 생각된다[2]. 추출액은 진정제, 근육 경련 완화제로 쓰이거나, 혈압이나 빠른 심장 박동을 진정시키고 심장의 상태, 색깔을 조절한다. 또한 추출액이 콜레스테롤 수치를 조절하며 심장병을 효과적으로 치료한다는 연구 결과도 있었다. 출산 후 자궁을 수축시키고 불안정한 출산부를 도우며, 생리 불순이나 갱년기 증상도 치료한다[1]. 월경 곤란 치료약으로 상당히 알려져 있으며, 특히 무월경의 치료에 탁월하다. 기능적 불임 치료에도 도움을 준다[2].

주 의 : 알칼로이드의 스타키도린은 출산 촉진 효과가 있기 때문에 임신중에는 사용을 금한다. 중국에서 발표된 연구에서는 익모초 탕액이 출산 후 자궁을 수축시키는 약품 엘과민과 같은 효과를 나타내는 것으로 밝혀졌다[2].

옥스아이 데이지

학명 : *Chrysanthemum leucanthemum*

과명 : COMPOSITAE (국화과)

원산지 : 북반구 온대

영명 : Ox-eye Daisy, Moon Daisy

특　징 : 속명의 Chrysanthemum은 옛 그리스명으로 'chrysos(황색)'와 'anthemon(꽃)'의 합성어에서 유래되었다. 높이 1m 정도 자라는 숙근성 다년초다. 잎은 근생엽에서 나오다가 나중에 줄기가 나와 잎이 마주보며 숟가락모양이고 잎가에 거치(鋸齒)가 있다. 꽃은 두상화로 5~6월에 흰색으로 핀다. 중심부는 진황색이며 향기가 있다.

이용부위 : 꽃, 잎, 줄기, 뿌리

용　도 : 식용, 약용

이용방법 : 부드러운 싹은 샐러드 재료로 이용하고, 뿌리와 잎은 요리에 넣어 먹는다. 녹색 부분과 방향성의 꽃은 강장제나 근육 경련을 막는 치료제로 사용한다. 이 식물 전체에서 추출한 액은 결막염을 완화시킨다. 잎과 꽃은 외상이나 멍을 치료한다. 뿌리는 폐결핵으로 인한 발한(發汗)을 막는 것으로 알려져 있다[1].

학 명 : *Levisticum officinale*

과 명 : UMBELLIFERAE (산형과)

영 명 : Lovage, Love Parsley

원 산 지 : 지중해 동부

라빗지

특 징 : 이 속은 1종으로 되어 있다. 높이 1.8m 정도 자라는 밝은 녹색의 다년초다. 뿌리는 흰색이며 방향이 있다. 줄기 속은 비어 있다. 잎의 형태는 샐러리처럼 갈라져 진녹색으로 광택이 있으며, 결각상(缺刻狀)의 거치(鋸齒)가 있다. 꽃은 7~8월에 작고 녹색을 띤 황색의 꽃이 산형화서로 달린다. 종자는 가을이 되면 익고 방향을 가진다. 잎을 부수면 강한 발삼향을 발휘한다.

이용부위 : 잎, 줄기, 뿌리, 열매, 씨앗

이용물질 : 에센셜 오일

용 도 : 식용, 약용

이용방법 : 식물 전체에 샐러리와 비슷한 강한 향기가 있어 스프, 스튜, 잼, 생선요리에 사용한다. 특히 쌀이나 콩을 기본으로 한 요리에 잘 어울린다. 잎을 잘게 썰어 버터나 치즈에 첨가하는 것 외에 얼큰한 풍미가 있는 종자를 조금 이용하는 것도 좋다. 종자는 빵에 섞어 먹어도 맛있다. 방향을 갖는 자극제나, 몸을 따뜻하게 하여 소화기관의 강장약도 된다. 발한과 이뇨작용도 하지만 신장병이 있으면 자극 때문에 사용을 피한다[3]. 라빗지의 코디얼※은 옛날부터 위의 상태를 조절하고 소화를 돕는 음료다. 월경의 시작을 촉진하며, 한방에서는 근연종 *Levisticum chinensis*가 생리통 완화에 처방된다. 에센셜 오일에 함유된 프타라이드는 구강 질환에 대한 진정작용이 있는 것으로 보고되고 있다[2].

주 의 : 임신중이나 신장병에는 사용하면 안 된다[2].

※ 코디얼(cordial) : 감미(甘味)와 향미(香味)를 배합한 알코올성 음료.

학명 : *Liatris spicata*

과명 : COMPOSITAE
(국화과)

영명 : Gay Feather

원산지 : 아메리카동북부

리아트리스

특 징 : 속명의 Liatris는 높이 1.5m 정도 자라는 구근성 숙근초다. 줄기는 뻣뻣하며 직립한다. 잎의 길이는 1.5cm로 좁고 가늘며 선상 피침형이며 옅은 마른 풀의 향을 가진다. 꽃은 6~7월에 밀수상화서(密穗狀花序)로 15~45cm로 길며 3~8개의 작은 보라색의 꽃이 모여서 핀다. 위쪽에서 아래로 내려오면서 핀다. 각 이삭의 중심부에 부드러운 털과 종자가 같이 붙어 있다.

이용부위 : 잎, 뿌리

용 도 : 방충제, 약용

이용방법 : 잎과 테레빈※ 향의 뿌리는 가루를 내어 담배의 향료나 벌레를 퇴치하는 데 사용한다. 비뇨 촉진성, 발한성인 항균성의 뿌리는 인후염용 양치제이고, 성병을 치료하는 데 사용하기도 한다[1].

※ 테레빈(turpentine): 소나무과 식물의 함유 수지.

백합

학명 : *Lilium longiflorum*

과명 : LILIACEAE (백합과)

영명 : Madonna Lily

원산지 : 지중해 동부

특 징 : 속명의 Lilium은 라틴어 'li(희다)'과 'lium(꽃)'의 합성어로 유럽에서 알려진 순백색의 Madona Lily에서 붙여진 것이다. 높이 2m까지 자라는 구근(球根) 식물로 구근은 인경(鱗莖)으로 둥글다. 인경은 희거나 연노란색이고 직경은 10cm 내외다. 잎의 길이는 10~18cm이며 피침형으로 표면은 광택이 나고 엽병(葉柄)은 없다. 꽃의 길이는 15~18cm로 5~7월에 순백색 또는 황록색을 띠며 옆으로 향해 핀다.

이용부위 : 꽃, 뿌리

이용물질 : 에센셜 오일

용 도 : 식용, 약용, 미용제, 방향제

이용방법 : 고대 사람들은 구근을 요리해서 먹었으며 지금도 여러 나라에서 구근 요리를 먹고 있다. 점액 성분은 화장품에 이용된다. 화상, 뾰루지, 여드름에 바르는 연고에 사용한다. 오일에 절인 꽃잎은 습진을 치료하며, 꽃은 상업용 향수 제조에 쓰인다[1].

학 명 : *Lobelia siphilitica*

과 명 : CAMPANULACEAE (초롱꽃과)

영 명 : Giant Lobelia, Blue Gardinal Flower

원 산 지 : 동북아메리카

로벨리아

특 징 : 속명의 Lobelia는 영국의 본초학자 Lobel씨의 이름에서 유래되었다. 높이 50~80cm 정도 자라는 다년초다. 줄기는 직립하며 녹색이다. 잎의 길이는 4~7cm로 피침형으로 거치(鋸齒)가 있다. 잎 양끝은 좁아지며 엽병(葉柄)은 없다. 꽃은 7~8월에 보라색으로 원줄기 끝에 1개의 총상화서(總狀花序)가 달린다. 소화편은 엽액(葉腋)에서 달린다. 열매는 삭과(蒴果)로 1cm 정도다. 종자는 난형으로 광채가 난다.

이용부위 : 꽃, 잎, 줄기, 뿌리, 씨앗

용 도 : 약용

이용방법 : 이로쿼이 족※들은 삶은 뿌리를 매독 치료제로 사용했으며, 뿌리의 가루를 침대에 넣어 두면 식었던 부부간의 사랑이 다시 생긴다고 믿었다. 동종요법에서는 설사를 멈추게 하는 데 사용한다. 알칼로이드 성분의 하나인 로베린은 호흡기계를 자극한다. 한편 이소로베린 성분은 호흡기계 이완약으로 천식(喘息), 백일해(百日咳), 근육 염좌(捻挫)※의 치료약으로 사용했다. 로베린은 니코틴의 약리적 특성을 많이 갖고 있어 중추신경계를 자극하며 후에는 강력하게 마비된다는 보고가 있었다[1),2)].

주 의 : 치명적인 유독물을 포함하고 있어서 극소량이 처방된다[2)].

※이로쿼이(Iroquois) 족 : 뉴욕 주에 살았던 아메리카 인디언.

※염좌(捻挫) : 뼈마디가 외부의 어떤 타격에 의하여 물러앉아 그 둘레의 막이 상하여 그 곳이 붓고 아픈 병.

벌노랑이

학명 : *Lotus corniculatus*

과명 : LEGUMINOSAE (콩과)

영명 : Bird' s Foot Trefoil

원산지 : 유럽, 아시아, 아프리카

특 징 : 속명의 Lotus는 옛 그리스명으로 여러 가지 뜻이 있었으나 린네가 본 식물로 한정시켰다. 높이 30~40cm 정도 자라는 다년초다. 아래부분에 가지가 많이 갈라져 비스듬히 자라거나 서기도 한다. 잎은 1cm 내외로 작고 3개의 소엽(小葉)은 끝에서 총생(叢生)한다. 원줄기에 있는 2개의 소엽은 탁엽(托葉)처럼 보인다. 꽃은 6~8월에 밝은 황색으로 꽃대 끝에 4~8개가 산형으로 달린다. 열매는 꼬투리로 곧으며 2조각으로 갈라져 많은 검은색 종자가 들어 있다.

이용부위 : 꽃, 잎, 줄기, 뿌리

용 도 : 식용, 약용, 염료용

이용방법 : 건강에 좋은 요리용 허브로 사용한다. 꽃에 진정제 성분이 있는 것으로 밝혀져 근육 경련을 완화시키고 심장강장제로 사용한다. 피부 염증을 완화시키는 습포(濕布)제로 만들어 외상 치료에 쓴다. 뿌리는 강장제나 해열제로 사용한다. 노란색 염색소를 갖고 있으며 이 식물은 토양 속의 질소를 고정시키므로 좋은 흙으로 만든다[1].

루피너스

학 명 : *Lupinus polyphyllus*

과 명 : LEGUMINOSAE (콩과)

영 명 : Lupine

원 산 지 : 북서아메리카

특 징 : 속명의 Lupinus는 라틴어 'lupus(이리)'라는 뜻으로 본 속의 식물이 토질을 황폐시킨다는 뜻에서 유래되었다. 높이 1.5m 정도 자라는 1년초다. 줄기는 직립하여 길게 자라며 털이 있다. 잎의 길이는 2~5cm로 폭이 좁고 길면서 장상복엽(掌狀複葉)으로 흰색을 띤 녹색이다. 작은 잎은 7~9매로 엽병(葉柄)은 아주 길다. 화경은 15~25cm 정도 길게 자라며 푸른색, 흰색, 자색, 황색 등 다양한 색의 꽃이 총상화서(總狀花序)로 윤생(輪生)하며 핀다.

이용부위 : 꽃, 잎, 줄기, 뿌리, 씨앗

용 도 : 미용제, 식용

이용방법 : 서로 다른 여러 종의 씨앗을 볶아서 분말로 만들어 독소를 제거하는 데 사용하거나 커피 대용품으로 이용한다. 씨앗은 가루를 내서 피부 미용을 위해 지방질을 줄이거나 피부에 윤기를 주기 위해 스팀마사지 또는 피부 박리하는 데 사용한다. 질소와 인산염을 고정시키며 녹비 농작물에 유용하다. 과다하게 사용된 농약과 다른 토양의 독성물질을 흡수한다[1).

학명 : *Lycopus europaeus*

과명 : LABIATAE
(꿀풀과)

영명 : Gypsywort

원산지 : 유럽 ~ 북서아시아

herb

쉽싸리

특 징 : 속명의 Lycopus는 그리스어 'lycos(늑대)'와 'pous(발)'의 합성어에서 유래되었다. 높이 1m 정도 자라는 다년초로, 원줄기는 네모진다. 지하경(地下莖)은 흰색이고 굵으며 옆으로 뻗는 가지 끝에서 새순이 나온다. 잎의 길이는 2~4cm로 넓은 피침형으로 양끝은 좁아진다. 잎가에 거치(鋸齒)가 있고 마주 난다. 꽃은 7~8월에 흰색으로 엽액(葉腋)에 모여 달린다.

이용부위 : 꽃, 잎, 줄기

용 도 : 약용, 염료용

이용방법 : 식물 전체가 진정제, 지혈제, 불안을 해소하는 심장강장제며 폐결핵, 떨림(동기)을 치료하기도 한다. 식물의 즙에는 검은색의 염색소가 함유되어 있으며 집시들이 피부를 태우거나 이집트사람들을 흉내내기 위해서 사용했다[1].

털부처꽃

학 명 : *Lythrum salicaria*

과 명 : LYTHRACEAE (부처꽃과)

영 명 : Purple Loosestrife

원 산 지 : 온대 유럽, 아시아, 아프리카

특 징 : 속명의 Lythrum는 그리스어의 'lythron(검은피)'라는 뜻으로 본 식물의 꽃이 자홍색으로 피는 데서 유래된 것이다. 습지나 습지 주변에서 높이 120cm 정도 자라는 다년초다. 줄기는 직립하고 사각형으로 잔털이 있으며 가늘고 상부에서 분지한다. 잎의 길이는 4~6cm로 긴 타원상 피침형으로 마주난다.잎가에는 거치가 없다. 꽃은 여름에 자홍색으로 상부의 엽액에서 3~5개가 윤생하는 것처럼 핀다. 열매는 삭과(蒴果)로 난형이며 꽃받침통 안에 들어 있다.

이용부위 : 꽃, 잎, 줄기

용 도 : 식용, 약용

이용방법 : 잎은 비상용 채소로 먹거나 약한 술로 발효하여 이용한다. 수축성이 있는 잎은 피부를 팽팽하게 하고 주름을 펴 주며 머리에 광택을 준다. 눈을 밝게 하고 부기를 뺀다. 모세혈관을 좁히고 빨갛게 된 피부를 완화시키며 코피를 억제한다. 꽃은 설사를 멈추게 하고 식중독을 치료한다. 티푸스의 항생물질이나 인후염용 양치제로 이용되고 해열, 간 질환에도 좋다. 염증을 세척하고 외상의 출혈을 멈추게 한다[1].

학명 : *Malva sylvestris*

과명 : MALVACEAE (아욱과)

영명 : Musk Mallow

원산지 : 유럽, 북서아프리카

herb

당아욱

특　　징 : 속명의 Malva는 옛 라틴명이며 그리스어 'malache(연하게 하다)'로 이 식물의 점액이 완화제작용을 하는 데서 유래되었다. 60~90cm 정도 자라는 2년초로 직립한다. 잎은 크며 원형에 가깝고 5~9개로 얕게 갈라진다. 열편(裂片)의 끝은 둔하고 밑부분은 심장저다. 잎가에는 잔거치가 있다. 꽃은 5~6월에 엽액(葉腋)에 모여 달리며 밑에서부터 피어 올라간다. 소포엽(小苞葉)은 3개다.

이용부위 : 꽃, 잎, 줄기, 뿌리

용　　도 : 식용, 약용, 미용제

이용방법 : 말린 꽃을 컵에 넣고 뜨거운 물을 부으면 푸른색의 차가 우려지는데 인기가 좋다. 차를 방치하면 갈색으로 변하기 때문에 바로 꺼내어 레몬을 한 조각 띄우면 아침 노을색으로 변한다. 뿌리의 분말을 습포제, 세정제로 사용하면 피부 노화, 알레르기 질환에 효과가 있다. 특히 노반을 지우는 데 효과적이다. 코몬 맬로의 꽃, 잎, 뿌리를 입욕제로 하면 피부염이나 기관지염에도 좋다. 달인 액을 습포로 해도 같은 효과가 있다[3].

학명 : *Maranta arundinacea*

과명 : MARANTACEAE (마란타과)

영명 : Arrowroot

원산지 : 중앙아메리카, 남아메리카

herb

마란타

특 징 : 속명의 Maranta는 베니스의 의사이며 식물학자인 B.Maranta씨의 이름에서 유래되었다. 높이 2m 정도 자라는 구근성(球根性)이다. 줄기는 가늘고 길며 기부로부터 분지(分枝)가 많이 된다. 잎의 길이는 15~30cm로 난상 긴 타원형이다. 잎 표면은 광택이 있고 녹색 또는 연녹색으로 황백색의 세로 줄무늬가 주맥(主脈) 좌우에 불규칙하게 있다. 꽃은 흰색으로 피고 내한성이 약하며 지상부가 고사하면 구근(球根)만 남는다.

이용부위 : 뿌리

용 도 : 식용, 약용, 미용제

이용방법 : 굵은 근경을 갈아서 녹말 같은 가루로 만들어 묽은 죽을 끓여 먹는다. 이 죽은 부드럽고 영양이 풍부한 음식이라 회복기 환자, 어린이, 노인에게 좋다. 특히 위염환자의 회복에 효과가 좋다. 뿌리는 설탕 절임할 수도 있다. 말린 카모마일과 섞어 욱신욱신 쑤시는 몸의 열을 치료하기도 한다. 화장품을 걸쭉하게 만드는 재료로 사용된다[1].

학명 : *Marrubium vulgare*

과명 : LABIATAE (꿀풀과)

영명 : Horehound, White Horehound

원산지 : 유럽, 북아프리카, 아시아

흰꽃광대나물(허하운드)

특 징 : 속명의 Marrubium은 헤브리어 'marrob(쓴 즙액)'라는 뜻에서 유래되었다. 높이 45cm 정도 자라는 다년초다. 밑부분에서 가지가 많이 갈라지며 털이 밀생(密生)한다. 근생엽은 도란형으로 마주나며 잎가에는 거치(鋸齒)가 있다. 중앙부의 잎의 길이 2cm 정도로 엽병(葉柄)이 있다. 잎 표면은 진녹색이고 뒷면은 회녹색으로 거치(鋸齒)가 있다. 꽃은 6~7월에 흰색으로 엽액(葉腋)에 모여 달려 층을 이루며 핀다.

이용부위 : 꽃, 잎, 줄기, 뿌리

이용물질 : 에센셜 오일

용 도 : 식용, 약용

이용방법 : 잎은 토닉워터, 술, 맥주에 사용된다. 달여낸 즙은 근육의 긴장을 풀고 점액 배출을 도우며 기관지염, 위막성 후두염, 천식을 치료한다. 회충을 구제하고 소화제, 간장약, 설사약으로 쓰인다. 차는 심리적으로나 외적으로 습진과 대상포진에 사용한다[1]. 마루비인 성분은 적은 양으로도 불규칙한 심장박동을 조절한다는 과학적 근거가 발표되었다. 전통적으로 몇 세기에 걸쳐서 신뢰성 높은 간장이나 소화기 계통의 치료약으로 알려졌는데, 담즙의 분비를 촉진한다는 새로운 사실도 밝혀졌다[2]. 뜨겁게 달인 즙은 열을 낮추고 퀴닌 약이 듣지 않는 말라리아 치료에 효과적이다. 피부의 손상을 치료한다. 나바호 족은 아이를 낳기 전후에 뿌리 달인 즙을 산모에게 먹이면 출산을 돕는다고 생각했다[1].

알팔파(자주개자리)

학명 : *Medicago sativa*

과명 : LEGUMINOSAE (콩과)

영명 : Alfalfa

원산지 : 남서아시아, 유럽, 미국

특　징 : 속명의 Medicago는 그리스어 'medicus(약)'와 'agere(사용하다)'의 합성어로 약용으로 사용한 데서 유래되었다. 높이 20~80cm 정도 자라는 다년초다. 줄기는 직립하며 털이 없다. 작은 잎은 1~2cm로 3개씩 나고 긴 타원형으로 끝이 둥글고 어긋난다. 탁엽(托葉)은 피침형으로 잎가는 밋밋하다. 꽃은 6~7월에 연보라색의 총상화서(總狀花序)로 꽃대 끝에 액생(腋生)한다. 열매는 꼬투리로 라족형으로 말리며 짧은 털이 있고, 여러 개의 종자가 들어 있다.

이용부위 : 꽃, 잎, 줄기, 씨앗

용　도 : 식용, 약용, 사료용, 염료용

이용방법 : 잎과 싹이 난 씨는 샐러드를 만들어 먹거나 운동선수를 위한 건강음료에 첨가한다. 회복기 환자를 위한 식욕 자극제로 적당하며 영양도 풍부하다. 아랍인들은 경주마에게 사료로 주어서 속력을 내거나, 우유의 양을 증가시키기 위해 소에게 먹이기도 했다. 야생에서 자라는 것은 강한 철분 성분의 비료를 갖고 있다. 잎은 엽록소의 상업적인 원료가 되고, 씨앗에는 노란 염색소가 있다[1).

학 명 : *Melissa officinalis*

과 명 : LABIATAE (꿀풀과)

영 명 : Lemon Balm, Bee Balm, Sweet Balm

원 산 지 : 유럽 남부

레몬밤

특 징 : 속명의 Melissa는 이 꽃에 유인된 벌의 그리스 명 melissa에서 유래되었다. 높이 60~150cm 정도 자라는 내한성의 다년초로 줄기는 네모진다. 잎의 길이는 약 8cm의 넓은 난형으로 마주난다. 엽병과 털이 있으며 레몬 향이 강하다. 꽃은 늦여름에 흰색, 노란색, 연한 청색의 윤산화서로 붙는다.

이용부위 : 꽃, 잎, 줄기

이용물질 : 에센셜 오일

용 도 : 식용, 약용, 방향제, 미용제

이용방법 : 식후에 침출액을 마시면 소화를 돕고 고창※이나 산통을 억제하는 허브차가 된다. 침출액에는 발한작용이 있어 감기나 인플루엔자 치료에 효과가 있다. 생잎이나 에센셜 오일은 아로마테라피에 사용하며 불안, 우울, 불면, 신경성 두통에 효과가 있다. 에센셜 오일(특히 오이게놀 성분)이 항경련작용이 있다는 과학적 보고는 이러한 용도의 근거가 된다. 항히스타민 작용도 있어 습진을 일으키는 알레르기 환자에게 사용을 권하고 있다. 월경 촉진이나 생리통 완화 등에도 사용하는 약용식물이다. 이 식물 중의 폴리페놀과 타닌은 항바이러스 작용도 한다[2]. 불로장수의 약으로 사용된 적도 있다. 잎을 목욕제로 사용하면 레몬향 비슷한 방향이 기분을 밝고 편안하게 하여 보온과 피부 세정 효과가 높다. 달인 액을 린스로 사용하면 탈모를 방지할 수 있다. 생잎은 벌레 물린 데 바르면 아픔을 줄여 준다[3].

※ 고창(鼓脹) : 장 내에 가스가 차서 배가 부른 증상.

조름나물

학명 : *Menyanthes trifoliata*

과명 : GENTIANACEAE (용담과)

영명 : Bogbean

원산지 : 북반구 온대

특　　징 : 속명의 Menyanthes는 그리스어 'menyein(표현하다)'과 'anthos(꽃)'의 합성어로, 꽃이 서서히 퍼지는 데서 유래했다. 높이는 25cm 정도로 수생 다년초다. 근경은 옆으로 자라며 끝에서 엽병이 긴 3출엽이 5~6개씩 나온다. 소엽은 4~8cm의 긴 타원형으로 엽병은 없다. 꽃은 연분홍색을 띤 흰색으로 7~8월에 화경 끝부분에서 총상으로 달린다. 열매는 삭과이며 종자는 둥글다.

이용부위 : 꽃, 잎, 줄기, 뿌리

용　　도 : 식용, 약용

이용방법 : 이 식물은 비상식량으로 이용되어 왔고, 잎은 말려서 차 대용으로 사용한다. 캐나다 알릭의 이누잇 사람들은 근경을 밀가루로 반죽해 사용했다. 식물 전체가 피를 맑게 하는 강장제이며, 즙을 내어 사용하기도 한다. 경우에 따라 식욕을 돕거나 해열, 류머티즘 통증을 완화시키며 생리 불순을 안정시킨다. 잎을 찧어 부기를 가라앉히는 데 쓴다[1]. 식물 중의 매운맛은 강장작용을 해 소화 불량, 식욕 부진에 유효하다. 스웨덴에는 잎이 아편 대용으로 알려져 있다.

주　　의 : 대량 복용하면 최토성(催吐性)이 있다. 장염에는 사용하지 않는다[2].

페퍼민트

스피아민트

커리민트

잉글리쉬홀스민트

학 명 : *Mentha* species

과 명 : LABIATAE (꿀풀과)

영 명 : Mints

원 산 지 : 유라시아, 아프리카, 지중해

자파니스민트

파인애플민트

특　　징 : 속명의 Mentha는 그리스 신화의 여신 Menthe에서 유래되었다. 높이 30~60cm 정도 자라는 숙근성 다년초다. 줄기는 네모진다. 잎의 길이는 2~5cm로 긴 타원형이다. 양끝은 좁고 마주보며 잎가는 거치가 있고 엽병(葉柄)이 있다. 꽃은 7~9월에 연보라색으로 윗부분과 가지의 엽액(葉腋)에 모여 달리며 층을 이룬다. 열매는 분과(分果)로 타원형이다.

이용부위 : 꽃, 잎

이용물질 : 에센셜 오일

용　　도 : 식용, 약용, 향신료, 방향제, 미용제

이용방법 : 잎을 1~2개 탄산소다에 띄워 소프트 드링크로 마시며, 다른 허브와 섞은 허브 차로도 유명하다. 에센셜 오일의 주성분인 멘톨은 항균작용과 구충작용이 있다. 알코올에 녹이면 백선균(白癬菌)에 대하여 유효성을 보인다.

⋆페퍼민트(*Mentha piperita*) : 예리하고 상쾌한 향 때문에 치약에 첨가되어 구치를 예방한다. 달인 액이나 생잎을 부순 것은 습포제(濕布劑)로 피부 염증이나 타박상 치료에 쓴다. 독소를 없애는 작용도 한다. 피부의 가려움증에도 효과가 있다.

⋆ 스피아민트(*Mentha spicata*) : 달콤한 향기로 피부에 상큼함을 느끼게 한다. 잎의 침출액으로 만든 로션은 지성 피부의 손질에 효과적이다. 피부조직을

수축시키는 작용을 한다. 목욕제로 사용하면 스트레스 해소에 효과가 있다.

⋆**진저민트**(*Mentha gentilis*) : 잎 전체에 얼룩이 있다. 상쾌하고 청량감이 있는 방향이 있다. 장식용 또는 관상용으로 잘 어울린다.

⋆**오데코롱민트**(*Mentha×piperita* var. 'Citrata') : 잎은 짙은 자색의 광택이 있다. 베르가못이나 오렌지, 라벤더 등을 함께 한 것과 같은 방향이 있다. 입욕제로 사용하면 좋다.

⋆**애플민트**(*Mentha suaveolens*) : 여름에 엷은 보라색이 도는 흰꽃이 핀다. 잎에서 사과향이 나고 신선한 잎은 요리에 사용한다. 민트류는 교잡하기 쉬우므로 충분히 간격을 두고 심어야 한다.

⋆**파인애플민트**(*Mentha suaveolens* 'Variegata') : 얼룩든 애플민트라고도 한다. 잎 둘레에 노란 무늬가 있는 것이 특징으로 정원 장식으로 많이 이용된다. 꽃은 흰색으로 다른 민트보다 겨울의 늦은 시기까지 자란다.

⋆**페니로열민트**(*Mentha pulegium*) : 벼룩이나 모기를 가까이 못 오게 하는 허브다. 헝겊을 통모양으로 만들어 건조시킨 잎을 채운다. 페트의 목에 감아 두면 효과가 있다. 벼룩 제거 목걸이로 이용하기도 한다.

주 의 : 페니로열민트는 월경을 촉진하는데, 임부나 임신이 예상되는 여성은 절대 사용해서는 안 된다. 페니로열민트의 정유에는 강한 독성이 있어서 임신 중절을 위해 이 정유를 마신 여성 중에는 사망한 사례도 많다[2)]. 페퍼민트는 정유를 오랜 기간 흡입하는 것과 유아가 사용하는 것을 금한다.

분꽃

학 명 : *Mirabilis jalapa*

과 명 : NYCTAGINACEAE (분꽃과)

원산지 : 남아메리카

영 명 : Marvel of Peru, Four O' clock Plant

특 징 : 속명의 Mirabilis는 라틴어의 '이상하다'는 뜻에서 유래되었다. 높이 60~100cm 정도 자라는 다년초다. 뿌리는 굵고 가지는 많이 갈라진다. 잎의 길이는 3~10cm로 난형이다. 잎끝은 뾰족하고 잎가는 밋밋하고 마주보며 엽병(葉柄)이 있다. 꽃은 6~10월에 홍색, 흰색, 황색, 분홍색, 잡색(雜色)으로 저녁부터 아침까지 피며 향기가 좋고 취산화서(聚散花序)로 달린다. 열매는 둥글고 검게 익는다. 분꽃이란 분가루 같은 배유(胚乳)에서 유래된 이름이다.

이용부위 : 꽃, 줄기, 뿌리, 씨앗

용 도 : 식용, 약용, 미용제

이용방법 : 네팔인들은 잎을 먹는다. 뿌리는 변통을 좋게 하고 이뇨제나 최음제로 쓴다. 염증을 완화시키거나 혈액 순환을 촉진시킨다. 편도선염, 방광염, 뇨폐(尿閉), 옴, 습진을 치료한다. 잎으로 만든 찜질약은 화농에 쓰이고 흰 꽃의 즙은 피를 토하게 하는 데 사용했다. 일본인들은 씨앗을 가루로 만들어 화장품으로 사용한다[1].

베르가못

학명 : *Monarda didyma*

과명 : LABIATAE (꿀풀과)

영명 : Bergamot, Bee Balm

원산지 : 동북아메리카

특 징 : 속명의 Monarda는 스페인의 의사이며 식물학자인 Monardes의 이름에서 유래한다. 높이 120cm 정도 자라는 숙근성 다년초다. 줄기는 네모지며 직립한다. 잎은 15cm 정도이고 난상 피침형으로 마주나며 향기가 있다. 꽃은 6~9월 줄기 끝에 달리거나 액생하며 두상으로 조밀하게 피고 꽃색은 다양하다.

이용부위 : 꽃, 잎, 줄기

이용물질 : 에센셜 오일

용 도 : 식용, 약용, 미용제

이용방법 : 특유의 향기와 꽃에서 분비되는 꿀 때문에 밀원용으로 이용되며 Bee Balm이라는 지방명도 있다. 생잎을 뜨거운 물에 조금 넣고 5~6분 후에 마시면 허브 차로도 이용할 수 있다. 달인 액, 부순 꽃과 잎은 피부병이나 거친 피부를 치료하는 데 사용한다. 에센셜 오일은 향수로 사용하는데 향이 비슷한 베르가못오렌지와 혼돈하기 쉽다. 베르가못오렌지의 에센셜 오일은 중요한 아로마테라피용 오일이다. 헤어오일이나 햇볕에 그을린 데 쓰는 로션 재료로 사용된 적도 있다. 목욕제로 사용하면 심신의 긴장 해소와, 피부를 아름답게 하는 효과가 기대된다[3].

무스카리

학명 : *Muscari comosum*

과명 : LILIACEAE (백합과)

영명 : Tassel Hyacinth

원산지 : 유럽, 북아프리카, 남서아시아

특　　징 : 속명의 Muscari는 그리스어 'moschos(사향 냄새가 나는)'로 본 속의 식물 가운데 사향 냄새가 나는 것이 있는 것에서 유래되었다. 높이 35cm 정도 자라는 구근(球根)식물이다. 잎은 부추처럼 생겼고 4~5개가 나와 중간부분에서 아래로 늘어진다. 꽃은 4~5월에 연보라색의 총상화서로 큰 원추형을 이룬다. 윗부분은 생식력이 없는 꽃과 아래부분은 생식력이 있는 꽃이 밀집해서 핀다.

이용부위 : 뿌리

용　　도 : 식용, 약용

이용방법 : 그리스에서는 봄에 거둔 이 구근을 그냥 먹거나 쓴 맛을 없애기 위해서 삶아 먹는다. 양파와 비슷한 성분을 갖고 있어서 식초에 절여서 먹기도 한다. 의학적으로는 이뇨제나 자극제로 쓰인다[1].

학명 : *Nasturtium officinale*

과명 : CRUCIFERAE (십자화과)

영명 : Watercress, Water Pepper

원산지 : 유럽 ~ 남서아시아

크레송(물냉이)

특 징 : 속명 Nasturtium은 라틴어 'nasus(코)'와 'torus(화탁)'의 합성어로 매운 맛이 나는 데서 유래되었다. 높이 80cm 정도 자라는 수생 다년초로 수심 등의 환경조건에 따라 약간 덩굴성이다. 뜨는 성질 또는 포복성(匍匐性)이며 자극적인 냄새가 난다. 잎의 길이는 5~10cm로 타원상 원형이다. 광택이 있는 밝은 녹색으로 복엽(複葉)이다. 잎에는 비타민을 많이 함유하고 있다. 꽃은 봄부터 여름까지 흰색으로 작게 피고 총상화서(總狀花序)로 달린다.

이용부위 : 꽃, 잎, 줄기

용 도 : 식용, 미용제

이용방법 : 육고기 요리에 첨가하거나 튀김, 샐러드, 된장국, 조개요리 등에 곁들인다[3]. 식물 중에 함유된 철분 성분 때문에 영양이 풍부한 야채로, 건강과 피로회복에 유효하다. 소화 촉진작용, 이뇨작용 이외에도 혈액이나 조직으로부터 독소를 배출하는 것을 도우며 혈당을 낮추는 효과도 있다. 고대로부터 자극약, 거담약으로 기록되어 있고, 현재도 허블리스트는 가래나 기관지염을 치료하는 데 이용한다. 프랑스에서는 중세 이래 에센스를 알코올로 희석해서 발모제나 양모제로 사용했다. 잎을 잘게 부수어 팩을 하면 크린징 효과가 있다. 기미나 여드름을 없애는 것으로도 알려져 있다[2].

주 의 : 간장(肝臟)에 기생하는 유해한 흡충의 숙주가 되는 경우가 있다. 식용으로는 밭에서 재배하는 것만 사용한다[2].

연꽃

학 명 : *Nelumbo nucifera*

과 명 : NYMPHEACEAE (수련과)

영 명 : Sacred Lotus, Lotus Lily

원산지 : 동남아시아~오스트레일리아

특 징 : 속명의 Nelumbo는 세일론 섬 이름에서 유래되었다. 높이 1.5~2.5m 정도 자라는 다년생 수생식물이다. 줄기는 직립하고 연녹색이다. 잎은 25~90cm 정도로, 표면은 납물질로 덮여 있고 근경으로부터 나와 방패형이다. 근경은 물밑 땅속으로 뻗는데 가을에 비대해져 연근을 이룬다. 꽃은 녹색의 꽃대 끝에 1송이 피며 분홍, 진홍, 흰색, 노란색 등이 있다. 꽃잎은 도란형으로 끝이 약간 뾰족하며 수술은 많고 황색이다. 열매는 녹색이나 익으면 검은색이 되며 벌집모양의 구멍 속에 들어 있다.

이용부위 : 꽃, 잎, 줄기, 뿌리, 씨앗

용 도 : 식용, 약용

이용방법 : 잎, 줄기, 꽃잎, 근경, 씨앗을 전부 먹을 수 있다. 중국에서는 근경과 씨앗이 노화를 지체시키는 것으로 알려져 있다. 잎과 같이 지방을 분해하는 음식으로 알려져 있다. 냉각성이 있는 근경의 즙은 여드름이나 습진에 마신다. 뿌리로 만든 죽(粥)은 구토 증세를 치료한다. 씨앗은 심장 강장제다. 냉각시킨 잎들은 일사병을 치료하고 열을 내린다. 꽃과 섬유질인 줄기의 즙은 심장 강장제 또는 이뇨제로 쓰인다[1).

개박하(캐트닢)

학명 : *Nepeta cataria*

과명 : LABIATAE (꿀풀과)

영명 : Catnip

원산지 : 서남아시아, 중앙아시아, 유럽

특　징 : 속명의 Nepeta는 이탈리아 서부에 있는 도시 nepi로부터 유래되었다. 1m 정도 자라는 다년초다. 줄기는 네모지고 털이 밀생한다. 잎은 3~6cm로 삼각상 난형으로 마주난다. 잎가는 거치가 있으며 엽병이 있다. 꽃은 6~8월에 연보라색이며 원줄기와 가지 끝에 원추상으로 달린다. 열매는 분과(分果)로 4개이며 꽃받침 속에 들어 있고 타원형이며 흑갈색이다.

이용부위 : 꽃, 잎, 줄기,

용　도 : 식용, 약용, 방향제, 방충제

이용방법 : 어린 잎은 샐러드나 풍미 있는 육고기 요리에 사용한다. 차로 만들어 마시기도 한다. 잎과 꽃의 윗부분은 감기를 치료하고 배탈을 가라앉히며, 열을 줄이고 두통과 머리 염증을 완화시킨다. 잎은 타박상 찜질약으로 사용하고, 고양이 장난감에도 쓰인다[1]. 침출액은 강력한 발한작용을 촉진하고 감기, 인플루엔자, 홍역 등 어린이의 감염증 치료에 탁월하다. 신경계를 진정시키고 잠버릇이 나쁜 어린이를 잘 자게 한다[2]. 고양이 페로몬을 연상하게 하는 뿌리와 잎의 박하향은 고양이를 흥분시키고, 쥐와 잎벌레를 퇴치시킨다.

스위트마죠람

학 명 : *Origanum majorana*

과 명 : LABIATAE (꿀풀과)

영 명 : Sweet Marjoram

원 산 지 : 지중해, 터키

특 징 : 속명의 Origanum은 그리스어 origanon에서, 또는 꿀풀과 식물의 수종에 사용된 옛이름에서 유래되었다. 높이 60cm 정도 자라는 1년초, 2년초, 다년초로 전주에 털이 있다. 잎의 길이는 0.7~2.5cm로 난형이다. 잔잔한 잎들이 밀집되어 모여 나고 밝은 녹색으로 향기가 있다. 잎가는 밋밋하다. 꽃은 6~7월에 흰색 또는 연자색으로 총상 또는 원추상으로 모여 달린다.

이용부위 : 잎

이용물질 : 에센셜 오일

용 도 : 식용, 약용, 향신료, 미용제

이용방법 : 몇 세기에 걸쳐 요리에 이용되어 왔으며, 육고기 요리 특히 소시지 요리에 많이 이용한다. 요리용 허브로 자주 이용하는 이유 중 하나는 소화를 돕기 때문이다[2]. 피부 정화, 진정, 진통작용이 있어서 좌상자극을 가라앉히는 효과가 있다. 방향 성분은 향수나 코롱, 비누 만드는 데 널리 사용된다. 입욕제로 쓰면 운동 후의 근육통을 풀고 정신을 안정시키는 것 외에 강장작용도 있다[3].

마죠람

학명 : *Origanum onites*

과명 : LABIATAE (꿀풀과)

원산지 : 지중해

영명 : Pot Marjoram, French Marjoram

특징 : 속명의 Origanum은 그리스어 origanon에서, 또는 꿀풀과 식물의 수종에 사용된 옛이름에서 유래되었다. 높이 60cm 정도 자라는 아저목 또는 다년초다. 줄기는 붉은빛을 띤다. 잎의 길이는 2~4cm로 난상 타원형이다. 연녹색이며 순하고 향긋한 향을 가진다. 꽃은 늦여름에 밀집한 총상화서로 달리며 흰색 또는 연자줏빛이다.

이용부위 : 잎, 줄기

용도 : 식용, 장식용

이용방법 : 스위트 마죠람의 재배종으로 반내한성 허브다. 강한 향의 마죠람 허브 차는 체내 독소를 배출하고 몸에 원기를 돕는다. 잎을 부수어 고기에 발라 굽거나, 후추와 마늘과 같이 섞어서 토마토, 치즈, 달걀, 생선과 함께 사용한다. 줄기는 바비큐 숯 위에 놓으면 음식에 은은한 풍미를 더한다[1]. 특히 더운 나라에서 자라는 잎은 일반적으로 오레가노보다 더 부드럽다. 부케 장식으로도 사용한다.

오레가노

학 명 : *Origanum vulgare*

과 명 : LABIATAE (꿀풀과)

원 산 지 : 유럽

영 명 : Oregano, Wild Marjoram

특 징 : 속명의 Origanum은 그리스어 origanon에서, 또는 꿀풀과 식물의 수종에 사용된 옛이름에서 유래되었다. 높이 60~90cm 정도 자라는 다년초로 강한 향이 있다. 잎의 길이는 2~4cm로 넓은 난형이며, 보통 털이 있고 진녹색이다. 잎가는 밋밋하고 엽병(葉柄)이 있다. 꽃은 8~9월에 자색, 분홍색, 흰색 등 다양하며 산방상 또는 원추상으로 모여 달린다.

이용부위 : 꽃, 잎, 줄기

이용물질 : 에센셜 오일

용 도 : 식용, 약용, 관상용

이용방법 : 토마토와 잘 어울리는 요리용 허브로, 소화를 돕는 능력도 뛰어나다. 허브 차의 매운 맛은 남성들이 좋아하는 편이다. 옛날에는 맥주의 향을 내는 데 사용했다. 침출액에는 이뇨, 진정, 살균작용이 있다. 달인 액은 피부 정화, 염증 경감, 거칠어진 피부 손질에 이용한다. 목욕제로도 사용하고, 차게 한 액체를 세안 후 로션으로 사용하면 피부 재생력이 뛰어나다. 암석 정원에도 잘 어울린다[3].

애기괭이밥

학명 : *Oxalis acetosella*

과명 : OXALIDACEAE (괭이밥과)

영명 : Wood Sorrel

원산지 : 북아메리카, 유럽, 아시아

특 징 : 속명의 Oxalis는 그리스어 'oxys(시다)'라는 뜻으로, 초산을 함유하고 있는 데서 유래한다. 13cm 정도 자라는 다년초다. 지하경이 옆으로 뻗으며 지상에는 쓰러져 남은 묵은 엽병이 비늘처럼 붙어 있고 그 위에 3~5개의 잎이 나온다. 꽃은 5~6월에 흰색의 화경이 중앙부에서 나와 그 끝에 한 개 달린다. 열매는 삭과로 난상 구형이며 털이 없다. 어릴 때 생채로 먹으며 신맛이 난다.

이용부위 : 꽃, 잎, 뿌리

용 도 : 식용, 약용

이용방법 : 잎은 상큼하고 산성의 향미를 지닌다. 잎의 신맛은 식초 대용으로 쓰이고, 샐러드나 소스의 향미를 더하는 데도 사용한다. 지혈이나 이뇨 성분은 열을 치료하고 비뇨기 계통 질환을 치료하기도 한다. 발진(홍진), 종기의 외상 치료에 효과적이다. 아메리카 원주민들은 입에서부터 퍼지는 암의 성장을 막기 위해 사용했다. 뿌리를 말에게 먹여서 속도를 내게 하는 데도 사용했다[1].

주 의 : 대량으로 먹는 것은 유독하다. 신장결석, 류머티즘, 통풍 등의 환자는 사용을 피해야 한다[2].

작약

학명 : *Paeonia lactiflora*

과명 : RANUNCULACEAE (미나리아재비과) **영명** : Chinese Peony

원산지 : 티벳~중국, 시베리아

특 징 : 속명의 Paeonia는 그리스 신화에 나오는 의사 Paeon에서 유래되었다. 50~80cm 정도 자라는 다년초다. 뿌리는 방추형이며 굵고, 자르면 붉은 빛이 도는 것은 적작약이라 한다. 근생엽은 1~2회 우상으로 갈라진다. 윗부분은 3개로 길게 갈라지고 밑부분은 엽병으로 흐르며 진녹색이다. 잎가는 밋밋하다. 꽃은 5~6월에 원줄기 끝에 1개씩 달리고 수술이 많으며 황색이다. 열매는 골돌과로 익으며 터진다. 꽃의 색은 흰색, 황색, 분홍색, 붉은 색 등 다양하다.

이용부위 : 꽃, 잎, 줄기, 뿌리

용 도 : 약용

이용방법 : 뿌리는 면역 자극제나, 혈압, 통증, 경련, 염증, 자궁의 혈액 흐름 등을 치료하거나 완화시키는 데 사용한다. 중국에서는 빨간 작약의 뿌리는 혈냉각이나 진통제로 효과적이고, 흰 작약의 뿌리는 혈액 영양제, 간 강장제, 간이나 비뇨기관 치료에 유효한 것으로 알려져 있다. 약용식물로 중국에서 유럽으로 전해져 오랜 역사를 가지나, 유럽에서는 현재 약용으로는 거의 사용하지 않는다[1].

주 의 : 유독하므로 사용을 제한한다[2].

겹작약

학명 : *Paeonia officinalis*

과명 : RANUNCULACEAE (미나리아재비과)

영명 : Peony, King of Flower

원산지 : 유럽

특　　징 : 속명의 Paeonia는 그리스 신화에 나오는 의사 Paeon에서 유래되었다. 높이 60cm 정도 자라는 다년초다. 뿌리는 괴근(塊根)으로 굵고 잔뿌리가 있다. 근생엽은 1~2회 우상으로 갈라지며 윗부분은 3개로 깊이 갈라지고 밑부분은 엽병으로 흐른다. 작은 잎은 피침형 또는 난원형으로 진녹색으로 털이 없고 엽병(葉柄)이 있다. 꽃은 5~6월에 겹으로 피며 흰색, 분홍색, 적색, 자색 등 여러 품종이 있다.

이용부위 : 꽃, 뿌리, 씨앗

용　　도 : 식용, 약용, 포푸리용

이용방법 : 일본에서는 꽃을 용의 음식이라고 하여 야채로 먹는다. 14세기 영국에서는 씨앗을 요리용 향미(香味)로 벌꿀에 섞어 악몽에서 깨어나게 할 때에 마시게 했다. 목걸이에 엮어 수호 부적으로 쓰기도 했다. 뿌리는 비즈(beads)로 만들어 아이들 치아를 자르는 데 쓴다. 또한 강장제, 경련 방지제로 머리나 월경 불순과 간질을 치료하기도 한다. 말린 꽃잎은 포푸리에 들어가기도 한다[1].

학명 : *Panax ginseng*

과명 : ARALIACEAE (두릅나무과)

영명 : Oriental Ginseng

원산지 : 중국 북동부, 한국

인삼

특　　징 : 속명의 Panax는 그리스어 'pan(모두)'과 'akos(치료)'의 합성어로, 전치만능약(全治萬能藥)이라는 뜻에서 유래되었다. 높이 60~80cm로 자라는 다년초로 흔히 재배한다. 근경은 짧고 곧으며 비스듬히 서고 도라지 같은 뿌리가 발달한다. 근경 끝에서 1개의 원줄기가 나오고 끝에서 3~4개의 잎이 윤생(輪生)한다. 긴 엽병(葉柄) 끝에 5개의 장상복엽(掌狀複葉)이 난다. 소엽(小葉)은 난형 또는 도란형으로 끝이 뾰족하다. 표면에 잔털이 약간 있다. 잎가에는 잔거치(鋸齒)가 있다. 꽃은 4월에 연녹색으로 피며 산형화서(傘形花序)로 달린다. 화서는 중앙부에서 1개 나온다. 열매는 둥글며 적색으로 익고 여러 개가 산형화서에 모여 달린다.

이용부위 : 뿌리

용　　도 : 식용, 약용

이용방법 : 2년 이상 오래된 인삼은 양(陽)의 자극제다. 특정한 병을 치료할 뿐 아니라 내분비물, 물질대사, 혈액 순환, 소화기관에 대한 면역력을 높여 주면서 몸을 튼튼하게 한다. 정신적, 육체적, 감정적 스트레스(산소 수용을 하는 적혈구를 늘이거나, 백혈구 면역 강화제와 독성 제거제를 늘여서)를 완화시킨다. 인삼은 암세포를 억제하고 주의력을 높이며 반사작용과 활력을 증진시킨다는 연구 결과가 나왔다[1].

연영초

학명 : *Trillium kamtschaticum*

과명 : LILIACEAE (백합과)

영명 : Birthroot, Wake-robin

원산지 : 북반구 온대(일본, 중국, 한국)

특　　징 : 속명의 Trillium는 그리스어 'treis(3)'에서 유래되었다. 높이 40cm 정도까지 숲 속에서 자라는 다년초다. 근경은 짧고 굵으며 땅 속 깊이 들어 있다. 원줄기 끝에서 엽병이 없는 잎 3개가 윤생(輪生)한다. 잎은 넓은 난형이며 능형 비슷하고 길이와 넓이가 7~17cm이며 끝이 뾰족하다. 꽃은 5~6월에 윤생한 잎 중앙에서 1개의 화경(花梗)이 나와 끝에 1개의 흰색 꽃이 달린다. 자방은 원추형이고 암술대는 3개이며 열매는 액과로 둥글다.

이용부위 : 뿌리, 열매, 씨앗

용　　도 : 약용

이용방법 : 독초의 하나로, 최토작용을 하는 것으로 알려져 있다. 아메리카 인디언들은 출산할 때에 뿌리를 삶아서 마시면 안산(安産)하는 것으로 알고 사용했다. 위장약으로도 사용되었다. 일본의 아이누 족은 이 속의 식물을 '애미우미'라고 부르며 단맛의 액과를 즐겼다.

로즈제라늄

학 명 : *Pelargonium capitatum*

과 명 : GERANIACEAE (쥐손풀과)

원 산 지 : 남아프리카

영 명 : Rose Geranium, Scented Geranium

특 징 : 속명의 Pelargonium은 그리스어 'pelargos(황새)'로 열매가 새의 부리처럼 길다는 데서 유래되었다. 높이 1m 정도 자라는 소관목 또는 다년초다. 전체에 흰색 털이 다소 밀생(密生)한다. 잎은 5~10cm로 넓은 심장상 난형 또는 신장형이다. 잎가는 치아상의 잔 거치가 있고 선녹색으로 단단하며 거칠고 우글쭈글하며 장미 향기가 난다. 꽃은 여름부터 가을까지 분홍색, 흰색 등이 핀다. 꽃잎은 5개로 가운데 암적갈색의 무늬가 있다.

이용부위 : 꽃, 잎, 줄기

이용물질 : 에센셜 오일

용 도 : 약용, 방향제, 미용제

이용방법 : 센티드제라늄(Scented Geranium) 중에 가장 많이 알려진 종이다. 항우울작용, 강장작용, 살균작용을 하는 것으로 알려져 있다. 피부 밸런스를 유지시켜 주는 역할을 하기 때문에 얼굴용 미용제품에 많이 사용한다. 품종에 따라 여러 가지 향을 갖고 있어 주목받는 허브다. 특히 장미향의 로즈제라늄은 향수, 화장품, 비누 등의 향재료로 널리 사용된다.

애플제라늄

레몬제라늄

*레몬제라늄(*Pelargonium crispum*) : 전초에 강한 방향이 있다. 이름대로 상큼한 레몬 향기가 난다. 겨울에는 화분에 심어 실내에 놓아 두어야 한다. 평소에도 집안에 화분 하나 정도 비치하면 향기를 즐길 수 있다.

*애플제라늄(*Pelargonium odoratissimum*) : 줄기와 잎에서 달콤한 사과향이 난다. 키는 작고 목질화된 짧은 줄기에서 옆으로 뻗은 가지로 갈라져 가는 줄기가 선단으로 내려가기 때문에 행잉바스켓으로 이용하면 운치가 있다.

*파인제라늄(*Pelargonium* cv.) : 파인 향기가 난다. 제라늄은 좋아하는 향기의 것을 화분에 심어 실내에 두면 항상 향기를 즐길 수 있다. 좁은 길 양쪽에 배치해 두면 길을 걸을 때마다 향기가 난다[3].

*이질풀(*Geranium nepalense*) : 민간요법에서는 약초로 꽃이 피어 있을 때에 지상부를 뿌리 채로 채취하여 물로 씻어 그늘에서 건조시킨다. 건조시킨 것을 달인 즙은 타닌이 다량 함유되어 있어서 소염, 지혈, 살균작용을 하는 것으로 알려져 있다.

윈터 헬리오트로프

학명 : *Petasites fragrans*

과명 : COMPOSITAE (국화과)

영명 : Winter Heliotrope

원산지 : 지중해

특　징 : 속명의 Petasites는 그리스어 'petasos(차양이 넓은 모자)'로 잎이 넓다는 데서 유래되었다. 높이 30~45cm 정도 자라는 다년초다. 지하경은 사방으로 뻗으며 번식한다. 근생엽은 심장형으로 아주 크며 잎가는 거치가 있으며 엽병(葉柄)은 길다. 엽병은 자줏빛이 난다. 꽃은 산방화서(繖房花序)로 달리고 흰색과 자색이 섞여 보이며 바닐라향이 난다.

이용부위 : 꽃

용　도 : 약용, 향신료, 식용,

이용방법 : 어린 잎과 봉오리는 튀김하면 맛있다. 근경을 물에 씻어 햇볕에 말린 것은, 달여서 마시면 건위(健胃), 식중독, 설사에 효과적이다. 잎을 알루미늄 호일에 싸서 살짝 구워 종기에 붙이기도 한다. 향기가 나는 꽃은 한겨울의 방향을 위해 향을 모으거나 벌들이 초기 꿀을 만드는 데 이용된다[1].

*머위(*petasites japonicus*) : 요리용 허브의 하나로, 봄에 길게 자라는 어린 잎은 데쳐서 먹고 엽병은 무침이나 국에 들어간다. 긴 엽병은 절임이나 피클로 만든다. 일본에서는 치료에 사용되는데 'fuki'라고 부르며 어린 싹을 진해제로 사용한다.

갈대

학명 : *Phragmites australis* (=syn. *Phragmites communis*)

과명 : GRAMINEAE (벼과)

영명 : Reed Grass

원산지 : 전세계

특 징 : 속명의 Phragmites는 그리스명의 'Phragma(울타리)'로 냇가에서 울타리모양으로 자란다는 데서 유래되었다. 높이 1~3m로 자라는 다년초다. 습지 또는 냇가에서 자라고 근경(根莖)으로 길게 뻗으면서 마디에서 수염뿌리가 내린다. 원줄기는 속이 비고 마디에 털이 있는 것도 있다. 잎의 길이는 20~50cm이며 긴 피침형으로 2줄로 어긋난다. 엽초(葉鞘)는 원줄기를 둘러싸고 있다. 꽃은 9월에 원추화서(圓錐花序)로 달리고 밑으로 쳐진다.

이용부위 : 줄기, 뿌리, 수지, 씨앗

용 도 : 식용, 약용

이용방법 : 아메리카 원주민들은 이 식물의 작은 씨앗으로 오트밀을 만들어 먹었다. 어린 싹은 삶아서 야채로 먹고, 뿌리는 빻아서 밀가루로 사용하며, 단 수액을 먹는다. 머시맬로와 같이 부푼 축축한 줄기는 구워서 가루로 만든다. 중국에서는 뿌리를 구토, 비뇨기 계통 질환, 관절염, 목에 열이 나는 질병 치료에 이용한다[1].

오죽

학 명 : *Phyllostachys nigra*

과 명 : GRAMINEAE (벼과)

영 명 : Black Bamboo

원 산 지 : 중국 중부, 중국 동부

특 징 : 속명의 Phyllostachys는 그리스어 'phyllon(잎)'과 'stachys(이삭)'의 합성어로 엽편이 달린 포로 쌓인 화수(花穗)의 모양에서 유래되었다. 높이 10m 정도 자라는 상록성 식물이다. 지하경은 옆으로 뻗는다. 줄기는 원통형으로 속은 비어 있고 마디는 막혀 있다. 봄과 여름에는 녹색을 띠지만, 가을과 겨울에는 연자색을 띠다가 이듬해는 자갈색으로 되어 오래되면 검정색이 된다. 잎의 길이는 4~11cm로 피침형으로 끝이 뾰족하고 가지 끝에 1~5개가 속생(束生)한다. 화수(花穗)는 작은 가지 위에 속생(束生)하며 녹자색이 난다.

이용부위 : 잎, 줄기, 뿌리

용 도 : 식용, 약용

이용방법 : 자라는 끝부분은 죽순이라 하여 요리 재료로 사용한다. 죽순은 신속히 수확한 뒤에 쓴맛을 없애기 위해서 끓여 놓는다. 뿌리는 해열이나 이뇨제에 쓴다. 우울 증세를 가라앉히거나 유아의 피로를 치료하기도 한다. 근경은 다른 식물과 같이 신장(腎臟) 질환을 치료한다[1].

미국자리공

학명 : *Phytolacca americana*

과명 : PHYTOLACCACEAE (자리공과)

영명 : Pokeweed, Pigeon Berry

원산지 : 중앙아메리카, 북아메리카

특　　징 : 속명의 Phytolacca는 그리스어 'phyton(식물)'과 중세 라틴어 'lacca(심홍색 안료)'의 합성어로, 장과에 심홍색 즙액이 있는 데서 유래한다. 원산지에서는 4m까지 자라며 줄기는 적자색이 돌고 가지가 많다. 잎은 10~30cm로 긴 타원형이며 양끝이 좁고 잎가는 밋밋하며 엽병이 있다. 꽃은 6~9월에 붉은색이 도는 흰색이다. 길이는 10~15cm로 열매가 익을 때는 밑으로 처지고 편구형의 적자색으로 익는다.

이용부위 : 잎, 줄기, 뿌리, 열매

용　　도 : 식용, 약용

이용방법 : 싹은 오래 끓이면 먹을 수 있다. 또 림프계를 자극하는 것으로 잘 알려져 있다. 항염증작용을 하는 뿌리는 편도선이 부었을 때와 하제(下劑), 마취제로도 사용한다. 이하선염(耳下腺炎), 수종(水腫), 가래를 없애고, 관절염을 완화시키며 균진염을 치료한다. 습포제로 해서 유선염(乳腺炎) 치료에도 사용한다[1].

주　　의 : 생것은 유독하다. 다량의 말린 뿌리는 구토를 촉진하고 설사작용이 있다. 자격을 가진 허블리스트만 사용이 가능하다[2].

학명 : *Plantago major*

과명 : PLANTAGINACEAE (질경이과)

영명 : Plantain

원산지 : 유라시아

왕질경이

특　　징 : 속명의 Plantago는 라틴어 'plants(발자국)'으로 잎모양의 특색에서 유래되었다. 높이 40cm 정도 자라는 다년초다. 근생엽과 원줄기는 털이 없고, 엽병이 긴 잎이 나와 비스듬히 자란다. 잎의 길이는 10~30cm로 타원형으로 평행맥이 있다. 잎가는 밋밋하거나 밑부분에 얕은 결각상의 거치가 있으며 엽병으로 흐른다. 꽃은 5~7월에 녹색으로 50cm 정도의 화경이 나와 윗부분에 많이 달린다. 열매는 삭과로 타원형이고 흑갈색 종자가 10개 정도 들어 있다.

이용부위 : 줄기, 뿌리

용　　도 : 식용, 약용, 미용제

이용방법 : 어린 잎은 데쳐서 나물로 먹는다. 잎은 비뇨기관염, 화상, 벌에 쏘인 데, 치질, 결합조직을 치료한다. 점질 성분이 있으며, 가래약으로 사용되거나 폐 질환 치료에 효과적이다. 잎으로 만든 찜질약은 외상의 완화를 촉진시킨다. 라틴아메리카에서는 민속 전통약으로 암을 치료하는 데 사용했고, 중국에서는 설사나 결핵궤양을 치료하거나 해독 차로 만들어 마셨다. 씨앗은 차전자(車前子)라고 하며, 섬유성이 높고 점질 성분은 콜레스테롤 수치를 낮추어 준다[1]. 이 식물의 수렴작용은 방광염 치료에 유효하고, 이뇨작용이 있는 것으로 알려져 있다. 식물 중의 케이소(素) 성분과 타닌은 확장파행정맥이나 치질 치료에 효과가 있다. 화장품에 첨가하기도 한다[2].

주　　의 : *Plantago psyllium*의 꽃가루 흡입은 천식을 일으킨다. 씨앗을 직접 복용하는 것은 위장에 나쁘다[2].

도라지

학명 : *Platycodon grandiflorum*

과명 : CAMPANULACEAE (초롱꽃과)

영명 : Balloon Flower

원산지 : 중국, 만주, 일본

특 징 : 속명의 Platycodon은 그리스어 'platys(넓다)'와 'codon(종)'의 합성어로 화형에서 유래되었다. 높이 40~100cm 정도 자라는 다년초다. 뿌리는 굵으며 원줄기를 자르면 흰색의 유액(乳液)이 나온다. 잎의 길이는 4~7cm로 긴 난형 또는 넓은 피침형으로 어긋나며 엽병(葉柄)은 없다. 꽃은 7~8월에 보라색 또는 흰색으로 원줄기 끝에 1개 또는 여러 개가 위를 향해 달린다. 열매는 삭과(蒴果)로 도란형이다. 꽃받침 열편(裂片)이 달려 있고 익으면 갈라진다.

이용부위 : 잎, 뿌리

용 도 : 식용, 약용

이용방법 : 중국과 일본에서는 부드러운 도라지 꽃잎을 샐러드 재료로 이용하고, 우리나라에서는 뿌리를 생채나 숙채, 정과 등의 다양한 방법으로 요리하여 먹는다. 뿌리는 폐, 목가래, 기침 멈춤, 부기 빼기, 염증, 배수고름의 촉진 등을 돕는다. 또 감기, 폐렴(肺炎), 기관지염, 흉막염(胸膜炎), 폐종양을 치료한다고 소정되어 있다[1].

둥굴레

학명 : *Polygonatum odoratum*

과명 : LILIACEAE (백합과)

원산지 : 유럽, 아시아

영명 : Scented Solomon' s Seal

특 징 : 속명의 Polygonatum은 그리스어 'polys(많다)' 와 'gonu(무릎, 마디)'의 합성어로 근경(根莖)에 마디가 많은 데서 유래되었다. 높이 85cm 정도 자라는 다년초다. 6줄의 능각(稜角)이 있고 끝이 처진다. 육질의 근경(根莖)은 점질(粘質)이고 옆으로 뻗는다. 잎의 길이는 5~10cm로 어긋나며 한쪽으로 치우쳐 퍼지며 긴 타원형으로 엽병(葉柄)은 없다. 꽃은 6~7월에 1~2개씩 엽액(葉腋)에 달려 붙으며 연녹색을 띤 흰색이다. 열매는 장과(漿果)로 둥글며 검은색으로 익는다.

이용부위 : 꽃, 뿌리

용 도 : 식용, 약용, 방향제

이용방법 : 어린 생장점은 비상식품으로 끓여서 먹는다. 근경은 찜질약으로 멍이나 작은 외상을 완화시킨다. 중국에서는 냉각성 근경을 해열이나, 입안이 마르는 것, 만성 기침 등의 치료에 사용한다. 다른 중국산의 종과 같이 류머티즘 환자나 쇠약한 사람의 강장제로 쓰인다. 현재 연구는 고혈압 치료에 집중되어 있다. 꽃은 아주 달콤한 향을 지니고 있어 향수로도 쓰인다[1].

범의꼬리

학명 : *Polygonum bistorta*

과명 : POLYGONACEAE (마디풀과)

영명 : Bistort, Snakeweed

원산지 : 유럽, 북서아시아

특　　징 : 속명의 Polygonum은 그리스어 'polys(많다)'와 'gonu(무릎, 마디)'의 합성어로 줄기에 굵은 마디가 있는 데서 유래되었다. 높이 60cm 정도 자라는 다년초다. 근경(根莖)은 짧고 굵게 자란다. 잎의 길이는 5~10cm로 피침상 긴 타원형이다. 끝은 점점 뾰족해지며 아래쪽은 줄기에 흘러내리며 감싸듯 붙는다. 꽃은 7~8월에 연분홍색으로 수상화서(穗狀花序)가 밀집한다.

이용부위 : 잎, 줄기, 뿌리

용　　도 : 식용, 약용

이용방법 : 봄에 어린 잎을 데쳐서 야채로 먹고, 유럽 북부에서는 오래 전부터 식용해 왔다. 잎과 뿌리는 베인 곳을 낫게 한다. 생장점과 절인 근경은 강장제로 요리된다. 샤이엔 족※은 근경을 스튜나 스프로 만들어 먹었다. 근경으로 만든 양치제는 입의 궤양, 담, 잇몸에 나는 출혈을 막아 주고 설사와 염증을 치료한다[1]. 타닌이 풍부하므로 수렴작용이 있다.

※샤이엔 족(Cheyenne) : 아메리카 인디언.

양지꽃

학 명 : *Potentilla freyniana*

과 명 : ROSACEAE (장미과)

영 명 : Silverweed

원 산 지 : 북아메리카, 유럽, 아시아

특 징 : 속명의 Potentilla는 라틴어 'potens(강력한)'의 축소형으로 처음에는 *P. anserina*의 강한 약효 때문에 유래되었다. 뿌리에서 근생엽과 뻗는 가지가 돋는다. 잎의 길이는 2~5cm로 3출엽이다. 근생엽은 엽병이 길고 경생엽은 엽병이 짧으며 전체에 털이 있다. 꽃은 3~4월에 화경(花梗)이 나와 취산화서(聚散花序)로 형성하고 황색으로 핀다. 열매는 털이 없고 주름살이 있다

이용부위 : 꽃, 잎, 줄기, 뿌리, 열매, 씨앗

용 도 : 식용, 약용

이용방법 : 아메리카 원주민과 셀트 족은 이 식물의 근경을 채소로 요리에 이용했다. 꽃봉오리는 방부제, 지혈제로 염증과 출혈을 감소시킨다. 가래, 설사, 목이 부었을 때에 사용하는 양치약으로 사용했고, 위염을 치료하기 위해 차를 끓여 마셔 왔다. 이것을 재료로 하여 만든 세척약은 빨개진 피부, 기미, 태운 피부 등의 증상을 완화시킨다[1].

학명 : *Primula veris*

과명 : PRIMULACEAE (앵초과)

영명 : Cowslip, Palsywort

원산지 : 유럽, 서아시아

앵초(양취란화)

특　　징 : 속명의 primula는 라틴어 'primus(최초)'의 축소형으로 유럽 앵초가 일찍 꽃이 피는 특징에서 유래되었다. 높이 20~30cm로 자라는 숙근성 다년초다. 근경은 짧고 향기가 있다. 근생엽은 로켓모양으로 나며 긴 타원상 난원형이다. 길이는 6~10cm이며 잎가는 불규칙하고 둔한 거치가 있다. 꽃대는 2대 이상 여러 대가 뿌리에서 나온다. 5~6월에 산형으로 황색 또는 오렌지색으로 달린다. 열매는 삭과(蒴果)로 짧은 원주형이며 끝이 5개로 갈라진다.

이용부위 : 꽃, 잎, 뿌리

용　　도 : 식용, 약용, 방향제, 미용제

이용방법 : 꽃은 와인, 풍미가 있는 잼, 절인 피클, 장식용 사탕으로 만들어 먹는다. 꽃으로 만든 차는 신경 불안, 두통, 감기를 완화시킨다. 주름이나 여드름, 햇빛으로 인한 화상에 바르는 세척제를 만들기도 한다. 가래약이나 이뇨제로도 쓰인다. 부기나 경련을 완화시키고 아스피린 같은 성분을 지녔다. 우려낸 즙은 만성기관지염을 치료한다[1]. 시럽제는 가벼운 마비나 완전 마비의 민간치료약으로 이용된다. 이러한 이유로 영명이 'Palsywort(마비풀)'이라고 붙여졌다. 뿌리에는 살리실산염이 함유되어 있어 관절염의 치료약으로 널리 이용된다[2].

프리뮬라

학명 : *Primula vulgaris*

과명 : PRIMULACEAE (앵초과)

원산지 : 서유럽, 남유럽

영명 : Primrose, Spring Primula

특　　징 : 속명의 primula는 라틴어 'primus(최초)'의 축소형으로 유럽 앵초가 일찍 꽃이 피는 특징에서 유래되었다. 높이 15cm 정도 자라는 다년초다. 잎은 로켓모양으로 여러 개가 속생(束生)한다. 잎의 길이는 5~10cm로 긴 타원형 또는 도란상 긴 타원형이다. 기부는 좁고 엽병에는 날개가 있다. 잎가는 약간 들려 있고 불규칙한 거치(鋸齒)가 있다. 꽃은 3~4월에 연황색으로 화경(花梗)이 여러 대가 속생(束生)하며 그 끝에 1송이씩 핀다. 원예품종은 연홍, 흰색, 보라색, 연분홍 등 다양한 색의 꽃이 있다.

이용부위 : 꽃, 잎, 뿌리

용　　도 : 식용, 약용, 미용제

이용방법 : 잎은 삶아서 야채로 먹거나 잼, 샐러드에 넣는다. 꽃으로 만든 차는 두통을 가라앉히며 약한 진정제로 이용되기도 한다. 꽃과 잎은 둘 다 피를 맑게 한다. 뿌리의 즙은 가래기침약으로 쓴다. 말린 잎을 담궈 우려낸 물은 염증을 일으킨 눈을 가라앉힌다. 꽃은 수렴성 화장수를 만들고, 잎으로 만든 즙은 여드름을 치료한다[1].

꿀풀

학명 : *Prunella vulgaris*

과명 : LABIATAE (꿀풀과)

영명 : Self Heal

원산지 : 유럽

특　징 : 속명의 Prunella는 독일어의 '편도선염'이라는 뜻으로, 이 식물을 편도선염 치료에 사용한 데서 유래되었다. 높이 20~50cm 정도 자라는 숙근성 다년초다. 전초(全草)에 흰털이 있다. 줄기는 네모지며 직립하고 녹갈색이다. 잎의 길이는 2~5cm로 긴 타원상 도란형 또는 피침형이다. 거치(鋸齒)는 있거나 없으며 엽병(葉柄)은 있다. 꽃은 5~7월에 원줄기 끝에 수상화서(穗狀花序)로 조밀하게 달리고 보라색이다. 열매는 분과(分果)로 황갈색이다.

이용부위 : 꽃, 잎, 줄기

용　도 : 약용

이용방법 : 지상부는 수렴제, 방부제 역할을 하며, 혈압을 내린다고 한다. 부은 목, 피가 나는 치육(齒肉), 치질, 심한 생리를 치료한다. 중국에서는 화서(花序)에 들어있는 살균 성분을 간, 담낭(膽囊)의 자극제로 사용한다. 또한 불안정한 간 증상의 치유를 돕고 고혈압, 결막염을 치료한다[1]. 입 안의 세정약이나 목의 통증이 있을 때 양치약으로 사용한다[2].

할미꽃

학명 : *Pulsatilla vulgaris*

과명 : RANUNCULACEAE (미나리아재비과)

영명 : Pasque Flower

원산지 : 유럽 북부

특 징 : 속명의 Pulsatilla는 라틴어의 'pulso(치다, 소리내다)'의 축소형으로 종 같이 생긴 꽃의 형태에서 유래되었다. 높이 20~45cm 정도 자라는 다년초다. 굵은 뿌리는 땅 속 깊이 들어간다. 잎은 뿌리에서 나오고 5개의 소엽(小葉)으로 구성된 우상복엽이다. 우상(羽狀)은 깊게 갈라지며 선형이고 끝은 뾰족하고 엽병(葉柄)은 길다. 꽃은 5월에 통상 종모양으로 피고 한 개씩 밑을 향해 달리며 겉에 흰색의 털이 밀생(密生)한다.

이용부위 : 꽃, 잎, 줄기

용 도 : 약용

이용방법 : 신선할 때는 독성이 있다. 말린 지상부는 진정제나 진통제로 사용하고, 스트레스나 경련을 치료한다. 허블리스트는 정신 불안, 두통, 극도의 피로, 귀가 아플 때, 신경통에 사용한다[1].

주 의 : 자격을 가진 허블리스트의 처방에 의해서만 사용이 가능하다. 생것은 유독하다[2].

호장근

학 명 : *Reynoutria japonica*

과 명 : POLYGONACEAE (마디풀과)

영 명 : Japanese Knotweed

원 산 지 : 일본

특 징 : 속명의 Reynoutria는 Houttuyn의 친구 Reynouter의 이름에서 유래되었다. 높이 1~2m 정도 자라는 다년초다. 근경은 목질이며 길게 뻗으면서 군락을 형성한다. 줄기 속은 비어 있고 곧게 자라거나 비스듬히 자란다. 잎의 길이는 6~15cm로 넓은 난형 또는 난상 타원형으로 엽병(葉柄)이 있다. 꽃은 6~8월에 총상화서(總狀花序)로 엽액(葉腋)과 가지 끝에 크림색으로 달린다. 열매는 수과(瘦果)로 세모진 난상 타원형이며 흑갈색의 광채가 있다.

이용부위 : 잎, 뿌리

용 도 : 약용, 염료용

이용방법 : 중국에서는 약간의 독성을 지닌 근경과 잎을 냉각시키거나 미화(美化)하는 데 사용한다. 혈액 순환을 좋게 하고 해독작용 및 세포 재생을 돕는다. 뿌리의 즙은 폐렴(肺炎), 생리 불순, 황달, 귀울림, 관절염 치료 및 세척약으로 사용한다. 뿌리나 잎은 화상, 뾰루지, 뱀에 물렸을 때 쓴다. 또한 뿌리는 노란색 염색소를 지닌다[1].

루발브(대황)

학 명 : *Rheum officinale*

과 명 : POLYGONACEAE (마디풀과)

원산지 : 중국 서부, 티벳

영 명 : Medicinal Rhubarb, Chiness Rhubarb

특 징 : 속명의 Rheum은 그리스어 'rha(물)'로 이 유역에서 많이 자랐다는 것에서 유래되었다. 높이 3m 정도까지 습지에서 자라는 다년초로 굵은 황색의 뿌리가 있고 줄기 속은 비어 있다. 근생엽은 자줏빛이 도는 긴 엽병이 있으며 아주 크고 마름모형이며, 잎가는 파상이다. 꽃은 7~8월에 화경(花梗)이 있는 황백색의 꽃이 복총상화서로 가지와 원줄기 끝에 달린다.

이용부위 : 잎, 줄기, 뿌리

용 도 : 식용, 약용

이용방법 : 루발브 잼으로 잘 알려져 있다. 신맛과 향기가 있는 엽병은 껍질을 벗기고 1~2cm 정도 잘라 빨간 부분을 설탕과 약간의 레몬 즙을 넣어 약한 불로 끓여 만든다. 잎은 유독하므로 식용에 적당치 않다. 근경에는 소량의 수렴성 타닌이 있어서 이질에 효과가 있고, 소화기계의 강장약으로도 사용한다. 대량 복용하면 안트라키논이 장에 자극을 주기 때문에 변비 해소에 도움이 된다[2]. 중국에서는 근경을 고열 치료에 사용한다.

주 의 : 관절염, 신장병, 비뇨기의 질환, 임신중에는 피한다[2].

꼭두서니

학명 : *Rubia tinctorum*

과명 : RUBIACEAE (꼭두서니과)

원산지 : 지중해 동쪽~중앙아시아

영명 : Madder, Dyer' s Madder

특　징 : 속명의 Rubia는 라틴어 'ruber(붉다)'라는 뜻으로 뿌리의 빛깔과 뿌리에서 채취하는 염료의 색이 붉은 데서 유래되었다. 높이 1m 정도 자라는 덩굴성 식물이다. 원줄기는 네모지며 능선에 밑을 향한 짧은 가시가 있고 뿌리는 꼭두색이다. 잎의 길이는 3~7cm로 긴 난형 또는 긴 피침형으로 4~6개씩 윤생(輪生)한다. 꽃은 7~8월에 연황색으로 원줄기 끝과 엽액(葉腋)에 원추화서(圓錐花序)로 달린다. 열매는 둥글며 2개씩 달리고 검은색으로 익는다.

이용부위 : 꽃, 잎, 줄기, 뿌리

용　도 : 약용, 미용제, 염료용

이용방법 : 잎과 줄기는 변비를 해소한다. 뿌리는 신장결석을 부숴 중지시키는 데 도움이 된다. 중국에서는 뿌리를 불규칙적인 출혈, 혈액 강장제, 류머티스 관절염, 황달의 치료제로 처방한다. 2년된 뿌리에는 풍부한 알리자린※ 염색소'가 들어 있어서 옷, 가죽, 머리 등을 염색한다. 내부에서 추출되는 염색소는 어린 뼈를 빨갛게 물들이므로 정골요법(整骨療法)의 연구에 쓰인다[1].

※ 알리자린(alizarin) : 빨간 염색소.

학명 : *Rumex acetocella*

과명 : POLYGONACEAE (마디풀과)

영명 : Broad-leaf Sorrel

원산지 : 북반구 온대, 북극지방

애기수영

특　　징 : 속명의 Rumex는 옛 라틴명으로, 잎의 모양에서 유래한다. 높이 60cm 정도 자라는 다년초다. 원줄기는 곧고 능선이 있으며 연홍자색이 돌고 신맛이 난다. 근생엽은 총생하고 긴 타원형이다. 경생엽은 어긋나며 피침형이나 긴 타원형이다. 기부는 창검 같고 질이 연약하다. 꽃은 여름에 원추화서에서 윤생하고 연녹색 또는 녹자색이다. 열매는 세모진 타원형으로 흑갈색이며 윤채가 없다.

이용부위 : 잎, 뿌리

용　　도 : 식용, 약용, 향신료, 염료용

이용방법 : 잎은 비타민이 풍부하며 얼얼하고 상큼한 맛이 있기 때문에 샐러드, 스프, 소스, 오믈렛, 육고기, 생선, 닭고기 요리에 풍미를 더한다. 잎은 갈증을 풀고 열을 내리며, 때때로 콩팥과 간 질환을 위한 이뇨작용을 하는 차로 마신다. 잎으로 만든 찜질약은 여드름, 구강 궤양, 부스럼, 감염된 상처에 효과적이고, 뿌리는 순한 하제다. 잎에서 추출한 즙은 리넨, 고리세공품, 은제품의 녹이나 곰팡이, 잉크 얼룩을 표백한다[1]. 잎과 줄기에서 청회색, 다육질의 뿌리는 황색 염료를 낸다.

주　　의 : 수산(蓚酸)※을 포함하고 있기 때문에 관절염이나 위장병에는 사용을 금한다. 또한 대량 사용은 피한다[2].

※수산(蓚酸) : 가장 간단한 염기성 카본산으로, 빛깔이 없는 기둥모양의 결정으로 독이 있다. 괭이밥, 수영, 장군풀 같은 식물에 들어 있으며 지방, 사탕, 기타 유기물을 질산으로 산화시켜서 만든다. 물이나 알코올에 잘 풀리며 몹시 시고 환원력이 강하므로 매염제, 현상액, 표백제, 분석시약 등으로 널리 쓰인다.

오이풀(샐러드 버넷)

학 명 : *Sanguisorba minor*

과 명 : ROSACEAE (장미과)

영 명 : Salad Burnet, Garden Burnet

원산지 : 유럽, 북아프리카, 아시아

특 징 : 속명의 Sanguisorba는 라틴어 'sanguis(피)'와 'sorbere (흡수하다)'의 합성어로 뿌리에 탄닌이 많아 지혈 효과가 있는 데서 유래되었다. 높이 30~150cm 정도 자라는 다년초다. 근경(根莖)은 옆으로 갈라져 자라고 방추형으로 굵어진다. 원줄기는 곧추 자라지만 윗부분에서 갈라진다. 잎의 길이는 2.5~5cm로 1회 우상복엽(羽狀複葉)이다. 삼각형의 거치(鋸齒)가 있고 마주나며 엽병(葉柄)은 짧다. 꽃은 7~9월에 피며 검은 적혈색이다. 열매는 수과(瘦果)로 사각형이며 꽃받침에 싸여 있다.

이용부위 : 꽃, 잎, 줄기, 뿌리

용 도 : 식용

이용방법 : 영명에서 보는 것과 같이 부드러운 잎은 샐러드, 육고기 요리, 생선 요리에 잘 어울린다. 싱싱한 잎을 잘게 부숴 상온에서 부드럽게 한 버터에 넣은 허브 버터는 달콤한 향의 풍미를 즐길 수 있다. 줄기, 잎 몇 개를 따서 식초에 넣어 향을 내어 허브 식초로 이용한다[3].

학명 : *Saponaria officinalis*

과명 : CARYOPHYLLACEAE (석죽과)

영명 : Soapwort

원산지 : 유럽, 서남아시아

소프워트

특　　징 : 속명의 Saponaria 는 라틴어 'sapo(비누)'의 뜻으로 이 식물의 즙액이 물에 녹는 데서 유래되었다. 높이 60cm 정도 자라는 다년초다. 줄기는 곧추 자라고 둥글다. 줄기는 억센 원통모양이고 근경의 내부는 희며 풍부한 사포닌을 함유한다. 잎은 긴 타원형으로 뚜렷한 3개의 엽맥(葉脈)이 나타나고 끝은 뾰족하다. 잎가는 파상(波狀)으로 되어 있으며 마주난다. 꽃은 7~8월에 연분홍색으로 달리나 음지에서는 흰색으로 핀다.

이용부위 : 꽃, 잎, 줄기, 뿌리

용　　도 : 약용, 목욕제, 미용제

이용방법 : 영명에서 보는 바와 같이 전통적으로 세제로 사용되어 왔다. 사포닌을 함유한 천연비누로 유명하다. 특히 직조가 용이하도록 섬유를 세탁할 때에 유용하다. 생잎을 손으로 비비면 거품이 나와 비누처럼 사용한다. 잎이나 뿌리를 삶은 액은 샴푸로 사용하고 여드름, 손상된 피부의 세정제로도 이용이 가능하다. 부드러운 섬유세탁에 좋다. 세제 및 약품으로서의 특성은 이 식물에 함유된 호르몬모양의 사포닌에 의한 것으로, 이는 물의 표면장력을 낮추어 거품을 만들어 낸다. 이 사포닌은 체내에서 호흡기계나 소화기계에 온화한 자극을 주기 때문에 소량만으로도 거담약이나 하제가 된다[3),2)].

주　　의 : 대량 사용하는 것은 준하제(俊下劑)가 되기 때문에 오히려 독이 될 수 있다.

돌나물

학명 : *Sedum acre*

과명 : CRASSULACEAE (돌나물과)

영명 : Stonecrop

원산지 : 유럽, 북아프리카

특　　징 : 속명의 Sedum은 라틴어 'sedere(앉는다)'라는 뜻으로 바위 곁에서 자라는 형태에서 유래되었다. 높이 15cm 정도 자라는 다년초다. 줄기는 갈라져서 지면으로 뻗고 마디에서 뿌리가 내린다. 잎은 작고 3개씩 윤생(輪生)하며 긴 타원형이며 잎끝은 뾰족하고, 잎가는 밋밋하다. 꽃은 5~6월에 황색으로 핀다.

이용부위 : 꽃, 잎, 줄기, 뿌리

용　　도 : 식용, 약용, 정원용

이용방법 : 꽃이 피기 전의 부드러운 잎은 생으로 먹거나 양념해서 먹는다. 말린 잎은 매운 생강, 후추 같은 맛을 내기 때문에, 이것의 반응을 보면서 조금씩 조미한다. 식물 전체는 저혈압약, 하제(下劑), 최토제(催吐劑)가 된다. 순한 항염증제, 외상 완화제의 효과도 있다. 지피식물로 암석 화단 장식에 화사함을 더한다[1].

하우스릭

학 명 : *Sempervivum tectorum*

과 명 : CRASSULACEAE (돌나물과)

영 명 : Houseleek

원 산 지 : 유럽 중부

특 징 : 속명의 Sempervivum은 라틴어 'semper(항상, 늘)'와 'vivo(살아 있다)'의 합성어로, 이 식물의 건강한 성질에서 유래되었다. 높이 20cm 정도이며 로켓형의 직경은 7~10cm로 내한성이 강하다. 잎은 50~60개나 붙으며 길이는 4~7cm, 폭 1~2cm의 도란상 피침형으로 녹색이나 끝부분은 홍자색, 기부(基部)는 백녹색이고, 잎가에는 털이 있다. 꽃은 높이 20~50cm의 화경(花梗)이 나와 20송이 정도 달린다. 꽃의 색깔은 적자색이고 기부는 흰색이다. 아종(亞種), 변종(變種) 등 원예품종이 많다.

이용부위 : 잎

용 도 : 식용, 약용

이용방법 : 잎은 샐러드에 넣거나, 목욕제로 사용하면 피부에 영양을 준다. 차로 마시면 인후염(咽喉炎), 입병, 기관지염(氣管支炎)을 치료하는 역할을 한다. 또 잎은 점액(粘液)을 지니고 있어서 가벼운 화상(火傷)이나 벌레에 물렸을 때에 바르면 효과가 있다[1].

개발나물

학명 : *Sium sisarum*

과명 : UMBELLIFERAE (산형과)

영명 : Skirret

원산지 : 유럽～아시아 동부

특 징 : 속명의 Sium은 소택성(沼澤性) 식물로 물칭개나물에 대한 그리스명 sion에서 유래되었다. siw는 캘트어로 '물'이란 뜻이다. 높이 1m 정도로 물가에서 자라는 다년초다. 근생엽과 밑부분의 잎은 기수 1회 우상복엽(羽狀複葉)으로 엽병(葉柄)이 길다. 위로 올라갈수록 엽병과 잎이 작아지고 엽초(葉鞘)로 된다. 꽃은 8월경에 원줄기와 가지 끝에 잔잔한 향기가 있는 흰색의 꽃이 복산형화서(傘形花序)로 달리며 꽃잎은 5장이다. 열매는 분과(分果)로 둥글다.

이용부위 : 잎, 줄기, 뿌리

용 도 : 식용, 약용

이용방법 : 봄에 자라는 어린 생장점과 가는 뿌리를 찌거나 살짝 볶아 요리한다. 뿌리는 스튜에 넣거나 절여서 찬 육고기와 함께 먹고, 볶아서 커피 대용의 차로 마시기도 한다. 뿌리는 껍질이 회색으로 뭉쳐져 있고, 아주 좋은 맛과 향을 가진다. 물집과 상처를 소독하고 이뇨제로 사용한다. 황달(黃疸)이나 간 기능, 가슴에 이상이 있을 때 치료하거나 완화시키는 작용이 있는 것으로 소정(所定)되어 있다[1].

미역취

학 명 : *Solidago virgaurea*

과 명 : COMPOSITAE (국화과)

영 명 : Goldenrod

원산지 : 유럽

특 징 : 속명의 Solidago는 라틴어 'solidus(완전)'와 'ago(상태)'의 합성어로, 상처약으로 쓰인 데서 유래한다. 높이 1m 정도 자라는 다년초로, 윗부분에서 가지가 갈라지며 잔털이 있다. 근생엽은 꽃이 필 때 쓰러지고 경생엽은 7~9cm로 난상 긴 타원형이다. 잎가는 뾰족한 거치가 있고 엽병은 위로 갈수록 없어진다. 꽃은 7~9월에 황색으로 산방상 수상화서로 달린다. 열매는 수과로 원통형이다.

이용부위 : 꽃, 잎, 줄기

용 도 : 염료용, 식용, 약용

이용방법 : 전초는 황녹색, 꽃은 황색의 염색소를 낸다. 잎은 가능한 한 잘게 자를수록 진한 염색액 추출이 가능하다. 매염제로 전초에는 철, 꽃에는 알루미늄을 사용하면 곱게 염색이 된다[3]. 어린 순은 나물로 먹으며 약용으로는 신장(腎臟)과 비뇨기 감염증, 결석(結石)에 효과가 있으며, 이런 증상으로 인해 생긴 통증을 완화시키기도 한다. 혈액 정화 및 농(膿)의 배설(排泄)작용이 있어 관절염 치료에도 사용된다. 식물 중에 함유된 타닌은 설사에도 유효하다. 북아메리카에서는 상부 호흡기계의 카타르 치료에 효과가 있는 것으로 알려져 있다[1].

베토니

학명 : *Stachys officinalis*

과명 : LABIATAE (꿀풀과)

영명 : Wood Betony

원산지 : 유럽, 아시아

특　　징 : 속명의 Stachys는 그리스어 'stachyus(귀, 수상화)'에서 유래되었다. 높이 1m 정도 자라는 다년초다. 원줄기에 꼬부라진 털이 있고 가지가 약간 갈라지는 것도 있다. 잎의 길이는 2~4cm로 타원상 피침형으로 잎가는 규칙적인 거치(鋸齒)가 있고 표면에는 털이 다소 있고 뒷면은 견모(絹毛)가 밀생한다. 꽃은 6~7월에 자주색이며 수상화서(穗狀花序)로 원줄기와 가지 끝에 달린다.

이용부위 : 꽃, 잎, 줄기, 뿌리

용　　도 : 식용, 약용

이용방법 : 고대부터 약초로 쓰인 이 식물에 함유되어 있는 타닌은 습포제로서 자상(刺傷), 좌상(挫傷), 벌레 물린 데에 효과가 있다. 달인 잎을 내복하면 혈행(血行)을 촉진시켜 두통, 편두통을 치료하기도 한다. 또한 신경 진정, 강장 효과도 있다. 프랑스에서는 간장이나 담낭(膽囊)의 치료에 추천하거나 권하고 있다. 옛날에는 건조시킨 잎의 분말이나 태운 연기를 코로 들이마셔 두통을 치료했다고 한다. 알칼로이드의 트리고네린 성분은 혈당치를 내린다는 보고가 있었다[2].

학명 : *Symphytum officinale*

과명 : BORAGINACEAE (지치과)

영명 : Comfrey

원산지 : 유럽

컴프리

특　징 : 속명의 Symphytum은 그리스어 'symphyton(유합하다)'의 뜻으로 삔 데 효과가 있다는 것에서 유래되었다. 높이 80~120cm 정도 자라는 숙근성 다년초다. 줄기는 분지하고 빳빳한 털로 덮여 있다. 잎은 20~30cm로 타원상 피침형으로 부드러운 털로 덮여 있다. 꽃은 6~7월에 보라색으로 피며 흰색도 있다. 열매는 분과로 난형이다.

이용부위 : 잎, 줄기, 뿌리

용　도 : 식용, 약용

이용방법 : 신선한 잎과 줄기는 요리에 사용한다. 뿌리나 잎에 수렴, 살균작용이 있다. 비빈 잎이나 뿌리를 갈아 습포제로 만들어 염좌, 타박상, 찰과상, 화상 치료에 쓴다. 달인 액은 거칠거나 튼 피부에 효과적이고, 목욕물에 넣어 사용해도 효과는 같다[3]. 조직과 뼈를 치료하고 세포 증식 효과가 있으며, 피부로 흡수되어 조직결합, 뼈, 연골의 성장을 촉진한다. 미국의 한 보고에서 적혈구를 파괴하는 것으로 밝혀졌는데 이것은 좌상에 효과가 있는 것으로 bruisewort(挫傷草)라고도 부른다. 위궤양의 전통적 치료약으로, 런던의 한 대학병원이 위 내 염증을 일으키는 프로스타그란딘※을 억제하는 사실을 밝혀냈다. 몇몇 연구에 의하면 성호르몬에 영향을 주어 난소나 정소를 자극하는 것으로도 알려져 있다[2].

주　의 : 논의가 진행중인 점을 고려하면 과도하게 사용하는 것은 피한다[2].

※프로스타그란딘 : 포유동물 조직 중에 있는 지용성 카본산. 강력한 호르몬 물질로 혈관 확장작용이 있다.

람즈이어

학명 : *Stachy byzantina*

과명 : LABIATAE (꿀풀과)

원산지 : 코카서스~이란

영명 : Lamb's Ears, Woolly Betony

특　징 : 속명의 Stachy는 그리스어 'stachys(수(穗))'의 뜻으로, 이 식물의 화서의 형에서 유래되었다. 높이 40cm 정도 자라며 가지를 옆으로 넓게 뻗는 반내한성이다. 잎은 5~10cm 정도로 난원형이고 회백색의 털이 밀생(密生)하며 비로드처럼 폭신폭신한 촉감이 있다. 꽃은 7월에 보라색의 수상화서(穗狀花序)가 달리며, 분홍색 꽃도 있다. 은회색 잎을 가졌기 때문에 'Silver Carpet'이라고도 한다.

이용부위 : 전초

용　도 : 가든용, 장식용

이용방법 : 크리스마스 도어를 장식하는 'Silver Carpet'이라고 하는 리스는, 람즈이어의 잎을 1장 1장 건조시켜 3개씩 모아서 꽃을 사이사이에 꽂아 넣어 만든 것이다. 이 식물은 이용 범위가 많은 은색 잎으로 인기가 있다. 포푸리에 사용하면 색의 효과가 좋다[3]. 허브 어레인지먼트에 사용하면 한결 부드러운 분위기를 연출할 수 있다.

스테비아

학명 : *Stevia rebaudiana*

과명 : COMPOSITAE (국화과)

영명 : Stevia

원산지 : 파라과이

특　　징 : 속명 Stevia는 식물학자이며 의사인 P.J. Esteve 씨의 이름에서 유래되었다. 높이 60~90cm 정도 자라는 상록성 다년초다. 하부는 목질화되어 있고 줄기에는 미세한 흰털이 밀생(密生)한다. 잎의 길이는 5~7cm로 도피침형(倒披針形)으로 둔한 거치가 있다. 전초(全草)에 서당(庶糖) 200~300배의 감미(甘味)를 가진 배당체(配當體) 스테비오사이드를 함유한다.

이용부위 : 잎

용　　도 : 식용, 향신료

이용방법 : 저칼로리의 감미(甘味)제로 주목받고 있다. 그늘에서 말린 경엽(莖葉)에서 추출하여 이용한다. 어린 잎을 따서 허브 차에 넣어서 차의 감미료로 사용한다. 말린 잎을 '빠라그아이' 감차(甘茶)라고 한다. 티백이나 정제(錠劑)로 판매되고, 다이어트할 때 음료로 사용한다[3].

학명 : *Tanacetum balsamita* (*syn. Chrysanthemum balsamita*)

과명 : COMPOSITAE (국화과)

영명 : Alecost, Costmary, Bible Leaf

원산지 : 유럽, 아시아

코스트마리

특　　징 : 속명의 Tanacetum은 '불사(不死)'라는 의미의 athanasia에서 옛 라틴명 tanazita가 생긴 것에서 유래되었다. 학자에 따라 chrysanthemum속에 분류하는 경우도 있다. 높이 80~90cm 정도 자라는 다년초로 줄기는 가늘고 빳빳하며 회녹색이다. 근경은 지면을 기어가며 뻗는다. 근생엽은 꽃이 필 때까지 남아 있으며 사방으로 퍼지고 우상(羽狀)으로 2~3회 갈라진다. 잎은 긴 타원형으로 독특한 향이 있다. 꽃은 두화(頭花)로 가지와 원줄기 끝에 1개씩 달리고 설상화(舌狀花)는 흰색이며 관상화(管狀花)는 황색이다.

이용부위 : 꽃, 잎, 줄기

용　　도 : 식용, 약용, 방충제, 방향제

이용방법 : 중세에 맥주의 풍미를 더하는 데 사용한 것에서 영명 Alecost라는 이름이 붙여졌다(al은 영어의 '맥주'와 cost는 라틴어의 '방향이 있는 약초'의 뜻). 이 식물은 방향과 소화를 돕는 특성이 있어서 유용한 요리용 허브다[2]. 독특한 발삼 향이 있는 잎을 잘게 썰어 상온의 버터에 넣어 허브버터의 풍미로 쓴다. 싱싱한 잎이나 꽃은 샐러드, 스프, 케이크, 육고기 요리에 사용한다[3]. 잎의 싸한 맛과 상쾌한 스피아민트 향을 가지고 있다. 잎은 리넨이나 포푸리의 향을 낸다. 방향이 있어 보존약, 방부제로 쓰이고, 으깬 잎은 진통제, 화상이나 벌레물린 데에 좋다. 차는 감기, 가래, 복통, 복부 경련을 완화시키며, 출산을 쉽게 하기 위해서도 사용한다[1].

학 명 : *Tanacetum parthenium*

과 명 : COMPOSITAE (국화과)

영 명 : Feverfew

원 산 지 : 유럽 남동부, 코카서스

휘브휴

특 징 : 속명의 Tanacetum은 '불사(不死)'라는 뜻인 athanasia에서 옛 라틴명인 tanazita가 생긴 것에서 유래되었다. 높이 30~80cm 정도 자라는 숙근성 다년초로 가지는 잘 분지한다. 잎은 국화잎처럼 생겼으며 우상심열하고 열편(裂片)의 폭은 넓고 다시 갈라지며 엽병이 있다. 두화의 직경은 13~22mm 정도이고 다수가 산방상으로 붙는다. 설상화(舌狀花)는 흰색이며 중심부는 황색이다.

이용부위 : 꽃, 잎

이용물질 : 에센셜 오일

용 도 : 식용, 약용, 미용제

이용방법 : 잎은 음식에 쓴맛을 내며 소화 완화제에 넣기도 한다. 혈관이나 염증을 완화시키거나 진정시킨다. 으깬 꽃봉오리는 두통이나 부은 관절염에 사용한다. 차는 귀울림이나 생리 불순, 출산 후 자궁 세척에 이용한다[1]. 이 식물은 과학적 검증이 된 몇몇 약초 중의 하나로, 1978년 영국 신문에 심한 편두통으로 고생하던 한 여성이 이 식물의 잎을 매일 먹고 병이 나은 이야기가 실린 적이 있다. 이 식물을 먹은 편두통 환자 10명 중 7명이 편두통 횟수가 줄거나 통증이 완화되었다고 한다. 이들 중 1/3 정도는 통증이 완전히 없어졌다고 한다. 더욱 진행된 연구에서는 메스꺼움, 구토의 진정, 관절의 통증이나 염증의 진정, 소화기능 촉진, 천식 발작의 경감 등의 약효를 가진 것으로 밝혀졌다. 특히 이 식물의 중요성은 편두통을 감소시키는 데 성공한 것이다[2].

주 의 : 부작용으로 입에 궤양이 생길 때에는 복용을 중지한다[2].

탠지

학명 : *Tanacetum vulgare*

과명 : COMPOSITAE (국화과)

영명 : Tansy, Golden Bottons

원산지 : 유럽

특 징 : 속명의 Tanacetum은 '불사(不死)'라는 뜻인 athanasia에서 옛 라틴명인 tanazita가 생긴 것에서 유래되었다. 높이 70~120cm 정도 자라는 숙근성 다년초다. 윗부분은 분지하고 밀집한 산방화서(繖房花序)로 달린다. 황색 두화(頭花)의 직경은 1cm 정도다.

이용부위 : 꽃, 잎, 줄기, 열매, 씨앗

용 도 : 식용, 약용, 방향제, 방충제, 염료용

이용방법 : 쑥과 같이 쯔용을 함유하고 있어 대량 또는 장기간 복용은 중추신경계에 장애를 일으킬 수 있다. 숙련된 허블리스트는 회충이나 선충 등 기생충의 구제약으로 유효하게 이용한다. 탠지 달인 것을 습포제로 하여 개선충이 생긴 피부의 세정을 위한 치료, 류머티스 관절의 통증을 완화시키는 데 사용한다. 또한 중세에는 벼룩이나 다른 해충을 퇴치하는 데도 이용했다[2]. 파리가 싫어하는 허브로, 고기를 잎에 싸서 냄새를 퍼트리면 파리가 가까이 오지 않는다고 한다. 페트병에 담아 현관에 두면 효과가 좋다고 한다[3]. 어린 잎은 노란 염색소를 낸다.

주 의 : 강력한 월경 촉진약으로 임신중에는 사용을 금한다[2].

학 명 : *Taraxacum sect. ruderalia* species

과 명 : COMPOSITAE (국화과)

영 명 : Dandelion, Fairy Clock

원 산 지 : 북반구

민들레

특 징 : 속명의 Taraxacum은 아랍어로 '쓴 풀'이라는 뜻을 변형시킨 이름이며, 페르샤의 쓴 풀이름 'talkh chakok'에서 생긴 중세 라틴명에서 유래되었다. 숙근성 다년초로 원줄기는 없으며 잎은 로켓모양으로 근생엽이 사방으로 퍼진다. 잎의 길이는 9~20cm로 잎에는 긴 엽맥(葉脈)이 있고 양편에 화살촉모양의 엽신(葉身)이 반복해 붙어 있고 잎의 양가장자리 끝은 아래쪽을 향해 뾰족하다. 꽃은 3~4월에 황색으로 피며 꽃대는 개화 후 길게 자란다. 꽃 밑에 털이 조밀하게 나 있다.

이용부위 : 꽃, 잎, 줄기, 뿌리

용 도 : 식용, 약용, 미용제, 방충제, 염료용

이용방법 : 잎은 비타민 A, 비타민 C, 철분이 풍부하여 쌈으로 먹거나 샐러드에 넣는다. 뿌리를 가을에 채취하여 깨끗하게 씻어 엷게 저며서 오븐에서 말리면 민들레 커피가 된다. 커피와 같이 종이 필터로 걸러서 마신다[3]. 쓰고 싸한 잎은 카스터드 푸딩에 조금 넣는다. 뿌리는 커피 대용으로 하며, 꽃은 와인에 들어간다. 뿌리는 쓴맛의 강장약으로 완하(緩下)작용을 갖고 소화 불량이나 변비에 효과가 있다. 강한 이뇨작용이 있어서 다이어트 식품에 섞으면 체내에 필요없는 수분을 빼 준다. 또 혈액이나 조직 정화작용도 있고 피부 염증이나 궤양, 류머티즘 증상을 개선한다. 액즙은 사마귀를 빼는 데 사용되기도 한다. 뿌리에는 자홍색의 염색소를 함유하고 있다[2].

붉은 클로버

학명 : *Trifolium pratense*

과명 : LEGUMINOSAE (콩과)

영명 : Red Clover

원산지 : 유럽

특　　징 : 속명의 Trifolium은 그리스어 'treis'와 라틴어 'folium(잎)'의 합성어로 잎이 3소엽인 데서 유래되었다. 높이 60cm 정도 자라는 숙근성 다년초다. 줄기는 직립하고 근경은 없다. 잎의 길이는 3~5cm로 작은 잎이 3개로 난형 또는 긴 타원형이다. 끝은 둥글고 표면에 흰색 무늬가 있다. 꽃은 자홍색으로 긴 꽃대가 줄기 상부 엽액(葉腋)에서 나와 많은 꽃이 공모양으로 핀다.

이용부위 : 꽃, 잎, 줄기, 뿌리, 씨앗

용　　도 : 식용, 약용

이용방법 : 꽃으로 만든 차는 유방암 환자들이 매일 마시면 효과적이고, 이 식물 전체는 여러 가지 암의 실험용 치료제로 쓰인다[1]. 꽃은 단 꿀을 만들고, 항염증과 세척 치료제로 피부염이나 관절염을 치료한다. 연구 결과에 의하면 항응고제(抗凝固劑)로 관상동맥 혈전증에 도움이 된다고 한다. 또한 종양을 억제시키는 성분의 존재를 확신하는 실험도 있었다. 완화약, 거담약으로 감기, 기관지염, 백일해 등에 유효하다. 습진(濕疹), 건선(乾癬)과 같은 피부병에도 사용하며, 특히 아토피성 질환의 어린이에게 유효하다[2].

곽향(월저먼더)

학명 : *Teucrium chamaedrys*

과명 : LABIATAE (꿀풀과)

영명 : Wall Germander

원산지 : 유럽 ~ 코카서스

특 징 : 속명의 Teucrium은 트로이아의 최초의 왕 Dioscorides가 이 속의 근연 종에 붙인 옛 그리스 명 'teukrion'에서 유래되었다. 높이 50cm 정도 자라는 다년초 또는 소저목이다. 어린 줄기는 네모지며 털이 있다. 포복지가 옆으로 뻗으면서 곧추 자라고 때로는 가지가 갈라진다. 잎은 1~2cm 마름모형으로 결각이 있으며 둔한 거치가 있다. 꽃은 7~8월에 분홍 또는 보라색으로 피며 2개씩 붙는다.

이용부위 : 꽃, 잎, 줄기

용 도 : 식용, 약용, 방향제, 방부제

이용방법 : 지상부는 소화를 도울 뿐만 아니라 강장주와 베르무트(백포도주에 향초 등으로 가미한 술)에 넣어 사용한다. 잎에는 이뇨(利尿)작용과 방부성(防腐性)이 있고, 발한작용을 촉진하며 담(痰)과 염증(炎症)을 줄인다. 지방 축적을 줄이고 궤양을 치료하는 방법이 연구중이다. 달인 즙은 염증을 치료하며, 예전에는 통풍(痛風)과 류머티즘 치료에 사용하기도 했다. 월저먼더와 녹차를 섞으면 체중 조절에 효과적이라고 알려져 있는데, 오랜 기간 복용하면 간에 손상을 초래할 수도 있다[1].

애기쐐기풀(네틀)

학명 : *Urtica dioica*

과명 : URTICACEAE (쐐기풀과)

원산지 : 북반구

영명 : Stinging Nettle, Small Nettle

특 징 : 속명의 Urtica는 라틴어 'uro(불태우다, 따끔따끔하다)'로 가시가 있어 닿으면 아픈 데서 유래되었다. 높이 1m 정도 자라는 다년초다. 여러 대가 한 군데서 나와 곧추 자라고 원줄기는 녹색이며 세로의 능선(稜線)이 있다. 잎의 길이는 5~10cm로 난형이다. 잎끝은 뾰족하고, 잎가에 규칙적이고 뾰족한 거치(鋸齒)가 있으며 밝은 녹색으로 엽병(葉柄)은 긴 편이다. 꽃은 7~8월에 피고 녹색이며 엽액(葉腋)에 달린다. 열매는 수과(瘦果)로 난상 원형이며 녹색이다. 가시에 찔리면 쐐기에 쏘인 것처럼 아프다.

이용부위 : 꽃, 잎, 줄기 뿌리, 열매, 씨앗

용 도 : 식용, 약용, 미용제, 방충제

이용방법 : 식용이나 약용으로 유용한 쐐기풀 종류는 가시가 있어서 혐오스럽지만, 어린 생장점과 잎은 비타민과 철분이 풍부하여 미숙한 대로 요리하거나 맥주 양조에 쓰인다. 싱싱한 녹색의 잎은 시금치처럼 요리하거나 스프나 허브 차로 이용한다. 차는 빈혈에 좋은 철분이 풍부한 강장제다. 잎은 아주 귀중한 화학비료이며, 혈액 순환을 자극한다. 요산(尿酸)을 맑게 하고 관절염을 완화시

키며, 습진이나 통풍도 치료한다. 즙은 습진, 화상, 삔 데, 치질을 치료한다. 씨앗은 폐결핵이나 기관지염(氣管支炎) 후의 폐를 치료하는 데 이용한다[1]. 또한 쐐기풀 종류는 철분의 보고(寶庫)로 귀중한 강장약이 된다. 불면증에 탁월한 치료 효과가 있고, 비타민 C로 인하여 철분 흡수를 확실하게 돕는다. 모유의 분비를 촉진하고, 혈당치를 내린다. 탁월한 수렴약으로 지혈에도 효과가 있다. 내복하면 월경 과다를 치료한다. 외용으로는 썰은 잎은 코피를 멈추게 하는 데 사용한다. 세정액은 치질 치료에 유효하다. 쐐기풀 종류에는 혈액 활성작용이 있으므로 사춘기의 소녀나 갱년기의 여성에게 사용하면 효과적이다. 습진 치료에도 좋다. 린스로 사용하면 비듬을 제거하는 작용이 있다[2].

학명 : *Valeriana officinalis*

과명 : VALERIANACEAE (마타리과)

영명 : Valerian

원산지 : 유럽, 아시아

바레리안(쥐오줌풀)

특 징 : 속명의 Valeriana는 린네가 로마의 황제에게 바친 이름이라는 중세어이며 'valer(강하게 되다)'라는 뜻에서 유래되었다. 높이 1.5cm 정도 자라는 다년초다. 뿌리에 강한 향기가 있으며 밑에서 뻗는 가지가 자라서 번식한다. 근생엽은 5개의 소엽이 우상으로 달리고, 경생엽은 마주보며 엽병은 길다 .꽃은 6~7월에 피며 연분홍색으로 원줄기 끝에 산방화서(繖房花序)로 달린다.

이용부위 : 잎, 뿌리

이용물질 : 에센셜 오일

용 도 : 약용, 방충제, 방향제

이용방법 : 뿌리 침출액은 건위, 두통, 진통에 효과가 있다. 한 연구에서 기분의 동요가 있는 환자에게 실험한 결과, 진정 효과가 있는 한편, 자극작용을 하여 피로 회복에도 효과가 있는 것으로 밝혀졌다. 불안 해소, 신경 과민, 불면증에 탁월한 치료제다. 강심작용이 있어 두근거림을 진정시키기도 한다. 몇몇 연구에서 혈압을 낮추는 효과가 있는 것으로 밝혀졌다. 바레포트리암 성분은 항경련작용이 있으므로 신경성 소화 불량, 위경련, 과민성 위염에 탁월한 효과가 있다. 차를 피부 세정제(洗淨劑)로 사용하면 피부 염증을 진정시킨다. 정유는 화장품 재료나 담배의 향료로도 사용된다. 이 식물도 캐트닢(*Nepeta cataria*)과 같이 고양이가 좋아한다[2].

주 의 : 다량 또는 장기간에 걸쳐서 사용하면 두통, 근육 경련, 두근거림을 일으킬 수가 있으므로 피해야 한다[2].

학명 : *Verbena officinalis*

과명 : VERBENACEAE (마편초과)

영명 : Vervain, Holy Wort

원산지 : 유럽 남부

마편초

특　　징 : 속명의 Verbena는 본 속의 officinalis 종(種)에 대한 옛 라틴명에서 유래되었다. 높이 30~80cm 정도 자라는 다년초다. 원줄기는 사각형이며 털이 있고 곧추선다. 잎의 길이는 3~10cm 국화잎처럼 생겼고 마주난다. 꽃은 7~8월에 연보라색으로 피며, 수상화서(穗狀花序)는 원줄기와 가지 끝에 붙는데 밑에서부터 위로 피어 올라가며 화서의 길이가 30cm 정도다.

이용부위 : 꽃, 잎, 줄기

용　　도 : 식용, 약용, 미용제

이용방법 : 신경계에 대한 강장작용이 있어 우울 상태를 해소시키고 신경 피로를 줄인다. 편두통, 신경질, 성을 잘 내는 성질 등으로 인한 두통 치료에 효과가 있다. 간장 질환과 담석 치료에도 처방된다. 모유의 분비 증가나 배당체의 역할에 의한 월경 시작의 촉진 등의 전통적 이용법은, 이미 실험에 의해 과학적인 것으로 판명되었다. 치육염에도 효과적인 입안 세정약이다. 수렴, 이뇨, 살균작용이 있으며 체내 정화를 위해 차로 마시거나 양치제로 사용한다. 목욕제로 사용하면 피부 미용에, 화장수로 이용하면 피부 탄력 효과가 있다. 유럽에서는 옛날부터 상처의 소독과 손상된 피부를 손질하는 데 사용했다. 레몬 버베나의 근연종으로 모든 버베인 종들은 대중적인 차가 된다. 차로 마시면 기분을 좋게 하는 효과가 있다. 생리 불순이나 균을 없애는 효과도 뛰어나지만 임부의 음용은 피한다[2].

베티브

학명 : *Vetiveria zizanioides*

과명 : GRAMINEAE (벼과)

영명 : Vetiver

원산지 : 열대아시아

특　　징 : 높이 180cm 정도 자라는 다년초다. 억세며 덤불이 무성하게 자란다. 뿌리와 근경은 방향성이 있다. 줄기는 곧추 자란다. 잎은 좁고 길며 밝은 녹색으로 아래부분은 밀집하여 뭉쳐서 난다.

이용부위 : 뿌리

이용물질 : 에센셜 오일

용　　도 : 식용, 약용

이용방법 : 뿌리의 에센셜 오일은 동양의 샤벳이나 단 과자를 조미하고, 향수나 비누, 화장품에 띄워 쉐이브의 향료로 사용한다. 인도네시아에서는 류머티즘을 치료하는 데 사용한다. 아로마테라피에서는 혈압 강하제로 쓰인다. 뿌리의 가루는 옷에 벌레가 생기지 않게 하는데, 이 향은 진하지만 신선하며 목향, 바이올렛, 밀라의 방향성 수지와 섞어 쓰기도 한다. 열대아시아에서는 이 식물의 뿌리를 병풍이나 부채, 매트를 만드는 데 사용했다. 인도나 네팔에서는 변하기 쉬운 토양을 안정시키기 위해 사용한다[1].

학 명 : *Viola odorata*

과 명 : VIOLACEAE (제비꽃과)

영 명 : Sweet Violet

원 산 지 : 유럽, 아시아

제비꽃

특 징 : 속명의 Viola는 제비꽃의 영명 violet에 대한 라틴명으로, 그리스어의 ion에서 유래된 것이다. 높이 15cm 정도 자라는 다년초다. 잎은 뿌리로부터 엽병(葉柄)이 길게 나와 그 끝에 넓은 난상 심장형이고 녹색이다. 잎가는 잔거치가 있다. 꽃은 3~4월에 진보라색으로 피며 중심부에는 황색의 무늬가 있고 향기가 난다. 흰색 꽃도 있다. 열매는 삭과(蒴果)로 털이 있다.

이용부위 : 꽃, 잎, 뿌리

이용물질 : 에센셜 오일

용 도 : 식용, 약용, 방향제, 미용제

이용방법 : 요리용으로는 신선한 꽃을 샐러드나 케이크의 장식 또는 과자의 향을 더하는 데 사용한다. 사포닌과 점액의 성분은 탁월한 거담작용과 진정작용을 하며, 호흡기계 질환 치료에 사용한다. 제비꽃 종류에는 몸을 차게 하는 성질이 있다. 프랑스에서는 숙취, 두통, 편두통 등 머리가 더워지는 증상의 치료에 사용한다. 치육염이나 목에 탁월한 입안 세정제나 양치약도 된다. 신선한 잎은 유두의 진무름이나 갈라진 데 진통과 치료의 효과가 있는 습포제가 된다. 뿌리는 다량 복용하면 최토작용이 있다. 꽃에는 약간의 진정작용이 있어서 불안 완화나 불면증 치료를 돕는다. 한방에서는 뿌리를 포함한 전초를 열이 나는 염증과 유행성 이하선염, 감기 치료에 처방한다[2]. 피부병에 탁월한 치료약으로, 상처의 치유 또는 궤양이나 부스럼 회복을 돕는 역할을 한다[3]. 방향을 가진 꽃의 에센셜 오일은 향수를 만들고, 말려서 포푸리에 이용하기도 한다[3].

학 명 : *Wasabia japonica* (=*Wasabia koreana*)

과 명 : CRUCIFERAE (십자화과)

영 명 : Wasabi

원 산 지 : 일본, 울릉도

고추냉이

특 징 : 속명의 Wasabia는 일본명 '와사비'에서 유래되었다. 높이 40cm 정도 자라는 다년초다. 굵은 원주형의 지하경(地下莖)에 많은 엽흔(葉痕)이 남아 있다. 잎의 길이는 8~10cm로 지하경(地下莖)에서 나온 잎은 30cm 정도의 엽병(葉柄)이 있고 심장형이다. 잎가는 불규칙한 잔 거치(鋸齒)가 있다. 꽃은 5~6월에 흰색으로 줄기 끝부분의 엽액(葉腋)이나, 끝에 짧은 총상으로 달린다.

이용부위 : 잎, 줄기, 뿌리

용 도 : 식용

이용방법 : 추운 산골짜기 주위에서 자라며, 일본 요리에 자주 사용된다. 잎과 엽병을 사용하기도 하지만 거의 대부분 껍질을 벗겨 갈은 근경(根莖)을 많이 쓴다. 기생충을 죽이고, 회의 색깔과 신선도가 높은 것처럼 깨끗하고 빨갛게 보이도록 하여 맛을 더 좋게 한다. 회, 초밥, 국수, 두부와 같이 나오거나 간장과 섞어서 사용한다[1].

학 명 : *Zingiber officinale*

과 명 : ZINGIBERACEAE (생강과)

영 명 : Ginger

원 산 지 : 열대아시아

생강

특 징 : 속명의 Zingiber는 산스크리트어 'sringavera(각형)'이란 뜻으로 근경의 형태가 각이 진 데서 유래되었다. 높이 1.5m까지 자라는 다년초다. 근경은 굵고 옆으로 자라며 육질이 연황색으로 맵고 향기가 있다. 각 마디에 엽초(葉鞘)로 형성된 가짜 줄기가 곧추 자란다. 잎의 길이는 20~40cm로 선상 피침형으로 밑은 긴 엽초(葉鞘)로 된다. 꽃은 8월에 엽초에 쌓인 길이 20cm 정도의 화경(花梗)이 자라 그 끝에 화수(花穗)가 달리며 흰색의 꽃이 피며 향기가 있다.

이용부위 : 꽃, 잎, 줄기, 뿌리

이용물질 : 에센셜 오일

용 도 : 식용, 약용

이용방법 : 잎이 푸를 때 근경을 수확하여 조리나 설탕 절임 등의 보존식으로 가공한다. 특히 극동의 요리에 널리 이용된다. 허브 차는 거담(去痰)작용이 있고 발한(發汗)을 촉진하므로 감기나 인플루엔자에 효과가 좋다. 폐(肺)를 따뜻하게 하여 점액(粘液)이나 담(痰)을 배출시키는 작용이 있다. 생즙이나 침출액을 두피에 문지르면 육모(育毛)를 촉진하는 것으로 알려져 있다. 생강은 몸을 따뜻하게 하여 위를 자극하고 위액의 분비를 촉진하여 음식물 흡수를 돕는다. 소화 불량, 산통(疝痛), 고창(鼓脹), 토기(吐氣), 순환 불량을 완화시킨다. 한방에서는 생것과 말린 것을 구분하여 사용하는데, 생것은 감기 치료나 발한 촉진에 뛰어나고, 말린 것은 호흡기나 소화기 질환 치료에 적당하다[2].

HERBHERBHERBHERBHERBHERB

4

1 · 2년초(ANNUALS AND BIENNIALS)

돼지풀

학명 : *Ambrosia artemisiifolia*

과명 : COMPOSITAE (국화과)

영명 : Common Ragweed, American Ragweed

원산지 : 북아메리카

특 징 : 속명의 Ambrosia는 그리스어와 라틴어로 '신의 음식'이란 뜻이며 불로장수(不老長壽)의 약이란 뜻이지만 꽃가루병을 일으킨다. 높이 1~2m 정도 자라는 1년초다. 전체에 짧은 털이 있고 가지가 많이 갈라진다. 잎의 길이는 3~13cm로 2~3회 우상으로 갈라진다. 표면은 진녹색으로 털이 있고 뒷면은 회색이 돌며 털이 있다. 꽃은 8~9월에 원줄기와 가지 끝에 두화(頭花)가 수상으로 달린다.

이용부위 : 꽃, 잎, 줄기, 뿌리, 열매, 씨앗

용 도 :약용

이용방법 : 아메리카 원주민들은 으깬 잎을 벌레물림이나 간염에 사용하고, 피부병 치료에도 쓴다. 두피 세척제로 바르거나 감염된 외상이나 눈에 찜질약으로 바른다. 잎으로 만든 차는 지혈용, 복부 경련, 변비, 구토, 폐렴, 해열제로 쓴다. 뿌리로 만든 차는 생리 불순을 치료하고, 씨앗은 오일을 만드는 원료다[1].

학명 : *Anethum graveolens*

과명 : UMBELIFERAE (산형과)

영명 : Dill, Ameto

원산지 : 유럽 남부~인도

딜

특 징 : 속명의 Anethum은 옛 그리스명 'ana(침투하다)'와 'aithein(태우다)'의 합성어로 자극하는 냄새에서 유래되었다. 높이 60cm 정도 자라는 1년초다. 잎은 깃털처럼 3~4회 우상복엽(羽狀複葉)으로 향이 있으며 청녹색이다. 꽃은 황색이며 복산형화서(複傘形花序)로 여름에 핀다. 덜 익은 열매는 달콤한 향을 가진다. 열매는 분과(分果)로 분리되어 납작한 타원형으로 갈색으로 익는다.

이용부위 : 꽃, 잎, 줄기, 열매, 씨앗

이용물질 : 에센셜 오일

용 도 : 약용, 방향제, 미용제

이용방법 : 요리용 허브로 식욕이나 소화를 촉진하고, 생선요리, 샐러드, 크림에 첨가한다. 씨앗은 피클이나 식초에 들어간다. 차로는 전초를 사용할 수 있다. 중세 유럽에서는 기사들이 습포약으로 사용했다고 한다. 향에는 진정작용이 있어 고창(鼓脹)이나 산통(疝痛)을 완화시킨다. 베개에 딜의 씨앗을 넣으면 수면에 효과가 있다. 어린이의 복통을 멈추게 하는 물약이나 그 외의 소아약(小兒藥) 성분이 된다. 스파이시한 향기로 냄새 제거나 안면에 효과가 있다[3), 2)]. 에센셜 오일은 비누, 샴푸, 치약의 향료로 사용된다.

안젤리카

학명 : *Angelica archangelica*

과명 : UMBELLIFERAE (산형과)　　**영명** : Angelica

원산지 : 유럽 동부, 유럽 북부~중앙아시아

특　　징 : 속명의 Angelica는 라틴어 'angelus(천사)'의 뜻으로 역병이 유행할 때 꿈 속에 나타난 천사가 수도사에게 이 식물의 약효를 전했다고 하며, 본 속의 식물 중에 강심제적 효과가 있는 것이 있어서 죽은 사람을 소생시킬 수 있다는 데서 유래되었다. 높이 1~2m 정도 자라는 2, 3년초다. 윗부분의 가지는 갈라지고 뿌리가 굵다. 밑부분의 잎은 엽병이 길고 3개씩 2~3회 우상으로 갈라진다. 윗부분의 잎은 작고 엽병(葉柄)이 굵어져 도란형, 긴 타원형으로 된다. 꽃은 6~8월에 큰 산형화서(傘形花序)가 달린다. 소화편은 20~40개로 길이 4~6cm다. 열매는 분과로 편편한 타원형이다.

이용부위 : 잎, 줄기, 뿌리, 수지, 씨앗

이용물질 : 에센셜 오일

용　　도 : 식용, 약용, 향신료, 방향제, 미용제

이용방법 : 새 잎이나 어린 줄기를 말린 것은 약해진 위장에 활력을 주는 차로 사용한다. 물론 생잎을 샐러드로 먹어도 같은 효과를 기대할 수 있다. 줄기만을 신맛이 나는 과일과 같이 삶아도 맛있다. 요리용 허브의 하나로 잎은 '오늘 따

도 내일 돋아난다' 는 말과 같이 생육이 왕성하고 따면 딸수록 싹이 새로 난다. 수확은 꽃줄기가 길어질 때까지 가능하다. 어린 잎은 줄기 채 데쳐서 나물로 먹거나 된장국에 넣어도 맛과 영양가도 높다[3]. 방향이 있는 쓴맛은 위장에 대단히 좋으며 소화 불량, 복통, 산통, 고창을 완화한다. 소화기관을 자극하고 따뜻하게 하는 작용이 있다. 혈액 순환을 촉진시켜 찬 손발을 따뜻하게 한다. 빈혈에도 효과가 있고, 항균작용과 항진균작용을 하는 것으로 확인되었다. 전초는 몸을 따뜻하게 하는 역할을 하며, 거담약으로 습기나 한기로 악화된 천식이나 기관지염 치료에 효과가 있다. 달인 액은 발한작용이 있어 감기를 가볍게 한다. 에센셜 오일에는 소독작용, 이뇨작용도 있어 비뇨기 감염증에도 효과가 있다. 에센셜 오일 성분 중의 하나인 피넨은 항미생물작용이 있고, 거담작용도 있다.

⋆**당귀**(*Angelica sinensis*) : '여성을 위한 약용 인삼' 이라고도 하며, 한방에서는 혈액 증강약으로 사용한다.

주　　의 : 광선에 대한 눈의 과민증을 일으키는 물질을 포함하므로 대량 사용하는 것은 피한다[2].

처빌

학명 : *Anthriscus cereifolium*

과명 : UMBELLIFERAE (산형과)

영명 : Chervil

원산지 : 유럽, 서아시아

특 징 : 속명의 Anthriscus는 고대 로마명으로 anthriskon이라는 그리스의 식물명에서 유래되었다. 높이 60cm 정도 자라는 1년초다. 줄기는 많이 갈라지고 속이 비어 있으며 가늘고 밝은 녹색이다. 잎은 레이스모양으로 예쁘게 갈라져 고사리잎 비슷하다. 꽃은 여름에 원줄기와 가지 끝에 작은 흰색의 꽃이 산형으로 달린다.

이용부위 : 잎, 줄기

용 도 : 식용, 약용, 미용제

이용방법 : 요리용 허브로 스프, 샐러드, 오믈렛, 드레싱에 첨가하며, 특히 프랑스 요리에 많이 이용된다. 달인 액은 진통, 소염작용을 하므로 목욕제나 습포제로 상처나 염증을 치료한다. 벌레 물린 데를 처치하거나 손상된 피부 손질에 사용한다. 탈모나 주름 방지에도 효과적이다. 생줄기나 잎의 즙은 피부를 청결히 하고 세정 효과를 높인다[3].

학 명 : *Arctium lappa*

과 명 : COMPOSITAE (국화과)

영 명 : Burdock

원 산 지 : 유럽

우엉

특 징 : 속명의 Arctium은 그리스어 'arktos(곰)'의 뜻으로 과실에 낚시모양의 꼬부라진 가시털이 곰의 털과 비슷한 데서 유래되었다. 높이 1.5m 정도 자라는 2년초다. 키가 크며 가지를 친다. 뿌리는 길고 곧게 뻗는다. 근생엽은 길이가 40cm 정도로 크고 둥글며 엽병(葉柄)은 굵다. 잎은 약간 파상이 져 있다. 잎가는 거치(鋸齒)가 있으며 앞면은 진녹색이고 뒷면은 털이 있다. 두화(頭花)는 6~7월에 자색 또는 흰색으로 가지 끝에 산방상으로 달린다. 열매는 수과(瘦果)로 빽빽이 달린다. 종자는 흑자색(黑紫色)으로 설탕을 함유한다.

이용부위 : 잎, 줄기, 뿌리, 씨앗

용 도 : 식용, 약용

이용방법 : 생장점과 뿌리는 끓인 다음 살짝 볶아 맛을 내거나 우려내어 최음제로 사용하며, 강장제로서 몸을 튼튼하게 한다. 뿌리는 피를 맑게 하고 감기를 예방하며 피부병이나 류머티즘을 일으키는 독을 없애고 간장 결석과 방광염을 치료한다. 연구 결과에 의하면 순한 암 방지제다[1]. 또한 혈액이나 조직을 정화하므로 월경기에 서서히 이용하면 좋다. 식물 전체에 은은한 이뇨, 발한, 완화약으로서의 특성을 갖고 있다. 습진, 건선 등의 피부병에도 처방된다. 식물 중의 폴리아세틸렌이 항균작용을 한다. 프랑스에서는 생뿌리도 혈당을 낮추는 데 사용하며, 식물 중에 함유된 이누린은 당뇨병에 효과가 있다. 잎은 좌상(挫傷)이나 피부 손상에 습포제로 효과가 있다. 잎과 뿌리로 만든 로션을 두피에 마사지하면 양모(養毛) 효과가 있다[2].

스위트 웜우드(개사철쑥)

학 명 : *Artemisia annua*

과 명 : COMPOSITAE (국화과)

영 명 : Sweet Wormwood

원 산 지 : 유럽 남동, 이란, 중국, 북아메리카

특 징 : 속명의 Artemisia는 소아시아 카리아 왕 Mausolus의 왕비 Artemisia를 기념하기 위해 붙여진 데서 유래되었다. 높이 3m 정도 자라는 1년초다. 깃털모양의 잎은 진녹색이며 거치(鋸齒)가 있다. 줄기는 녹색이나 때로는 붉다. 가을이 되면 줄기가 붉어진다. 꽃은 6~7월에 연황녹색의 두화(頭花)가 원추화서(圓錐花序)로 달린다.

이용부위 : 꽃, 잎, 줄기, 씨앗, 오일

용 도 : 약용

이용방법 : 인도차이나에서는 황달, 이질, 피부 질환을 치료한다. 중국의 본초학자들은 부작용이 있다는 것을 경고함에도 불구하고, 상처로 인한 출혈을 멈추게 하거나 새로운 근육 성장을 돕는 데 이것을 추천한다. 말라리아를 예방하기 위해 중국 군대에서 사용했다. 중국의 연구에서는 약물 저항력을 다루는 말라리아 예방 혼합물, 알테미시닌(artemisinin)을 분리시켰다. 씨앗은 안 질환(眼疾患)을 치료한다[1].

학명 : *Avena sativa*

과명 : GRAMINEAE (벼과)

영명 : Oats, Groats

원산지 : 서유럽

귀리

특 징 : 속명의 Avena는 옛 라틴명이며 처음에는 '음식물'이란 뜻에서부터 유래되었다. 높이 1m 정도 자라는 1년초다. 줄기는 곧추서며 속이 비어 있다. 잎의 길이는 15~30cm로 칼날 같고 엽초(葉鞘)가 길며 엽설(葉舌)은 짧고 잘게 갈라진다. 꽃은 5~6월에 피며 원추화서(圓錐花序)는 길이가 20~30cm이고 가지가 윤생(輪生)하며 다시 갈라진다. 소수(小穗)는 대가 있고 녹색이며 2개의 소화가 들어 있고 밑으로 처진다. 열매는 영과(穎果)로 내외영으로 싸이고 털이 있으며, 한쪽에 홈이 파진다.

이용부위 : 잎, 줄기, 씨앗

용 도 : 식용, 약용

이용방법 : 비타민 E, 철분, 단백질이 풍부하고 심장, 신경, 흉선(胸線)에 좋은 식품강장제다. 빵에 사용되는 귀리의 겨는 콜레스테롤의 감소를 돕는다. 익은 곡물을 달인 즙은 우울증, 폐경기의 에스트로겐 결핍, 잘 낫지 않는 감기 그리고 대상포진과 근육 경화에 의한 쇠약, 무기력함을 치료한다. 눌린 귀리는 오트밀을 만든다. 좋은 귀리는 건조한 피부와 습진을 안정시킨다[1]. 알칼로이드의 아베닌은 중추신경계를 자극하기 때문에 사료로 귀리를 많이 먹인 말은 흥분한다. 전초(全草)를 약으로서 복용하면 쇠약한 신경계에 치료 성분과 영양분을 보급하는 역할을 한다. 노이로제나 우울증, 때로는 건강 회복기의 환자에게 매우 효과있는 약이 된다[2].

주 의 : 다량을 복용하면 후두부에 두통을 일으키는 경우가 있다[2].

보리지

학명 : *Borago officinalis*

과명 : BORAGINACEAE (지치과)

영명 : Borage

원산지 : 유럽

특 징 : 속명의 Borago는 라틴어 'borra(강모)'의 뜻에서 유래되었다. 15~70cm 정도 자라는 1년초다. 전초에 털로 덮여 있는 줄기는 두텁고 가지를 많이 친다. 잎은 5~20cm로 긴 난상 타원형으로 녹색이며 어긋난다. 오이 냄새가 난다. 꽃은 7~8월에 보라색으로 가지 끝에 산방상으로 달린다. 꽃잎은 5장이며 수술은 검은색이다.

이용부위 : 꽃, 잎, 줄기, 씨앗

용 도 : 식용, 약용, 미용제

이용방법 : 의학적 연구 가치가 높은 식물로, 고대인은 항우울약으로서의 효과가 있어서 그 가치를 칭송했다. 습진이나 피부병에도 효과가 있다. 이뇨(利尿), 발한작용(發汗作用)도 있다[3]. 잎과 씨앗의 성분은 호르몬에 영향을 주기 때문에 모유량을 증가시킨다는 지적도 있다. 최근 씨앗에 함유된 고농도의 감마 리놀산이 발견되어 많은 질환에 도움을 줄 것으로 생각된다. 최근 씨앗에서 채유(採油)되는 보리지유는 마사지 오일, 화장 크림으로 소비가 급증하고 있다. 잎과 꽃은 목욕제로 사용하면 피부를 부드럽고 청결하게 하며 심신의 긴장 해소에 도움이 된다[2].

학 명 : *Brassica nigra*

과 명 : CRUCIFERAE (십자화과)

영 명 : Black Mustard

원 산 지 : 유럽

갓

특 징 : 속명의 Brassica는 양배추의 옛 라틴명이며 캘트어로 양배추를 bresic이라고 한 데서 유래되었다. 높이 1m 정도 자라는 1년초다. 윗부분은 갈라진다. 근생엽은 넓은 타원형 또는 도란형이다. 끝이 둥글고 잎가는 불규칙한 거치(鋸齒)가 있으며 엽병(葉柄)이 있으나 잎모양은 다양한 변화를 보인다. 경생엽은 긴 타원상 피침형이며 잎가는 밋밋하거나 연한 거치가 있고 엽병(葉柄)이 없으나 원줄기를 감싸지 않는다. 꽃은 4~7월에 황색의 꽃이 총상화서(總狀花序)로 달린다. 씨앗으로 겨자를 만든다.

이용부위 : 꽃, 잎, 씨앗

이용물질 : 에센셜 오일

용 도 : 식용, 약용

이용방법 : 검은 씨는 가장 좋은 겨자를 만드는 데 사용되며 강한 향을 갖는다. 그러나 기계적인 수확이 힘들어 갈색 씨앗으로 대체되어 왔다. 조리용으로 육고기 요리나 스프, 소스, 드레싱에 사용한다. 겨자는 혈액 순환을 활발하게 하여

갓

미약(媚藥) 제조에 쓰인다. 또 기관지염을 치료하며, 물에 넣고 발을 담그면 따뜻해져서 혈행을 촉진시킨다. 찜질약은 동상과 류머티즘, 염증 완화에도 효과가 있다[1]. 오일은 강력한 항균작용, 항진균작용이 있으나 피부에 바르면 물집이 생기는 경우도 있다. 또 몸을 따뜻하게 하고 소화기계를 자극한다[2].

양배추

학명 : *Brassica oleracea*

과명 : CRUCIFERAE (십자화과)

영명 : Wild Cabbage

원산지 : 서유럽

특 징 : 속명의 Brassica는 양배추의 옛 라틴명이며 캘트어에서는 양배추를 bresic이라고 한 데서 유래되었다. 재배하는 2년초로 잎은 두텁고 털이 없으며 백분색이 돈다. 잎가에 불규칙한 거치(鋸齒)가 있고 서로 겹쳐지고 중앙부의 것은 단단하게 포개져서 공처럼 둥글게 된다. 5~6월에 2년생 뿌리에서 화경(花梗)이 자라 윗부분에서 총상화서(總狀花序)가 발달하고 연황색의 십자화가 달린다.

이용부위 : 잎, 줄기, 열매, 씨앗

용 도 : 식용, 약용

이용방법 : 영양이 풍부한 잎은 생으로 먹기도 하고 볶거나 삶아서 먹는다. 잎은 미네랄과 비타민 A, 비타민 B_1, 비타민 B_2, 비타민 C를 함유하고 있다. 또한 소화작용을 돕는 강장제 역할을 한다. 생잎으로 만든 찜질약은 관절염, 근육통, 두통을 완화시킨다. 박테리아를 억제하고 상처, 피부 궤양, 감염된 부분의 세포조직 성장속도를 증가시킨다. 야생은 신경통을 경감시키며 간장을 해독한다. 최근 연구에서 양배추 잎의 즙은 위궤양을 완화시키는 것으로 밝혀졌다[1].

금잔화

학명 : *Calendula officinalis*

과명 : COMPOSITAE (국화과)

영명 : Calendula, Pot Marigold

원산지 : 남유럽, 지중해

특　　징 : 속명의 Calendula는 로마인들이 달의 초하루를 'calendae'라고 했으며 이것을 1개월로 하여 꽃이 1개월 동안 피는 데서 유래되었다. 높이 20~70cm 정도 자라는 1년초 또는 다년초다. 줄기는 갈라지며 총생(叢生)한다. 잎의 길이는 5~15cm로 주걱모양이며 털이 있고 부드럽다. 잎가는 거치가 있고 어긋난다. 꽃의 색은 주황색으로 향기가 독특하며 약간 악취가 있다.

이용부위 : 꽃, 잎, 오일

용　　도 : 약용, 미용제

이용방법 : 꽃을 이용한 습포제는 화상, 탕상(湯傷), 불똥이 튀어 번진 곳에 뛰어난 응급 처치가 된다. 냉침출액은 결막염의 세안수로 유효하다. 항진균성도 있어 칸디다증 치료의 보조약으로 사용한다. 내복하면 위염, 위궤양, 십이장궤양에도 효과가 있다. 담즙의 분비를 촉진하기 때문에 소화기관의 좋은 치료약이 된다[2]. 꽃을 달인 액은 외상, 화상, 동상, 습포제나 도포제로 쓴다. 피부를 젊게 하는 효과도 있어 목욕제로 이용한다. 베이비오일에 담근 것은 햇볕에 탄 피부나 피부를 부드럽게 하는 데 효과가 있다[3].

삼

학명 : *Cannabis sativa*

과명 : CANNABACEAE (삼과)

영명 : Cannabis

원산지 : 중앙, 서아시아

특 징 : 속명의 Cannabis는 옛 그리스명으로 페르샤명 kanb에서 유래한다. 높이 3m 정도 자라는 1년초다. 원줄기는 곧추 자라며 둔한 사각형이고 잔털이 있으며 녹색이다. 잎은 장상엽으로 밑부분에서는 마주나며 엽병이 길고 5~9개로 갈라진다. 꽃은 7~8월에 연녹색으로 수꽃은 원추화서로 달리며 암꽃은 짧은 수상화서에 달린다.

이용부위 : 꽃, 잎, 줄기, 수지, 씨앗

용 도 : 식용, 약용, 향신료

이용방법 : 여러 나라에서 몇 세기 동안 불법임에도 불구하고 꽃, 잎, 씨앗, 수지를 약이나, 정신적 치료를 위해 피우거나 마셨다. 생생한 수지는 잎과 줄기의 털 또는 시든 암꽃에 주로 있다. 인도에서는 불면증, 신경 과민, 생명 연장을 위해 사용하기도 한다. 천식, 생리통, 편두통, 류머티즘을 완화하고 근육 손실을 감소시킨다. 우울증, 간질, 하반신 불수에 도움이 되는 효과가 있다. 메스꺼움을 완화하고 화학 치료, 에이즈 환자의 식욕을 도우며, 복합경화증의 근육 경련을 덜어 준다. 씨앗은 진통제로, 채취한 오일은 광택제로 사용한다[1].

고추

학명 : *Capsicum annuum*

과명 : SOLANACEAE (가지과)

원산지 : 열대아메리카

영명 : Sweet Pepper, Capsicum

특 징 : 속명의 Capsicum은 그리스어 'capsa(주머니)'의 뜻으로 주머니 같이 생긴 모양에서 유래되었다. 높이 1m 정도 자라는 1년초이나 열대지방에서는 다년초로 취급된다. 잎은 2~5cm로 난상 피침형이다. 양끝은 좁아지고 잎가는 밋밋하고 엽병(葉柄)은 길고 어긋난다. 꽃은 흰색으로 6월부터 핀다. 엽액(葉腋)에 1개씩 밑을 향해 달린다. 열매는 장과(漿果)로 처음은 녹색이다가 차차 적색으로 익는다.

이용부위 : 잎, 열매

용 도 : 식용, 약용

이용방법 : 주로 아시아와 중앙아메리카에서 사용되는 매운 맛의 향신료이지만, 요리에 사용되는 것은 단맛과 매운 맛의 2가지 종류가 있다. 비타민 C와 소화 자극물질이 풍부한 단맛의 피망은 샐러드에 사용하고 절임을 하기도 한다. 타바스코 소스의 주원료인 매운 맛의 고추는 부드러운 음식에 활력을 주며 카레에 열을 준다. 고추의 얼얼한 캡사이신은 순환계와 지각신경을 자극하고 음식을 살균하며 목의 쓰라림을 완화시킨다. 추출한 기름은 류머티즘, 수족 냉증,

고추

신경통을 위한 따뜻한 마사지에 사용된다[1]. 민간에서는 강력한 자극약으로 이용되고 있으며, 피부에 닿으면 타는 듯한 감각이 있다. 연고, 바르는 약, 고약은 근육통, 관절염, 신경통, 요통, 굳어지기 전의 동상 등의 치료에 이용된다. 비타민 C가 풍부하여 초기 감기에도 효과가 있으며, 항균성이 있고 소량은 식욕 증진에 도움을 주지만 과다하면 위장염을 일으키거나 간장이나 신장에 손상을 줄 수가 있다[2].

냉이

학명 : *Capsella bursa-pastoris*

과명 : CRUCIFERAE (십자화과)

영명 : Shepherd' s Purse

원산지 : 아열대, 북반구 온대

특 징 : 속명의 Capsella는 라틴어 'capsa(주머니)'의 축소형이며 열매가 주머니 같은 모양에서 유래되었다. 높이 50cm 정도 자라는 1, 2년초로, 곧추 자라며 가지가 많이 갈라지고 뿌리는 곧고 흰색이다. 근생엽은 지면에 퍼지며 우상으로 갈라지고 길이는 10cm 이상이나 경생엽은 어긋나며 위로 갈수록 작아져 엽병이 없어지면서 원줄기를 감싼다. 꽃은 4~5월에 원줄기 끝에 흰색의 십자화가 총상화서를 이룬다. 열매는 편평한 삼각형이며 20~25개의 종자가 들어 있다.

이용부위 : 꽃, 잎, 줄기, 열매, 씨앗

용 도 : 식용, 약용

이용방법 : 어린 전초는 데쳐서 무쳐먹거나 된장국 등에 넣거나 샐러드를 만들어 먹는다. 지상 부위는 살균제, 이뇨제, 방광염과 설사를 치료하는 데 쓰인다. 혈액 순환을 촉진하고 혈관을 수축시키며 정맥류나 과다 출혈을 치료하는 지혈용 허브다. 잎은 혈압을 일시적으로 떨어뜨리는 기능이 있다[1]. 비뇨기의 감염증, 혈뇨, 월경 과다에도 효과가 있지만, 반드시 의사의 처치가 필요하다. 치질(痔疾), 확장사행정맥(擴張蛇行靜脈), 코피 멈춤에도 효과가 있다.[2]

홍화

학명 : *Carthamus tinctorius*

과명 : COMPOSITAE (국화과)

원산지 : 이집트, 인도, 지중해

영명 : Safflower, Saffron Thistle

특징 : 속명의 Carthamus는 아라비아어의 'gurton(염색하다)'라는 뜻으로 이 식물의 꽃에서 염료를 채취한 데서 유래되었다. 높이 1m 정도 자라는 1, 2년초로, 상부에서 줄기가 갈라진다. 잎의 길이는 3~5cm로 긴 타원형으로 엽병(葉柄)이 없으며 어긋난다. 꽃은 7월에 가장자리에 바늘모양의 거치(鋸齒)가 있으며 선황색으로 위를 향하여 두화(頭花)가 달린다.

이용부위 : 꽃, 종자

용도 : 식용, 약용, 관상용, 염료용

이용방법 : 종자에는 25% 정도의 유정분(油精分)을 함유하고 있으며 그 중 동맥경화를 방지하는 노르산이 다량 함유되어 건강 식용유로 인기가 있다. 절화는 플라워어레인지먼트에 사용되며, 말린 꽃도 장식용으로 사용한다. 적당히 핀 꽃을 채집하여 삶아서 염액을 만드는데, 색소는 황색~적색을 낸다. 매염제(媒染 劑)가 알미늄이면 황색, 아연이면 구리색으로 나타난다[2].

수레국화

학명 : *Centaurea cyanus*

과명 : COMPOSITAE (국화과)

영명 : Corn Flower, Bachelor's Button

원산지 : 북반구 온대

특 징 : 속명의 Centaurea는 라틴어의 centaur로 그리스 신화에 나오는 '반인반마(伴人伴馬)'의 괴물을 뜻하는 것으로 이들 중 chiron이 화살에 맞은 것을 본 식물로 치료한 데서 유래되었다. 높이 30~90cm 정도 자라는 1, 2년초로 줄기와 잎은 솜털로 덮여 있고 줄기는 분지(分枝)한다. 잎은 좁은 피침형, 선상 피침형이며 어긋난다. 꽃은 5~6월에 두상화로 단생하며 보라색, 흰색, 연분홍색, 진홍색, 적자색(赤紫色) 등 매우 다양하다. 꽃 전체의 형태는 방사형으로 배열되어 있고 꽃잎은 설상화(舌狀花)다.

이용부위 : 꽃, 잎

용 도 : 절화용, 염료용, 포푸리

이용방법 : 드라이한 질감을 가진 꽃으로 꽃색은 청색, 보라, 자주, 분홍, 흰색 등 다양하다. 개화 직후에 따내 꽃잎을 끓여 우려낸 염액으로 염색하면 꽃색처럼 아름다운 청색 계통의 색이 난다[3]. 꽃잎을 말려 포푸리에 이용하거나, 다양한 색상을 이용한 플라워 어레인지먼트나 리스 등 폭넓게 장식할 수 있다.

학 명 : *Carum carvi*

과 명 : UMBELLIFERAE (산형과)

영 명 : Caraway

원산지 : 유럽, 서아시아

커리웨이

특 징 : 속명의 Carum은 화서의 형이나 또는 산형과의 어느 식물에 붙여진 그리스명 'karos'에서 유래되었다. 높이 50~60cm 정도 자라는 2년초다. 줄기는 곧추서며 가지는 갈라진다. 잎은 2회 우상으로 갈라지며 열편(裂片)은 더욱 잘게 갈라진다. 순한 향기가 난다. 꽃은 6~7월에 작고 흰색의 산형화서(傘形花序)가 줄기 끝에 달린다. 열매는 삭과로 속에 종자가 들어 있으며 익으면 터지고 종자는 초생달모양이다.

이용부위 : 잎, 뿌리, 씨앗, 오일

용 도 : 식용, 약용, 향신료

이용방법 : 차에는 강한 소화작용과 함께 냄새를 제거하는 효과가 있기 때문에, 향이 강한 요리를 먹은 후에 즐기면 좋다. 스파이시한 향기는 피클 절임, 빵, 케이크, 비스켓, 스프의 풍미나 주류의 향기를 내는 데 쓴다. 올리브 오일에 잎, 열매를 절인 것은 드레싱으로 좋다. 잘게 썬 잎은 샐러드로 이용된다[3]. 화석화된 이 식물의 씨앗이 중석기 시대의 유적에서 발견되어, 적어도 5,000년 이상 이용되어 온 것으로 추정된다. 아라비아의 어떤 의사는 옛날부터 사용되어오다가 아마 13세기에 유럽으로 전해졌을 것이라고 생각한다고 했다. 이 허브가 널리 사용된 요인 중의 하나는 씨앗이 소화작용을 높이는데 있으며, 네덜란드에서는 대규모로 재배되고 있다. 씨앗은 식욕을 증진시키고 고창(鼓脹)※을 억제한다[2].

※고창(鼓腸) : 장내에 가스가 차서 배가 부른 증상.

학명 : *Chelidonium majus*

과명 : PAPAVERACEAE (양귀비과)

영명 : Greater Celandine, Swallow Wort

원산지 : 서아시아, 유럽

애기똥풀

특 징 : 속명의 Chelidonium은 그리스어 'chelidon(제비)'라는 뜻으로, 이 식물의 유액으로 어린 제비의 눈을 씻어 시력을 강화했다고 하는 것에서 유래되었다. 높이 30~80cm 정도 자라는 2년초 또는 다년초다. 원뿌리는 땅 속 깊이 들어간다. 원줄기는 잎과 같이 분을 칠한 듯 흰빛이 돌고 상처를 내면 황색의 유액(乳液)이 나오기 때문에 애기똥풀이라고 한다. 잎의 길이는 7~15cm이고 1~2회 우상으로 갈라지며 어긋난다. 잎 표면은 녹색이다. 잎가는 결각(缺刻)과 둔한 거치(鋸齒)가 있다. 꽃은 5~8월에 원줄기와 가지 끝에 황색의 꽃이 산형화서(傘形花序)로 달린다. 열매는 삭과(蒴果)로 3~4cm의 길이로 좁고 길며 끝이 2개로 갈라진다.

이용부위 : 꽃, 잎, 줄기, 뿌리, 수지

용 도 : 약용

이용방법 : 신선하고 독성이 있는 지상 부위는 간, 쓸개, 배탈을 치료하는 간 자극의 이뇨제로서 황달과 류머티즘의 팽창을 감소시키는 데 사용한다. 외견상 변을 잘 통하게 하고 부식성(腐蝕性)이 있는 황색의 즙은 민간요법으로 사마귀, 티눈, 백선의 치료에 고대 때부터 사용되어 왔다[1]. 담낭의 감염증이나 담낭의 치료약으로 되는 것은 물론 간장이나 담낭의 뛰어난 자극약이다. 이 식물에는 마취작용이 있으며 항암 성분도 있는 것으로 알려져 있다[2].

주 의 : 대량 사용하면 유독하다[2].

명아주

학 명 : *Chenopodium ambrosioides*

과 명 : CHENOPODIACEAE (명아주과)

영 명 : American Wormseed

원산지 : 열대아메리카

특 징 : 속명의 Chenopodium은 그리스어 'chen(거위)'과 'podion(작은 발)'의 합성어로 명아주의 잎모양에서 유래되었다. 높이 1m 정도 자라는 1년초다. 줄기는 곧추서며 총생(叢生)한다. 잎의 길이는 5~12cm로 창검처럼 결각(缺刻)과 불규칙한 거치가 있고 어긋나며 엽병이 있다. 위로 올라갈수록 잎은 좁고 작다. 꽃은 7~8월에 원줄기 끝과 엽액마다 녹색의 수상화서(穗狀花序)가 달린다.

이용부위 : 잎, 줄기, 뿌리, 열매, 씨앗

이용물질 : 에센셜 오일

용 도 : 식용, 약용, 방충제

이용방법 : 멕시코에서는 잎을 스프, 옥수수, 콩, 조개 요리의 맛을 내는 데 사용한다. 유카탄의 마야 부족은 통 채로 맛을 내는 데 사용했다. 열매나 기름은 가장 효능이 좋지만 독성이 있다. 국부적으로 어떤 잎은 담과 천식을 치료한다. 몇몇 아마존 부족은 모유를 잘 나오게 하는 데 쓰기도 한다. 'Jesuit Tea'를 양조하는 데도 쓰나 잎의 가장 중요한 용도는 사람이나 동물의 회충을 퇴치하는 것이다. 이 식물의 모든 부분이 벌레를 퇴치하는 화합물을 포함하고 있다[1].

쑥갓

학명 : *Chrysanthemum coronarium*

과명 : COMPOSITAE (국화과)

영명 : Edible Chrysanthemum

원산지 : 지중해

특 징 : 속명의 Chrysanthemum은 옛 그리스명 'chrysos(황색)'와 'anthsmen(꽃)'의 합성어에서 유래되었다. 높이 30~80cm 정도 자라는 1, 2년초다. 전체 털이 없으며 독특한 향기가 있다. 잎은 2회 우상으로 깊게 갈라진다. 열편(裂片)은 엽병(葉柄)이 없고 다시 결각상(缺刻狀)으로 갈라져 원줄기를 둘러싸며 다소 육질(肉質)이다. 꽃은 6~8월에 황색 또는 흰색으로 두화(頭花)는 원줄기와 가지 끝에 1개씩 달린다. 열매는 수과(瘦果)로 삼각주형으로 모서리가 도드라지며 짙은 갈색으로 익는다.

이용부위 : 꽃, 잎, 줄기, 씨앗

용 도 : 식용, 절화용

이용방법 : 어리고 싸한 영양가 있는 잎은 맛을 내거나 야채로 먹는다. 발아(發芽)한 씨는 겨울용 과자를 만드는 데 쓴다. 흰색의 작은 꽃은 신부 부케나 소품 장식으로 이용한다. 변종(變種)인 *Chrysanthemum coronarium* var. *spatiosum*의 꽃봉오리 부분은 독특한 냄새를 가지고 있다[1].

학 명 : *Cichorium intybus*

과 명 : COMPOSITAE (국화과)

영 명 : Chicory

원 산 지 : 유럽, 인도, 서아시아, 북아프리카

치커리(꽃상치)

특　　징 : 속명의 Cichorium은 아랍명 'kio(가다)'와 'chorion(말)'의 합성어가 변한 것에서 유래되었다. 높이 120cm 정도 자라는 1, 2년초다. 뿌리는 방추형으로 깊이 들어가고 가지는 갈라진다. 근생엽은 총생(叢生)하고 가장자리에 결각(缺刻)과 거치(鋸齒)가 있다. 경생엽은 원줄기를 감싸며 어긋나며 작다. 꽃은 5월부터 여름까지 보라색의 두화(頭花)가 달린다. 열매는 수과(瘦果)로 회백색으로 비늘모양이며 짧다.

이용부위 : 꽃, 잎, 줄기, 뿌리, 씨앗

용　　도 : 식용, 약용

이용방법 : 어린 잎은 생것을 쌈으로 먹거나 샐러드에 넣어 먹는다. 꽃은 샐러드를 장식할 때 사용하고 봉오리는 피클을 만든다. 묘목은 양상추처럼 사용하는데 베이컨과 다른 야채와 함께 기름으로 살짝 튀긴 후 약한 불에 끓여 먹기도 한다. 어린 뿌리는 야채처럼 찌거나 커피의 자극적인 효과를 없애기 위해 구워서 섞어 마시면 이뇨작용도 한다. 철분, 칼슘, 구리가 풍부한 잎은 염증에 사용하는 찜질약으로 이용된다[1]. 약효는 민들레와 비슷하며 온화한 작용이 효과적인 강장약으로, 담즙(膽汁)의 분비를 증가시킨다. 담석(膽石)의 특효약이며, 고대 그리스의 의사 가레노스는 치커리를 '간장(肝臟)의 친구'라고 불렀다. 체내로부터 요산을 배출시키므로 류머티즘이나 통풍 치료에 사용하기도 한다[2].

홀리티슬

학명 : *Cnicus benedictus*

과명 : COMPOSITAE (국화과)

원산지 : 지중해, 아시아

영명 : Holy Thistle, Sacred Thistle

특　　징 : 높이 60cm 정도 자라는 1년초로, 전초에 털이 밀생(密生)한다. 줄기는 자라면서 가지가 벌어지고 붉은색을 띤다. 잎은 단엽으로 긴 타원형이다. 약간의 결각(缺刻)과 함께 불규칙한 거치(鋸齒)가 있으며 가시가 있고 엽병(葉柄)은 없다. 꽃은 두화(頭花)로 여름부터 가을까지 핀다. 두화 주변에 가시가 있는 포엽(苞葉)으로 싸여 있다.

이용부위 : 꽃, 잎, 줄기, 뿌리, 씨앗

용　　도 : 식용, 약용

이용방법 : 잎, 봉오리, 뿌리는 식용하고 지상 부위는 술의 쓴맛을 내는 데 사용한다. 쓴맛이 있기 때문에 간장을 자극해 소화강장약으로 사용되어 위액이나 담즙의 분비를 증대시킨다. 모유의 분비도 증가시키는 것으로 알려져 있다[1]. 이뇨(利尿)작용, 발한(發汗)작용을 한다. 혈액 순환을 맑게 하며 강장제로 사용된다. 적은 복용량으로 소화 장애와 감염을 치료하고 담을 물리치며 상처에도 사용된다. 씨앗은 한 때 기름의 공급원이기도 했다[1),2)].

주　　의 : 진한 침출액은 최토성(催吐性)이 있으므로 설사를 일으킨다[2)].

율무

학명 : *Coix lacryma-jobi*

과명 : GRAMINEAE (벼과)

영명 : Job' s Tears

원산지 : 남동아시아

특 징 : 속명의 Coix는 옛 그리스명으로 'coix(종려)'에서 유래되었다. 높이 1.5m 정도 자라는 1년초로, 곧추 자라며 여러 대가 갈라진다. 잎은 피침형으로 길다. 잎가는 거칠고 녹색이며 평행맥을 갖고 엽초로 되며 어긋난다. 꽃은 7월에 피며 엽액에서 길고 짧은 몇 개의 화수가 나오며 밑부분의 자화수는 딱딱한 엽초로 싸여 있다. 3개의 암꽃 중 한 개만 익는다. 웅화수는 자화수를 뚫고 나와 그 위로 3cm 정도 자라며 1마디에 1~3개의 소수가 달린다.

이용부위 : 잎, 뿌리, 씨앗

용 도 : 식용, 약용

이용방법 : 아시아에서는 죽으로 끓여 먹거나 곡분을 만들어 사용한다. 화장품, 강장제, 이뇨제, 진정제, 연화제로 이용하고, 사마귀, 여드름, 류머티즘, 통풍 치료를 위해 먹기도 한다. 씨앗은 염증과 냉열을 감소시키고 소화를 촉진시킨다. 비장을 튼튼하게 하고 기관지염, 각기병, 맹장염 치료에 효과적이다. 중국에서는 암의 예방 차원에서 먹기도 한다. 열대 아메리카에서는 치통을 없애기 위해 잎을 씹고, 인도네시아에서는 회충을 없애기 위해 뿌리를 먹는다[1].

제비고깔

학명 : *Consolida ambigua*

과명 : RANUNCULACEAE (미나리아재비과) **영명** : Larkspur

원산지 : 지중해

특 징 : 속명의 Consolida는 라틴어의 옛 식물 이름에서 유래한다. 1m 정도 자라는 1년초로 줄기는 분지한다. 근출엽은 엽병이 있고 3개로 갈라진다. 열편은 더욱 잘게 잘라져 선상이다. 줄기 끝에 보라색의 꽃이 총상화서로 달린다. 꽃은 긴 거를 가지며 꽃받침은 꽃잎처럼 보인다. 꽃의 색은 다양하다.

이용부위 : 꽃, 잎, 씨앗

용 도 : 약용, 장식용, 살충제

이용방법 : 옛날부터 상처를 치료하는 풀의 라틴명인 것처럼, 잎에서 추출한 즙은 치질약으로 사용되었고 독성이 있는 씨앗은 살충제로 팅크제※를 만들어 사용했다[1]. 절화는 플라워 어레인지먼트에 많이 이용되고, 다양한 색상의 꽃을 활용하여 포푸리나 드라이부케에 혼합하면 부드러운 이미지를 연출할 수 있다[3]. 비록 향은 없어도 꽃은 색과 질감 때문에 포푸리에 이용된다. 꽃에서 추출한 즙은 명반(황산알루미늄)과 섞어 잉크를 만들 수 있다.

※팅크제:어떤 약품을 알코올이나 에테르에 담가 녹이거나 우린 액체.

고수(코리안더)

학 명 : *Coriandrum sativum*

과 명 : UMBELLIFERAE (산형과)

영 명 : Coriander

원 산 지 : 서아시아, 북아프리카

특 징 : 속명의 Coriandrum은 옛 그리스명으로 'coris(빈대)'와 'annon(아니스 열매)'의 합성어로 특이한 냄새에서 유래되었다. 50cm 정도 자라는 1년초다. 원줄기는 곧으며 속이 비어 있고 가지는 갈라진다. 근생엽은 엽병(葉柄)이 길며 위로 갈수록 짧아지며 밑부분이 모두 엽초(葉鞘)로 된다. 밑부분은 1~2회 우상복엽(羽狀複葉)으로 위로 갈수록 2~3우상으로 갈라진다. 꽃은 6~7월에 흰색 꽃이 원줄기와 가지 끝에서 산형화서로 달린다. 열매는 둥글며 향기가 난다.

이용부위 : 잎, 줄기, 뿌리, 씨앗

이용물질 : 에센셜 오일

용 도 : 식용, 약용, 향신료

이용방법 : 기원전 15세기 경 이집트의 고문서에 이 식물이 기록되어 있다. 잎줄기에는 특유의 향이 있다. 생잎은 중국, 인도, 동남아시아 요리에 사용되는데, 이것을 빈대 냄새 비슷하다고 하는 사람도 있다. 차는 가벼운 진정작용이 있다. 소화기계에 좋은 작용을 하기 때문에 고창(鼓脹)을 억제하고 식욕과 담즙을 촉진시키며 소화를 돕는다고 한다. 성숙한 종자에는 생잎과 전혀 다른 방향이 있다[2].

오이

학명 : *Cucumis sativus*

과명 : CUCURBITACEAE (박과)

영명 : Cucumber

원산지 : 열대아프리카, 아시아

특 징 : 속명의 Cucumis는 라틴어로 'cucuma(병 같은 용기)'로 열매의 형태를 뜻하거나 속을 빼고 용기로 사용한 데서 유래되었다. 1년생 덩굴식물로 길게 뻗으며 능선이 있고 전체에 굵은 털이 있다. 잎의 길이는 8~15cm로 장상(掌狀)으로 얕게 갈라진다. 열편(裂片)은 끝이 뾰족하고 잎가는 거치가 있고 어긋나며 엽병(葉柄)은 길다. 꽃은 5~6월에 황색으로 화관은 5개로 갈라져 주름지고 화병이 있다. 열매는 장과(漿果)로 원주형이다.

이용부위 : 잎, 열매, 씨앗

용 도 : 식용, 약용, 미용제

이용방법 : 과실은 냉각작용과 갈증 해소작용을 한다. 덜 성숙한 과실을 날 것으로 먹거나 피클이나 요리를 만들어 먹는다. 잎은 열병과 설사, 구토를 일으키는 유행성 감기를 치료한다. 신선한 오이 조각은 눈의 부기를 가라앉힌다. 압축한 씨앗의 기름을 먹을 수 있으며 과육(果肉)은 얼굴 팩에 사용되고 햇볕에 탄 부위를 가라앉혀 준다[1].

호박

학 명 : *Cucurbita pepo*

과 명 : CUCURBITACEAE (박과)

영 명 : Pumpkin

원 산 지 : 미국

특 징 : 속명의 Cucurbita는 옛 라틴명의 'cucumis(외)'와 'orbis(원형)'의 합성어로 표주박에서 유래되었다. 일년생 덩굴식물로 길게 뻗으며 덩굴은 단면이 5각형이고 경모가 있으며 덩굴손으로 감으면서 자란다. 잎은 매우 크며 장상엽(掌狀葉)으로 5개로 갈라지고 열편(裂片)에는 거치가 있다. 엽병(葉柄)은 길며 어긋난다. 꽃은 6월부터 서리가 내릴 때까지 피며 황색으로 엽액(葉腋)에 1개씩 달린다. 열매는 크고 많은 변종이 있으며 모양과 색깔도 다르다.

이용부위 : 꽃, 잎, 뿌리, 열매, 씨앗

용 도 : 식용, 약용

이용방법 : 꽃은 속을 채워 튀기거나 반죽에 사용하고, 과육(果肉)은 달콤하고 풍미있는 다양한 용도의 요리에 이용한다. 잎은 쪄서 쌈으로 먹거나 된장찌개를 끓여 먹는다. 영양이 많은 호박씨는 불에 구워서 과자에 첨가하며, 중국에서는 장수 음식으로 이용된다. 씨앗은 식용기름을 추출하며, 회충 제거에도 효과적이다. 과육을 달인 액은 부기를 가라앉히는 데 효과가 있다[1].

쿠민

학 명 : *Cuminum cyminum*

과 명 : UMBELLIFERAE (산형과)

영 명 : Cumin

원 산 지 : 북아프리카, 이집트, 서남아시아

특　　징 : 속명의 Cuminum은 옛 그리스명 'kyminon'에서 유래되었다. 높이 30cm 정도 자라는 1년초다. 줄기는 느슨하고 가늘다. 잎은 우상복엽이며 열편(裂片)은 선형으로 2~5cm 정도다. 꽃은 7~8월에 흰색 또는 분홍색으로 피며 작고 향기가 난다. 열매는 분과(分果)로 긴 타원형이며 초록색을 띤 회갈색으로 표면에 세로의 줄이 있다.

이용부위 : 줄기, 씨앗

이용물질 : 에센셜 오일

용　　도 : 식용, 약용, 방향제

이용방법 : 카레나 베트남 요리에 사용되는 스파이스로 고대 로마인이 사용했다. 중세 유럽에서는 가장 대중적인 향신료 중의 하나다. 차는 가볍게 부순 종자를 사용한다. 감기를 낫게 하는 작용이 있고, 위장 상태를 좋게 한다. 종자는 스파이시하고 자극적인 향기가 있어서 필수적인 조미료다[3].

학 명 : *Datura stramonium*

과 명 : SOLANACEAE (가지과)

영 명 : Thorn Apple

원산지 : 아메리카

독말풀(천사의 나팔꽃)

특　　징 : 속명의 Datura는 아랍명 'tatorah' 또는 힌두어명 'dhatura'의 변형에서 유래되었다. 높이 2m 정도 자라는 1년초다. 굵은 가지가 많이 갈라지고 자줏빛이 돈다. 잎은 난형으로 끝이 뾰족하며, 잎가에 불규칙한 거치(鋸齒)가 있고 어긋나며 엽병(葉柄)이 있다. 꽃은 8~9월에 잎 사이에서 피며 8cm 정도의 길이로 나팔꽃모양이고 흰색 또는 연보라색이다. 열매는 난형으로 표면에 가시 같은 돌기가 밀생(密生)하고 4개로 갈라져 검은색 종자가 나온다.

이용부위 : 꽃, 잎, 줄기, 뿌리, 씨앗

용　　도 : 약용

이용방법 : 독성이 강한 식물로 잎에 함유된 알칼로이드 성분은 천식 발작 시에 기관지 경련을 완화하며, 과도한 침의 분비현상을 덜어 준다. 꽃은 충치나 가벼운 수술용 마취제로 사용한다. 정신 질환과 마비 증상을 완화시킨다. 이 식물은 실제로 혈청처럼 이용되고 멀미를 예방하는 알칼로이드 히로신을 함유한다. 아폴로 신전의 신탁을 예언하는 식물이었다[1]. 약용으로 소량 사용하면 파킨슨병에 의한 떨림을 억제하는 데 효과가 있다. 외용약으로는 류머티즘이나 좌골신경통의 진통약이 된다[2].

주　　의 : 과잉 투여하면 복시(複視), 목마름, 배뇨 촉진, 가슴 두근거림, 불면, 착란 상태, 환각 등을 일으킨다. 임신중인 경우, 전립선병, 빈도가 심한 맥박, 녹내장, 항우울증제를 복용하는 동안에는 사용해서는 안 된다[2].

학 명 : *Daucus carota*

과 명 : UMBELLIFERAE (산형과)

영 명 : Carrot, Wild Carrot

원 산 지 : 유럽~인도

당근

특 징 : 속명의 Daucus는 'daiein(따뜻하게 하다)'에서 유래된 것으로 몸을 따뜻하게 하는 약용적 가치가 있다고 보았으며 라틴명에서 본 속으로 전용되었다. 채소용으로 많이 심으며 높이가 1m 정도 자라는 2년초다. 잎은 3회 우상복엽이고 털이 있으며 근생엽은 엽병이 길다. 줄기는 갈라지고 세로로 능선이 있으며 퍼진 털이 있다. 뿌리는 굵고 곧추 들어가며 감색~적색이다. 꽃은 7~8월에 흰색으로 원줄기와 가지 끝에 산형화서로 달린다.

이용부위 : 꽃, 잎, 뿌리, 씨앗

이용물질 : 에센셜 오일

용 도 : 식용, 약용, 염료용

이용방법 : 뿌리는 비타민 A와 철분이 풍부하여 식용한다. 중국에서는 종자를 구충제로 사용한다. 지상부는 살균, 이뇨 효과가 있어 방광염, 전립선염의 치료에 유효하다. 잎과 줄기는 요로결석(尿路結石), 요사(尿砂)의 예방이나 배출을 돕는다. 요산의 배출을 촉진하므로 통풍에도 좋은 약이 된다. 씨앗은 정유분이 풍부하므로 소화기 계통의 고통을 완화시킨다. 씨앗으로 만든 차는 산통이나 궤양을 가볍게 한다. 구충 효과가 있고, 산(酸)을 중화시키므로 가슴앓이나 위염에 처방한다. 주스는 항암 효과가 있는 것으로 알려져 있다[2].

주 의 : 임신중에는 씨앗의 사용을 피한다[2].

학명 : *Digitalis lanata*

과명 : SCROPHULARIACEAE (현삼과)

영명 : Grecian Foxglove

원산지 : 헝가리, 루마니아, 발칸 반도

디기탈리스

특 징 : 속명의 Digitalis는 라틴어 'digitus(장갑의 손가락)'라는 뜻에서 유래되었다. 높이 1m 정도 자라는 2년초 또는 다년초다. 곧추 자라며 전체에 짧은 털이 있다. 잎은 긴 타원형으로 어긋나며 밑부분의 잎은 엽병(葉柄)이 있고 양면에 주름이 있으며 잎가에 파상(波狀)의 거치가 있다. 꽃은 7~8월에 원줄기 끝에 수상으로 발달하며 아래서부터 피어 올라가고 꽃은 통모양으로 홍자색, 분홍색, 황색 등 다양하다. 열매는 삭과(蒴果)로 원추형이며 꽃받침이 남아 있다.

이용부위 : 잎

용 도 : 약용, 장식용

이용방법 : 잎에서 강심배당체의 디기톡신과 디톡신을 추출한다. 18세기 이래 서양의학에서는 심장 질환을 위한 약으로 사용했다. 이 성분들은 산소 소비의 증가 없이 심장 수축 세기를 증가시키고 심장박동을 조절한다. 혼합물은 일반적인 디기탈리스에서 발견되었지만 그리스의 디기탈리스가 최고 4배에 이르는 효과가 있다. 스트로우 폭스글로브의 잎은 효과가 약하기 때문에 덜 위험하다. 잎은 간질과 종양에도 처방되어 왔다[1]. 선명한 꽃 색깔과 독특한 형태를 장식용으로 사용한다. 포기가 충실해지면 핀 꽃을 하나하나 따서 바람이 통하는 그늘에 펴서 건조시킨다. 건조시킨 잎을 엮어 리스를 만드는데, 여기에 디기탈리스 몇 개를 꽂으면 포인트가 된다[3].

주 의 : 전문가의 조언 없이 약용으로 사용하는 것은 위험하다[2].

학명 : *Dipsacus fullonum*

과명 : DIPSACACEAE (산토끼꽃과)

영명 : Common Teasel

원산지 : 유럽, 서아시아

도깨비산토끼꽃

특 징 : 속명의 Dipsacus는 산토끼꽃 종류의 어떤 종에 대한 옛 그리스명이며 유합(癒合)된 잎 밑부분에 물이 고이기 때문에 'dipsa(목마르다)'에서 유래되었다고 한다. 높이 2m 정도 자라는 2년초다. 줄기는 곧추서며 윗부분에서 가지가 갈라지며 가시가 있다. 잎은 피침상 긴 타원형이다. 끝은 뾰족하며 길고 마주난다. 꽃은 여름에 연보라색으로 핀다. 화서는 원줄기가 가지 끝에 10cm 정도로 원통상이며 두상화서(頭狀花序)로 달린다.

이용부위 : 꽃, 잎, 뿌리

용 도 : 약용, 섬유용

이용방법 : 집시들은 잎의 이음새에서 모은 물을 피로해진 눈이나 검게 된 눈 주위의 치료, 주름 완화약으로 사용했다. 깨끗이 씻은 뿌리는 눈 다래끼와 표저(瘭疽)※를 치료하고 간과 위의 강장제로 쓰인다. 가시로 덮여 있는 소포엽(小苞葉)의 털은 회복력이 뛰어나고 털이 잘 빠지지 않아서 당구대 천과 같이 전문적인 용도로 사용된다[1].

※표저:손가락, 발가락의 조하조직(爪下組織)의 화농성 염증. 화농균의 침입으로 생기는데 몹시 아프다.

에치움(바이퍼뷰)

학명 : *Echium vulgare*

과명 : BORAGINACEAE (지치과)

원산지 : 유럽

영명 : Viper' s Bugloss, Blueweed

특　　징 : 속명의 Echium은 그리스어 'echis(살무사)'의 뜻으로 이 식물의 종자가 살무사의 머리처럼 보인 데서 유래되었다고 한다. 높이 90cm 정도 자라는 2년초다. 줄기는 곧추 자라며 흰색의 강모(剛毛)가 많다. 아래 쪽의 잎은 타원형, 위쪽 잎은 피침형으로 길며 흰털로 덮여 있다. 꽃은 여름에 수상화서(穗狀花序)로 밀집해서 붙으며 청색이나 점점 열은 청자색으로 변한다. 꽃대에는 종종 진홍의 점 같은 것이 나타난다.

이용부위 : 꽃, 잎, 줄기, 뿌리, 씨앗

용　　도 : 식용, 약용, 염료용

이용방법 : 꽃은 설탕에 절이거나 샐러드에 넣어 먹는다. 씨는 달여서 와인에 섞어 마신다. 잎을 우려낸 즙은 일반적인 강장제, 이뇨제로 열을 떨어뜨리고 기침, 염증성 통증, 신경계 질환, 두통, 감기의 증상을 완화시킨다. 꽃의 윗부분은 종기에 사용되고, 즙은 건성 피부의 연화제로 쓴다. 뿌리는 붉은 염색소를 갖고 있다[1].

학 명 : *Eruca vesicaria*

과 명 : CRUCIFERAE (십자화과)

영 명 : Rocket Salad, Roquette

원산지 : 지중해

로켓샐러드(로켓)

특 징 : 높이 1m 정도 자라는 1년초로, 종류는 다양하다. 근생엽과 경생엽은 창모양이며 엽병이 있다. 꽃은 6~7월에 크림색으로 4장이며 연보라색의 줄이 나타난다. 작은 갈색의 종자는 겨자처럼 사용된다.

이용부위 : 꽃, 잎, 씨앗

용 도 : 식용, 약용

이용방법 : 요리용 허브의 하나로, 어린 잎이나 잎 전체를 샐러드에 사용하거나 소스에 넣어 먹는다. 가을에 결실을 맺는 종자는 머스터드와 같이 사용된다[3]. 어린 잎은 상쾌하고 싸한 풍미를 가지고 있지만, 완전히 익으면 뜨거운 태양과 더불어 강하고 쓴 풍미를 생산하게 된다. 꽃은 잎보다 부드러운 향을 가진다. 잎은 이뇨제며, 배탈이 났을 때도 먹는다. 또 붉게 물들기 때문에 입술 루즈 대용으로 사용한다[1].

씨홀리

학 명 : *Eryngium maritimum*

과 명 : UMBELLIFERAE (산형과)

영 명 : Sea Holly, Sea Eryngo

원산지 : 유럽

특 징 : 속명의 Eryngium은 옛 그리스명 'eryggion'으로 본 속의 어느 종에 붙여진 이름에서 유래되었다. 높이 60cm 정도 자라는 2년초 또는 다년초다. 상부의 가지는 많이 갈라진다. 아래쪽 잎은 원상 심장형으로 3~5개로 갈라져 침상거치(鋸齒)가 있다. 상부의 잎은 엽병(葉柄)이 없으며 줄기를 감싼다. 포는 약 6개가 있고 약간 넓은 난원형으로 거치(鋸齒)가 양측에 2~3개 있다. 끝에 침상으로 된다. 꽃은 여름부터 가을까지 피며 화서(花序)는 둥글고 금속성의 연한 자색이 난다. 내한성이 있다.

이용부위 : 잎, 줄기, 뿌리

용 도 : 식용, 약용

이용방법 : 어린 잎, 새싹, 어린 가지는 식용한다. 철분이 풍부한 가을의 뿌리는 저장식품을 만든다. 18세기에는 강장제, 기침약, 최음제로 인기가 있었던 eryngoes로 설탕 절임을 했다. 뿌리는 습포제로 만들어 근육이나 신경조직의 재생제로 쓴다. 달인 즙은 방광염, 요도염, 전립선염에 효과적이다[1].

금영화

학명 : *Eschscholzia californica*

과명 : PAPAVERACEAE (양귀비과)

영명 : California Poppy

원산지 : 미국 서부

특 징 : 속명의 Eschscholzia는 식물학자 겸 곤충학자인 J.F. Eschscholtz씨의 이름을 기념하기 위한 것에서 유래되었다. 높이 30~60cm 정도 자라는 1년초다. 줄기는 곧추 자라며 여러 가지가 나온다. 잎은 엽병이 길고 우상으로 갈라진 소엽(小葉)은 다시 잘게 갈라져서 최종 열편(裂片)은 선상으로 되며 회녹색으로 마주난다. 꽃은 5~8월에 주황색 또는 진황색으로 피며 원줄기와 가지 끝에 1개씩 달린다. 열매는 삭과(蒴果)인데 2개로 갈라지면서 검은색 종자가 나온다.

이용부위 : 꽃, 잎, 줄기

용 도 : 식용, 약용

이용방법 : 아메리카 원주민은 잎을 삶거나 뜨겁게 달군 돌에 구워서 먹었다. 지상 부위는 특별히 치통의 진정제로 사용했다. 전초가 순환 계통에 산소를 공급하고 비타민 A의 흡수를 도와 준다. 정신을 안정시키는 성분 때문에 유럽에서는 성인의 불면증약 조제에 넣기도 한다. 아이들의 활동 항진, 불면증, 기침 등에도 널리 이용되었다. 말린 잎과 꽃은 가벼운 도취감을 느끼기 위해 피우는 경우도 있는데 알려지지 않은 부작용이 있다[1].

콩

학명 : *Glycine max*

과명 : LEGUMINOSAE (콩과)

영명 : Soya

원산지 : 아시아~오스트레일리아

특 징 : 속명의 Glycine은 그리스어 'glycys(감미)'로 콩의 맛이 단 것에서 유래되었다. 높이 60~80cm 정도 자라는 1년초로 무성하고 털이 많다. 잎의 길이는 6~10cm로 3개의 소엽(小葉)으로 구성된 복엽(複葉)으로 난형 또는 타원형이다. 잎가는 밋밋하고 엽병(葉柄)이 길며 어긋난다. 꽃은 7~8월에 피며 자줏빛이 도는 홍색 또는 흰색이며 엽액(葉腋)에서 자라는 총상화서(總狀花序)에 달린다. 열매는 꼬투리로 편평한 선상 타원형이며 1~7개의 종자가 들어 있다.

이용부위 : 잎, 줄기, 뿌리, 열매, 씨앗

용 도 : 식용, 약용

이용방법 : 콩에는 48%의 단백질과 레시틴, 비타민, 철분이 포함되어 있다. 콜레스테롤을 낮추며 심장 질환을 예방하며 당뇨병에도 유효하다. 육고기 단백질의 대체물이며, 식용기름과 윤활제를 생산하기도 한다. 이것들은 혈액 순환을 자극하고 해독, 해열작용도 한다[1]. 콩은 된장이나 간장을 만들고 발효시킨 반죽, 두부, 두유 등도 만든다.

학명 : *Helianthus annuus*

과명 : COMPOSITAE (국화과)

영명 : Sunflower

원산지 : 미국

해바라기

특　　징 : 속명의 Helianthus는 그리스어 'helios(태양)'와 'anthos(꽃)'의 합성어로 두화(頭花)의 형태와 태양을 향해 피는 특성에서 유래되었다. 높이 2~3m 정도 자라는 1년초다. 키가 크고 빨리 자라며 줄기에는 굳은 털이 있다. 잎의 길이는 10~30cm로 타원상 넓은 난형이다. 잎 끝이 뾰족하며 잎가에 큰 거치가 있고, 엽병(葉柄)은 길고 어긋난다. 꽃은 8~9월에 피며 지름이 8~60cm로서 옆을 향해 달리고 설상화(舌狀花)는 선황색이며 관상화(管狀花)는 갈색 또는 진황색이다. 열매는 수과(瘦果)로 도란형이며 회색으로 검은색 줄이 있다.

이용부위 : 꽃, 잎, 줄기, 뿌리, 씨앗

용　　도 : 식용, 약용, 석유용, 염료용

이용방법 : 영양이 풍부한 씨앗은 생 것이나 구워서 먹는다. 견과류 버터에 갈아 넣어 먹기도 한다. 아메리카 원주민 전사들은 '에너지 케이크'로 사용했다. 꽃봉오리는 아치쵸크와 같이 요리한다. 압축된 씨는 요리, 화장품, 산업 등의 다목적 오일을 산출한다. 의학적으로 씨앗은 이뇨제 및 거담제로 사용되며 기침, 이질, 신장의 염증을 치료한다. 뿌리는 하제(下劑) 및 위의 통증을 치료한다. 줄기의 심은 잿물이나 종이 또는 섬유를 산출한다[1]. 개화한 꽃잎을 수확하여 건조시킨 것을 염료로 한다. 짙게 끓여 우려내어 크롬을 매염제로 사용하면 따뜻한 겨자색으로 염색된다[3].

보리(겉보리)

학명 : *Hordeum vulgare*

과명 : GRAMINEAE (벼과)

영명 : Barley

원산지 : 남아시아, 북아프리카

특징 : 속명의 Hordeum은 보리의 옛 라틴명에서 유래되었다. 높이 90cm 정도 자라는 1년초로, 곧추 자라며 줄기 속은 비었고 원주형이며 마디가 높고 사이가 길다. 잎은 넓은 선상 피침형으로 원줄기를 둘러싸는 엽초로 어긋난다. 꽃은 4~5월에 피며 수상화서는 길이 5~8cm이고 소수(小穗)가 3개씩 화서축 좌우에 달린다. 포영(苞穎)에는 2맥이 있고 호영(護穎) 끝에 까락이 있거나 없다.

이용부위 : 줄기, 씨앗

용도 : 식용, 미용제

이용방법 : 수천 년간 재배되어 온 작물로 씨리얼, 식사에 사용된다. 정백한 보리로는 스프나 스튜를 만들고, 맥주, 위스키, 진은 엿기름으로 만든 보리를 증류해서 만든다. 양조용 효모(맥주 효모)와 비타민이 풍부한 효모는 부산물이다. 엿기름 추출물이나 보리로 만든 음식은 환자의 회복을 돕고, 체내 통변을 좋게 하며 식도와 위장의 자극을 완화시킨다. 중국에서는 식욕 부진, 소화 장애에 사용했다. 조리한 보리로 만든 습포제는 상처 치료에, 싹튼 낟알은 기관지염 치료에 이용한다. 얼굴 팩으로도 사용하면 피부를 부드럽고 세련되게 만들어 준다[1].

봉선화

학명 : *Impatiens balsamina*

과명 : BALSAMINACEAE (봉선화과)

원산지 : 동남아시아, 인도

영명 : Garden Balsam, Trigger plant

특 징 : 속명의 Impatiens는 라틴어 'impatient(참지 못하다)'라는 뜻으로 이 식물의 삭과를 건드리면 터진다는 데서 유래되었다. 높이 60~80cm 정도 자라는 1년초다. 줄기는 곧추서며 육질로 밑부분의 마디가 두드러지고 붉은 빛이 돈다. 잎의 길이는 8~10cm로 피침형이며 양끝이 좁다. 잎가에 거치(鋸齒)가 있으며 어긋난다. 꽃은 7~8월에 엽액(葉腋)에서 2~3개씩 달리며 자색, 흰색, 홍색, 잡색(雜色) 등 다양하다. 열매는 삭과(蒴果)로 타원형이며 털이 있다. 익으면 탄력적으로 터지면서 황갈색의 종자가 튀어나온다.

이용부위 : 꽃, 잎, 줄기, 열매, 씨앗

용 도 : 약용, 미용제

이용방법 : 인도네시아에서는 잎을 종기, 궤양(潰瘍), 자상(刺傷)의 치료제로 사용했다. 아시아 일부 지역에서는 지상 부위를 으깨어 심황, 소금, 기름과 섞어 손톱과 피부에 일시적으로 붉은 도안을 칠하는 해너 물감처럼 사용했다[1].

대청

학 명 : *Isatis tinctoria*

과 명 : CRUCIFERAE (십자화과)

영 명 : Woad, Isatan

원 산 지 : 동유럽, 서아시아

특 징 : 속명의 Isatis는 검은색 염료를 만드는 어떤 식물의 그리스명이기도 하며, 대청(大靑)의 그리스명으로도 생각된다. 높이 1m 정도 자라는 2년초다. 근생엽은 크고 엽병이 있으나 경생엽은 엽병이 없다. 잎 끝은 뾰족하고 밑부분은 이저(耳底)로 줄기를 감싸고 있다. 꽃은 5~6월에 가지 끝과 원줄기 끝에서 황색의 총상화서(總狀花序)로 피며 다소 쳐진 듯하다. 열매는 삭과(蒴果)로 쐐기 같은 도피침형으로 아래로 쳐진다. 처음에는 녹색이었다가 차차 검은색으로 익고 1개의 종자가 들어 있다.

이용부위 : 꽃, 잎, 줄기

용 도 : 약용, 염료용

이용방법 : 잎은 지혈제나 외상을 가라앉히는 데 사용한다. 찜질약으로 쓰면 손상된 피부를 완화시키기도 한다. 이 식물의 지상 부분은 두 번 발효 후 청색(靑色) 염색소를 낸다. 최근에는 염색 식물 중에서 밝은 인디고(Indigo) 종에 밀려 잊혀지고 있지만, 아직도 이 식물의 청색 염료는 인디고의 색소를 수정하거나 아름답게 하는 데 사용하고 있다[1].

학명 : *Lactuca virosa*

과명 : COMPOSITAE (국화과)

영명 : Bitter Lettuce

원산지 : 유럽 남서, 중앙유럽

왕고들빼기

특　　징 : 속명의 Lactuca는 상치의 옛 라틴명이며 잎줄기에서 'lac(유액)'이 나온 데서 유래되었다. 높이 1~2m 정도 자라는 1, 2년초로 윗부분은 줄기가 갈라진다. 근생엽은 꽃이 필 때에 없어지고 경생엽은 어긋나며 피침형 또는 긴 타원상 피침형으로 밑부분이 원줄기에 달린다. 표면은 녹색이고 뒷면은 백분색(白粉色)이다. 꽃은 두화(頭花)로 연황색이다. 원추화서(圓錐花序)는 길이 20~40cm로 총포 밑부분은 갈라진다. 열매는 수과(瘦果)로 짧은 부리와 관모(冠毛)가 있으며 흰색이다.

이용부위 : 잎, 수지

용　　도 : 식용, 약용, 미용제

이용방법 : 잎은 쌈으로 먹고 전초는 소금에 절여 김치를 담근다. 식물 전체가 유액(乳液)을 갖고 있다. 마르면 붉은 기가 도는 갈색을 띠며 맛과 향이 아편과 비슷하다. 유액과 잎은 혈당량을 감소시키고, 진정작용과 함께 고통을 덜어 주며, 가래를 나오게 한다. 남용하면 불면증을 초래하거나 강한 성적 충동을 자극한다. 즙은 신경과민성 기침, 소리가 큰 기침, 기관지염 치료와, 불안감 해소에 도움이 된다. 농도를 엷게 하여 바르면 여드름이나 날씨로 인한 피부 손상으로 발생하는 아픔을 감소시키고 피부를 부드럽게 한다. 근육이나 관절의 통증을 완화하는 효과가 있으나 원인 치료는 되지 않는다. 비누, 로션, 샴푸, 목욕용품 등에도 쓰인다[1].

주　　의 : 다량의 복용은 유독하다[2].

아마

학명 : *Linum usitatissimum*

과명 : LINACEAE (아마과)

영명 : Flax, Linseed

원산지 : 유럽, 아시아

특　　징 : 속명의 Linum은 옛 라틴명으로 'linon(실, 줄)'이란 뜻에서 유래되었다. 30~120cm 정도 자라는 1년초로 가느다란 줄기를 갖는다. 잎은 2~3.5cm로 선형이며 녹색으로 끝이 뾰족하고 밑부분은 원줄기에 붙는다. 꽃은 6~7월에 보라색 또는 흰색으로 핀다. 열매는 삭과로 둥글며 종자는 긴 타원형이며 황갈색이다.

이용부위 : 줄기, 씨앗

용　　도 : 식용, 약용, 섬유용, 미용제

이용방법 : 종자에서 채집한 오일인 아마인유(亞麻仁油)는 요리에도 사용하지만, 최근 알루미늄과 같은 유독 중금속을 체내에서 배출시키는 효용이 있는 것으로 밝혀져 각광을 받고 있다. 담석의 통과를 도울 뿐만 아니라 도료(塗料)나 유약에도 사용된다. 종자와 그 분말은 피부의 상처나 화농(化膿)을 억제하고, 피부 손질에도 유효하다. 섬유는 리넨의 재료로 알려졌다. 종자에서 추출한 액을 바르면 피부가 매끈매끈 부드러워지는 것으로 알려져 있다[3].

주　　의 : 한 번에 100g 이상의 종자를 먹으면 중독을 일으킬 수 있다. 내복하는 경우에는 60g을 초과해서는 안 된다[2].

토마토

학명 : *Lycopersicon esculentum*

과명 : SOLANACEAE (가지과)

영명 : Tomato, Love Apple

원산지 : 중앙아메리카, 남아메리카

특 징 : 속명의 Lycopersicon은 그리스어 'lycos(늑대)'와 'persicon(복사)'의 합성어로 맛이 없는 복사라는 뜻에서 유래되었다. 높이 1~2m 정도 자라는 1년초로, 가지가 많이 갈라지며 부드러운 흰색 털이 밀생한다. 잎은 15~45m이며 우상복엽으로 소엽은 9~19개로 긴 타원형이다. 끝이 뾰족한 편이고 큰 결각상의 거치가 있고 독특한 냄새가 난다. 마디 사이 중앙에서 화경이 나와 황색 꽃이 달린다. 열매는 장과(漿果)로 둥글고 지름은 5~10cm로 적색으로 익는다.

이용부위 : 잎, 줄기, 열매

용 도 : 식용, 약용, 방충제

이용방법 : 생으로 먹거나 조리해서 이용하는 중요한 과채류다. 소화가 잘 되고 생활에 필요한 철분과 비타민이 풍부하며 노화를 예방한다. 산성의 과육(果肉)은 여드름을 깨끗이 하고 모공을 닦아 주며 피부의 Ph 농도를 회복시킨다. 동종요법으로 두통과 류머티즘도 치료한다. 토마토의 리코펜 성분은 항암 효과가 있는 것으로 알려져 있다. 멕시코에서는 독성이 있는 잎과 줄기의 푸른 부분을 바퀴벌레를 쫓기 위해 걸어 놓기도 한다[1].

학명 : *Matricaria recutita*

과명 : COMPOSITAE (국화과)

영명 : Annual Chamomile, German Chamomile

원산지 : 유럽, 서아시아~인도

카밀레(저먼카모마일)

특 징 : 속명의 Matricaria는 라틴어 'matrix(자궁)'의 뜻으로 부인병에 약효가 있다는 것에서 유래되었다. 높이 30~60cm 정도 자라는 1, 2년초다. 가지가 많이 갈라지며 능금 같은 향기가 있다. 잎은 2~3회 우상(羽狀)으로 갈라진다. 열편(裂片)은 선형이고 밑부분은 원줄기를 감싸고 엽병(葉柄)은 어긋난다. 꽃은 6~9월에 지름이 1~2cm의 산방상으로 엉성하게 배열된다. 설상화(舌狀花)는 흰색이며 관상화(管狀花)는 황색이다. 열매는 수과(瘦果)로 타원형이며 몇 줄의 능선(稜線)이 있다.

이용부위 : 꽃

이용물질 : 에센셜 오일

용 도 : 약용, 미용제, 방부제

이용방법 : 최근 여러 가지 질병의 치료약으로 검증되고 있다. 꽃은 아름다운 청색의 정유 아즈렌을 함유한다. 이것은 강력한 방부제이며, 항염증작용, 항경련작용이 있어 상처의 통증을 완화하고 치유를 촉진한다. 외용약으로도 화상의 치유를 촉진하고 습진을 억제한다. 최근의 연구에서는 비사보롤이 궤양 치유 속도를 빨리하고 궤양의 발생을 억제하는 것으로 밝혀졌다[2]. 침출액의 증기를 얼굴에 쐬면 피부의 살균 정화에 유효하다. 달인 액을 욕조에 넣으면 심신을 편안하게 하고 전신 미용에 좋다. 구미에서는 금발용 린스로 인기가 있으나 동양인에게는 적합치 않으므로 주의한다[3].

전동싸리

학명 : *Melilotus officinalis*

과명 : LEGUMINOSAE (콩과)

원산지 : 유럽, 아시아

영명 : Melilot, Yellow Sweet Clover

특　　징 : 속명의 Melilotus는 그리스어 'meli(봉밀)'과 'lotos(벌노랑이 속명)'의 합성어로 벌노랑이와 비슷하고 벌이 모여든다는 것에서 유래되었다. 높이 1m 정도 자라는 2년초로 곧은 줄기는 가늘다. 잎의 길이는 1.5~3cm로 소엽(小葉)은 3개이고 긴 타원형 또는 도피침형이다. 잎은 밝은 녹색으로 잎가에 거치(鋸齒)가 있으며 어긋난다. 꽃은 7~8월에 흰색 또는 크림색으로 핀다. 열매는 꼬투리로 난형이고 검은색으로 익는다.

이용부위 : 꽃, 잎, 줄기, 뿌리, 열매, 씨앗

용　　도 : 식용, 약용

이용방법 : 잎과 씨앗은 스위스 치즈와 폴란드 보드카의 맛을 내는 데 사용한다. 화밀(花蜜)은 양질의 꿀을, 건조시킨 잎은 향기를 산출하고 씨앗은 항생작용을 한다. 잎은 차로 마시는 데 소화, 두통, 불면증과 근육 긴장에 좋고 부드러운 진정제로도 쓰인다. 정맥류에 대한 혈액 강화제로 혈전증 위험도 감소시키고 임파성 질환을 치료하기도 한다. 항응혈약으로도 사용된다[1]. 잎으로 만든 습포제는 방부제 역할도 한다.

몬티아

학 명 : *Montia perfoliata*

과 명 : PORTULACACEAE (쇠비름과)

영 명 : Winter Purslane

원 산 지 : 북아메리카

특 징 : 속명의 Montia는 보로니아의 식물학자 G. Montii씨의 이름에서 유래되었다. 높이 30cm 정도 자라는 1년초로 선녹색이며 털은 없다. 잎은 숟가락모양이며 긴 엽병(葉柄)이 있다. 꽃은 6월에 흰색으로 피며 드물게 복숭아색도 보인다. 30cm 정도의 화경(花梗)이 잎 가운데서 나와 그 끝에 종모양으로 달린다. 검은 종자는 광택이 난다.

이용부위 : 꽃, 잎, 줄기, 뿌리

용 도 : 식용

이용방법 : 전초를 식용한다. 둥근 잎, 줄기, 꽃의 즙은 샐러드에 첨가하고 시금치처럼 삶아 먹기도 한다. 비타민 C가 풍부하게 함유되어 있다. 캘리포니아의 금광 광부들이 이 식물을 먹고 살아남을 수 있었던 것에서 유래하여, 지방의 이름을 이 식물명으로 정했다. 삶은 섬유질의 뿌리에는 마름 향기가 난다[1].

물망초(왜지치)

학명 : *Myosotis sylvatica*

과명 : BORAGINACEAE (지치과)

원산지 : 북아프리카, 서아시아

영명 : Forget-Me-Not, Mouse Ears

특징 : 속명의 Myosotis는 그리스어 'myos(생쥐)'와 'otis(귀)'의 합성어로 잎이 짧고 부드러운 데서 유래되었다. 높이 20~50cm 정도 자라는 2년초 또는 다년초이며, 퍼진 털이 밀생(密生)한다. 근생엽은 주걱형이며 밑부분이 엽병(葉柄)처럼 길다. 경생엽은 도피침형으로 엽병(葉柄)이 없다. 꽃은 7~8월에 연보라색으로 피는데 총상화서(總狀花序)는 밑부분에서 2개로 갈라지며 10~25cm 정도 된다. 열매는 분과(分果)로 난형이며 짙은 갈색이다.

이용부위 : 꽃, 잎, 줄기

용도 : 식용, 약용

이용방법 : 꽃은 샐러드나 요리 장식에 쓰인다. 고산성의 *Myosotis alpestris*는 호흡곤란에 사용된다. 가슴 통증을 위한 시럽을 만드는 데도 쓰인다. 이 식물의 즙은 장력(張力)을 강하게 한다고 알려져 있기 때문에 제련 중에 철을 단단하게 하는 공정에 첨가된다[1].

페루꽈리

학명 : *Nicandra physaloides*

과명 : SOLANACEAE (가지과)

원산지 : 페루

영명 : Shoo-Fly, Apple of Peru

특 징 : 속명의 Nicandra는 2세기 경 그리스 시인 Nikandros씨의 이름에서 유래되었다. 높이 130cm 정도 자라는 1년초다. 가지는 자유롭게 갈라지며 털이 없다. 잎의 길이는 5~15cm로 난형이다. 잎가에 파상(波狀)으로 드문 거치가 있다. 엽병(葉柄)은 길고 어긋난다. 꽃은 7~9월에 연보라색으로 엽액(葉腋)에서 1개씩 나와 옆으로 달리고 오후에 피어 다음날 떨어진다. 열매는 장과(漿果)로 둥글고 꽈리처럼 주머니 속에 둘러싸여 있다.

이용부위 : 꽃, 잎, 열매, 씨앗

용 도 : 관상용, 방충제

이용방법 : 꽃은 장식용으로 사용된다. 씨앗 꼬투리는 제한된 공간에서 자랄 경우 파리를 쫓기 위해 재배된다. 더욱 성공적인 것은 잎이 파리를 죽이는 살충제로 사용할 수 있다는 것이다. 또한 머리에 생기는 이를 박멸시키는 데도 사용된다[1].

담배

학명 : *Nicotiana tabacum*

과명 : SOLANACEAE (가지과)

영명 : Tabacco

원산지 : 북동아르헨티나, 볼리비아

특징 : 속명의 Nicotiana는 프랑스의 외교관 Jean Nicot씨의 이름으로 1560년에 담배 종자를 처음으로 프랑스에 가져온 데서 유래되었다. 높이 120cm 정도 자라는 1, 2년초로, 털이 밀생(密生)하여 끈적끈적하다. 잎은 아주 크며 길이가 50cm 정도 되며 긴 타원형이다. 잎 끝은 뾰족하고 잎가는 밋밋하고 어긋난다. 엽병(葉柄)은 짧고 날개가 있어 밑으로 흐른다. 꽃은 7~8월에 통모양으로 피고 원줄기 끝에서 큰 원추화서(圓錐花序)로 달린다. 열매는 삭과(蒴果)로 난형이며 종자가 많이 들어 있다.

이용부위 : 잎, 줄기

용도 : 약용, 기호용

이용방법 : 말린 잎과 가공한 잎은 기호품으로 피운다. 담배에 함유된 유독한 니코틴은 심장과 폐에 질병과 암을 일으킨다. 남북 아메리카 부족들은 의식중에 잎을 피우거나, 삔 데, 감염된 벤 상처, 물린 상처, 피부병에 습포로 사용했다. 식물의 즙은 외부용으로 얼굴의 신경통을 덜어 준다. 젖은 잎은 치질의 응급 처치에 쓴다. 연구 결과에 의하면 잎에 있는 화학물질이 종기를 억제시키는 것으로 나타났다[1].

흑종초

학명 : *Nigella sativa*

과명 : RANUNCULACEAE (미나리아재비과)

영명 : Nigella, Roman Coriander

원산지 : 서남아시아, 지중해

특 징 : 속명의 Nigella는 라틴어의 'nigellus(검은색)'로 종자의 색이 검은 데서 유래되었다. 50~80cm 정도 자라는 1년초다. 잎은 3~4회 우상으로 갈라져 코스모스 잎모양으로 광택이 있다. 꽃은 6~7월에 연보라색으로 가지 끝에 하나씩 달린다. 과실은 통통하고 공모양이다. 종자는 작고 검으며 8~9월에 익는다.

이용부위 : 씨앗

이용물질 : 에센셜 오일

용 도 : 식용, 약용, 포푸리용, 장식용, 방충제

이용방법 : 딸기향이 나는 씨앗은 인도, 이집트, 그리스, 터키 등지에 널리 보급되어 있는 매운 육두구(肉荳蔲) 맛을 가진다. 생것을 구워서 말린 씨앗은 카레, 야채, 콩요리에 맛을 더한다. 인도에서는 옷의 벌레를 쫓아내는 데 사용한다. 회충과 신경 결함을 치료하는 데 사용되고, 위장에 가스가 찬 것을 줄이고 발한(發汗)을 촉진시키며, 모유 분비를 자극한다[1]. 섬세한 인상의 꽃은 플라워어레인지먼트에 쓰인다. 포푸리로는 개화 직후의 꽃 목부분이나 결실하여 부풀은 과실을 이용한다.

학명 : *Oenothera biennis*

과명 : ONAGRACEAE (바늘꽃과)

영명 : Evening Primrose, Evening Star

원산지 : 동북아메리카

큰달맞이꽃

특　　징 : 속명의 Oenothera는 그리스어 'oinos(술)'와 'ther(야수)'의 합성어로 뿌리에서 포도주 향기가 나고 야수가 좋아하는 데서 유래되었다. 높이 1.5m 정도 자라는 1, 2년초다. 줄기는 곧추서며 뿌리가 굵다. 근생엽은 도피침형으로 방사상으로 퍼지며 경생엽은 타원상 피침형으로 잎가에 거치가 있으며 어긋난다. 꽃은 7~8월에 선황색으로 원줄기와 가지 끝에 달리고 저녁에 피고 아침에 오그러든다. 열매는 삭과(蒴果)로 털이 있고 4개로 갈라져 종자가 나온다.

이용부위 : 잎, 줄기, 뿌리, 씨앗

용　　도 : 식용, 약용

이용방법 : 잎, 줄기, 말린 뿌리는 검은 발 부족(북미 토인부족)의 겨울용 양식으로, 주로 끓여서 먹었다. 뿌리와 정생하는 부분을 삶아서 꿀에 절여 시럽을 만들어 기침을 진정시키는 데 사용한다. 씨앗에서 추출한 오일은 매우 광범위한 치료 효과가 입증되었으며 많은 연구 결과가 보고되고 있다. 또 건강한 피부를 위해 필요한 지방산, 월경 전 증후군과 알레르기 습진을 감소시킨다. 혈압을 낮추며 복합경화증에서 적혈구 기동성을 회복시키는 감마 리노레닉 산을 함유한다. 이것은 활동 항진, 정신분열증, 관절염, 알코올 중독, 식욕 부진, 파킨슨씨병 치료에 또 다른 잠재 효능이 있다[1].

주　　의 : 부작용으로 두통, 뾰루지, 토하는 경우가 있다. 간질 환자에게는 좋지 않다[2].

스위트바실

학 명 : *Ocimum basilicum*

과 명 : LABIATAE (꿀풀과)

영 명 : Sweet Basil

원 산 지 : 열대아시아, 인도

특 징 : 속명의 Ocimum은 옛 그리스명으로 데오프라스토스에 의해 사용되었던 것에서 유래되었다 높이 45cm 정도로 따뜻한 지방에서 잘 자라는 1년초로, 곧추서거나 경사진다. 잎은 난형 또는 긴 타원형으로 결각이 있거나 없고 잎가에 거치가 있다. 꽃은 8월에 흰색으로 줄기 끝에 총상으로 달린다.

이용부위 : 꽃, 잎, 불기, 열매, 씨앗

이용물질 : 에센셜 오일

용 도 : 식용, 약용, 방향, 미용제

이용방법 : 식욕을 불러일으키는 향은 허브 차로 인기가 있으며, 특히 위장이 약한 사람에게 권한다. 특히 토마토 요리에 잘 어울린다. 달고 강한 향기에는 살균, 항염증, 피부 완화작용이 있다. 달인 액은 구내염에 잘 듣고 구취를 제거하며 여드름을 억제한다. 목욕제로 쓰면 정신 고양, 피로 회복과 피부를 산뜻하게 하는 효과가 있다. 원산지인 인도에서는 이 식물을 힌두교의 신인 크리슈나와 비슈느에게 바쳤다. 토마토와 같이 섞어 식재(植栽)하면 토마토에 붙는 벌레를 퇴치할 수 있다[3].

스콧티슬

학명 : *Onopordum acanthium*

과명 : COMPOSITAE (국화과)

원산지 : 서유럽~중앙아시아

영명 : Scotch Thistle, Cotton Thistle

특 징 : 높이 3m 정도 자라는 인상적인 자태의 2년초다. 날개가 달린 줄기는 가시가 있다. 잎은 단엽으로 결각(缺刻)이 있으며 거치(鋸齒)가 있고 흰털로 덮여 있다. 날개줄기에 붙어서 나오는 좁고 긴 잎도 있다. 꽃은 두화(頭花)로 보라색 또는 분홍색으로 가시가 있는 포로 둘러 싸여 있다.

이용부위 : 꽃, 잎, 줄기, 뿌리, 열매

용 도 : 식용, 약용

이용방법 : 큰 두상화서의 가장자리 소포엽(小苞葉)을 제거한 후 삶거나 쪄서 버터를 만드는 데 사용한다. 어린 줄기는 껍질을 벗겨 데쳐서 기름과 식초에 섞어 먹든지, 생으로 먹거나 아니면 쪄서 뜨겁게 먹는다. 잎에서 추출한 즙은 암 치료제와 피부 궤양에 쓰고, 뿌리를 달인 즙은 점액 배출을 감소시키는 데 사용했다. 씨앗은 한때 요리나 램프에 사용하는 기름을 생산했으며, 잎과 줄기의 부드러운 털은 베개 속을 채우는 용도로 채집되기도 했다[1].

초종용

학 명 : *Orobanche alba*

과 명 : OROBANCHACEAE (열당과)

원 산 지 : 유럽, 중국, 동아시아(한국)

영 명 : Thyme Broomrape, Ghost Plant

특 징 : 속명의 Orobanche는 그리스어 'orobos(콩의 일종)'와 'anchein(졸라서 죽이다)'의 합성어로 본 속 중에 콩과식물에 기생하는 것이 있는 데서 유래되었다. 높이 10~30cm로 원줄기는 가지가 없고 굵으며 불그스름한 색을 띠며, 근경은 굵고 육질의 잔뿌리는 기생의 뿌리에 붙어 있다. 인엽(鱗葉)은 피침형 또는 좁은 난형이다. 꽃은 5~6월에 피고 꽃잎은 5개로 갈라져 있으며, 크로바 같은 냄새가 나고 연한 자줏빛으로 원줄기 끝에 빽빽이 달린다. 열매는 삭과(蒴果)로 좁은 타원형이다.

이용부위 : 꽃, 잎, 줄기, 뿌리

용 도 : 약용

이용방법 : 식물 전체가 약용으로 쓰이지만, 뿌리에 대부분의 효능이 있다. 외부적으로는 강한 수렴제, 찜질 약효가 강하게 나타난다. 내부적으로는 진정제 또는 순한 하제(下劑)의 효과가 있고, 근육의 긴장이나 가벼운 발작, 쇠약해진 병을 회복시킨다. 남성의 성교 불능에 처방되기도 한다. 현재는 폐경기와 자궁 출혈의 치료제로 연구중이다. 중국에서는 *Orobanche* species를 최음제로 여겼다.

벼

학명 : *Oryza sativa*

과명 : GRAMINEAE (벼과)

영명 : Rice

원산지 : 동남아시아

특　징 : 속명의 Oryza는 아랍명 'eruz(쌀)'에서 유래되었다. 높이 50~100cm 정도 자라는 1년초로, 포기로 자란다. 잎의 길이는 30~50cm이며 표면과 잎가는 거칠고 엽설(葉舌)은 2개로 갈라진다. 원추화서(圓錐花序)는 꽃이 필 때는 곧추서나 익을 때는 처지며 많은 소수(小穗)가 달린다. 소수(小穗)는 가지에 어긋나며 짧은 대가 있고 1개의 꽃으로 핀다. 포영(苞穎)은 퇴화하여 호영(護穎)과 내영(內穎)이 발달하고 까락이 있는 것도 있고 없는 것도 있다.

이용부위 : 잎, 줄기, 뿌리, 열매, 씨앗

용　도 : 식용, 약용

이용방법 : 쉽게 소화되는 쌀은 전 세계 절반의 지역에서 주식으로 이용하고 있다. 벼는 조생종 또는 만생종이 있다. 쌀로 만든 죽은 환자나 노약자에게 많이 이용된다. 또한 발효시켜 청주(sake)에 넣기도 한다. 분말가루는 얼굴용 파우더의 기본 재료가 된다. 뿌리는 땀 흘리는 열병을 치료하고, 싹은 소화 불량을 덜어 주며 위와 비장을 튼튼하게 한다. 짚은 초가지붕과 모자의 재료가 된다[1].

양귀비

학 명 : *Papaver somniferum*

과 명 : PAPAVERACEAE (양귀비과)

영 명 : Opium Poppy

원 산 지 : 동남유럽, 서아시아

특 징 : 속명의 Papaver는 옛 라틴명으로 'papa(죽)'라는 뜻으로 양귀비의 유액(乳液)에 최면제가 들어 있어 죽에 섞어서 아기를 잠재웠다는 데서 유래되었다. 높이 50~120cm 정도 자라는 1년초로, 줄기는 직립한다. 잎은 난형으로 잎가에 불규칙한 결각상(缺刻狀)의 거치(鋸齒)가 있고 회녹색으로 어긋난다. 꽃은 5~6월에 원줄기 끝에 1개씩 달리며 자색, 홍색, 황금색, 흰색 등 다양하고 봉오리는 아래로 처진다. 열매는 삭과(蒴果)로 난상 구형이며 익으면 윗부분의 구멍에서 종자가 나온다.

이용부위 : 열매, 수지, 씨앗

용 도 : 식용, 약용

이용방법 : 씨앗은 빵, 사탕, 과자, 카레, 새의 모이에 첨가한다. 요리에 사용하는 것은 익은 씨앗이며, 아편은 덜 익은 씨앗꼬투리에서 채취한 유액(乳液)이다. 고대에는 중요한 진통제로 사용되었다. 아편의 마취성인 알칼로이드 성분은 모르핀, 코데인 같은 주요 진통제를 제조하는 데 쓰인다. 헤로인과 같이 중독성이 있다[1].

들깨

학명 : *Perilla frutescens*

과명 : LABIATAE (꿀풀과)

원산지 : 중국 남부, 히말라야, 일본

특　징 : 속명의 Perilla는 인도 동부의 지명에서 유래되었다. 높이 60~150cm 정도 자라는 1년초다. 줄기는 네모지고 잘 분지한다. 잎의 길이는 7~15cm이며 난형으로 끝은 뾰족하며 잎가는 거치가 있으며 마주난다. 꽃은 흰색으로 작고 줄기 끝이나 엽액(葉腋)에서 총상화서(總狀花序)로 많이 붙는다. 전초에는 페리라게톤(perillaketone)이라는 특유한 방향물질을 함유한다. 종자는 둥글고 종피(種皮)는 회색~다갈색으로 회백색이 돈다.

이용부위 : 잎, 씨앗

용　도 : 식용, 약용

이용방법 : 잎은 아래서부터 차례로 수확하며 꽃이 피기 시작할 때부터 딴다. 음식의 맛을 내는 데 사용하거나 요리쟁반 또는 생선회에 장식으로 곁들인다. 튀김, 초밥 등에 이용하기도 한다. 7~9월에 뿌리 채 뽑아 줄기를 훑어서 잎을 수확해서 그늘에 말려서 보관한다[3]. 씨앗은 기름을 짜서 식용하고, 갈아서 여러 가지 요리에 맛을 내기 위해 첨가한다. 잎은 종자와 더불어 발한, 진해, 진정, 진통, 이뇨제로 사용한다.

파슬리

학 명 : *Petroselinium crispum*

과 명 : UMBELLIFERAE (산형과)

영 명 : Parsely, Persil

원산지 : 남유럽

특 징 : 속명의 Petroselinium은 그리스명 'petros(돌)'와 'selinon(파셀리)'의 합성어에서 유래했다. 높이 80cm 정도 자라는 2년초 또는 단명한 다년초다. 줄기와 뿌리는 두텁고 굵은 엽육으로 자란다. 전초에 향기가 있다. 잎은 2.5~5cm로 진녹색이며 표면에 광택이 있고, 3출 복엽으로 소엽은 당근 잎 비슷한 결각이 있다. 꽃은 작고 황록색이며 화경은 50cm 정도다. 열매는 삭과로 난형이며 향기가 있다.

이용부위 : 잎, 줄기, 뿌리, 씨앗

용 도 : 식용, 약용, 방향제, 미용제

이용방법 : 요리용 허브로, 영양가 높고 독특한 풍미와 향이 좋아 소스 종류에 넣는다. 구취를 없애는 데 사용하며, 강력한 이뇨작용이 있어 다이어트 효과가 있고, 체액의 증류에 사용한다. 비뇨기 감염증이나 결석 치료에 효과가 있다. 요산의 배출을 촉진하므로 통풍에도 효과적이다. 모유를 증가시켜 자궁 근육을 바르게 한다. 비타민 C와 철분이 풍부하므로 소화작용을 강화한다[2]. 잎의 침출액은 헤어토닉으로, 잎은 피부를 정화시키고 신체를 따뜻하게 하는 목욕제로 쓴다.

주 의 : 임신중에는 약효를 목적으로 한 사용은 피한다[2].

쇠비름

학명 : *Portulaca oleracea*

과명 : PORTULACACEAE (쇠비름과)

영명 : Summer Purslane

원산지 : 인도, 유라시아

특 징 : 속명의 Portulaca는 라틴어로 'porto(입구)'라는 뜻으로 열매가 익으면 뚜껑이 떨어져서 구멍이 생긴다는 데서 유래되었다. 높이 30cm 정도 자라는 1년초다. 적갈색의 가지가 많이 갈라지며 비스듬히 옆으로 퍼진다. 잎의 길이는 1.5~2.5cm로 둥그스름하고 마주 나거나 어긋나기도 하고 윗부분은 모여난다. 꽃은 6월부터 가을까지 황색으로 가지 끝에 달린다. 열매는 타원형으로 중앙부가 옆으로 갈라져 긴대가 달린 많은 종자가 나온다.

이용부위 : 잎, 줄기, 열매, 씨앗

용 도 : 식용, 약용

이용방법 : 철분과 비타민 C가 풍부하다. 퍼석퍼석한 냉각된 잎과 줄기는 싸한 샐러드허브의 양념으로 잘 혼합한다. 즙이 많은 피클을 만들고, 야채로 요리하거나 스프에 첨가한다. 말린 씨는 가루로 빻아서 요리에 사용한다. 중국에서는 통채로 설사, 비뇨기 감염, 열을 내리는 데 사용한다. 인도네시아에서는 심장병에 처방한다. 씨앗과 열매는 호흡 곤란에 이용하고, 즙은 피부병 치료에 사용한다[1].

피마자

학명 : *Ricinus communis*

과명 : EUPHORBIACEAE (대극과)

영명 : Castor Oil Plant

원산지 : 동북아프리카

특 징 : 속명의 Ricinus는 라틴어 'ricinus(그믐달)'의 뜻으로 종자의 형태가 그믐달과 비슷한 데서 유래되었다. 높이 2~3m 정도 자라는 1년초이나 원산지에서는 관목상으로 자라는 다년초다. 잎은 장상엽(掌狀葉)으로 5~11개로 갈라지며 열편(裂片)은 좁은 난형을 끝은 뾰족하다. 잎가는 예리한 거치가 있다. 꽃은 8~9월에 원줄기 끝에 총상화서(總狀花序)가 20cm 길이로 달린다. 열매는 삭과(蒴果)로 표면에 가시가 있고 종자는 타원형으로 암갈색 반점이 있다.

이용부위 : 잎, 줄기, 뿌리, 씨앗

용 도 : 식용, 약용

이용방법 : 씨앗에서 추출한 피마자유는 독성이 없다. 변비 치료제나 충혈된 눈에 넣는 연고로 만들어 사용한다. 네팔에서는 잎의 습포는 감염된 상처와 열병을 치료하고 즙은 설사병을 치료한다. 또한 뿌리를 달인 즙은 피부병에 쓴다. 가나에서는 천식(喘息)과 위암에 처방할 뿐만 아니라 살충제로도 사용한다. 중국에서는 으깬 씨앗을 안면 경련과 힘을 내는 데 사용한다[1].

섬머세이보리

학 명 : *Satureia hortensis*

과 명 : LABIATAE (꿀풀과)

영 명 : Summer savory

원 산 지 : 지중해, 유럽, 북아프리카

특 징 : 속명의 Satureia는 옛 라틴명으로 프리니우스에 의해서 사용된 것이 유래되었다. 높이 30~45cm 정도 자라는 직립성의 1년초다. 어린 줄기에는 부드러운 털이 있으며 잎은 선상 또는 선상 피침형으로 가장자리는 밋밋하다. 꽃은 흰색~적자색으로 전초에 향기가 있다. 적지에서는 종자로 발아된다.

이용부위 : 꽃, 잎, 줄기

용 도 : 식용

이용방법 : 짜릿한 자극과 풍미가 있어 야채요리나 육고기 요리에 잘 어울린다. 식욕을 증진시키는 요리용 허브로 잘 알려져 있다. 향기는 맵고 톡쏘는 맛이 있어 콩요리에도 잘 어울린다. 이탈리아인이 이 식물을 처음 허브로 사용한 민족 중의 하나로, 로마시대에는 식초와 함께 이탈리안 소스를 만들었다. 잎은 지금도 사라미※ 소시지의 향미료로 사용되고 있다. 피곤한 몸에 원기를 찾아주는 허브 차로 알려져 있다. 특히 여성의 냉한 증세를 비롯하여 갱년기 장애에도 효과가 높다고 한다[2].

※사라미(salami) : 향미가 강한 소시지.

참깨

학명 : *Sesamum indicum*

과명 : PEDALIACEAE (참깨과) **영명** : Sesame

원산지 : 아프리카

특 징 : 속명의 Sesamum은 그리스어의 'zesamem'와 아랍어의 'sessem' 등 깨에 대한 옛이름에서 유래되었다. 높이 1m 정도 자라는 1년초다. 원줄기는 사각형이고 털이 밀생(密生)한다. 잎의 길이는 10cm 정도로 피침형 또는 긴 타원형으로 엽병(葉柄)이 길며 마주난다. 꽃은 7~8월에 흰색이며 윗부분의 엽액(葉腋)에 달리며 연한 분홍빛이 돈다. 열매는 삭과(蒴果)로 원주형이며 종자는 흰색, 황색, 검은색이다.

이용부위 : 꽃, 잎, 줄기, 씨앗

용 도 : 식용, 약용, 미용제

이용방법 : 씨앗에는 비타민 A, 비타민 E, 단백질이 풍부하다. 불에 볶아 영양가가 높아진 씨앗은 빵, 페스츄리, 음식 등에 뿌린다. 향기로운 참기름은 중국 요리나 한국의 나물 요리에 많이 사용한다. 마가린, 선크림, 연고 완화제에도 들어간다. 인도네시아에서는 잎을 현기증, 임질, 설사에 사용한다. 중국에서는 씨앗과 기름이 약한 신장과 간, 기침, 류머티즘, 중풍, 요실금을 치료한다. 오드콜로뉴(화장수)는 꽃으로 만든다[1].

밀크티슬

학명 : *Silybum marianum*

과명 : COMPOSITAE (국화과)

영명 : Milk Thistle

원산지 : 남서유럽, 북아프리카, 아시아

특 징 : 속명의 Silybum은 어떤 엉겅퀴와 비슷한 식물에 디오스코리데스가 붙인 그리스명에서 유래되었다. 높이 1.5m 정도 자라는 2년초다. 줄기는 홈이 져 있고 가지는 갈라진다. 잎의 길이는 50~70cm로 긴 선상 타원형으로 심한 결각(缺刻)과 강한 침이 있다. 광택이 있는 잎 표면에는 대리석모양의 흰색의 무늬가 나타난다. 꽃은 6~8월에 보라색의 두화(頭花)가 달린다. 열매는 수과(瘦果)로 갈색의 반점이 있다.

이용부위 : 잎, 줄기, 뿌리, 씨앗

용 도 : 식용, 약용

이용방법 : 모든 부분을 식용할 수 있으며 소화를 도와 준다. 씨앗과 잎은 모유부족, 기침, 우울증과 함께, 소화기계, 간, 쓸개, 비장의 이상에 사용한다. 씨앗 속의 실리마린 성분은 독버섯을 포함한 많은 독소들로부터 간을 보호하는 것으로 밝혀졌다. 그 후 추출물은 술이나 마약, 만성 간염, 경변증 그리고 카드뮴 중독으로 인한 손상을 감소시키는 데 사용되어 왔다. 또 멀미나 심장병을 예방하는 데도 쓰인다[1].

까마중

학 명 : *Solanum nigrum*

과 명 : SOLANACEAE (가지과)

원산지 : 남유럽

영 명 : Black Nightshade, Poisonberry

특 징 : 속명의 Solanum은 옛 라틴명으로 'solamen(안정)'이라는 뜻으로 본 속의 식물 중에 진통작용을 하는 것이 있는 데서 유래되었다. 높이 60~80cm 정도 자라는 1년초다. 가지는 옆으로 무성하게 퍼지며 원줄기에 능선(稜線)이 약간 나타난다. 잎의 길이는 6~10cm로 난형이다. 잎가는 파상(波狀)의 거치(鋸齒)가 있거나 밋밋하고 엽병(葉柄)이 있으며 어긋난다. 꽃은 5~7월에 흰색으로 피고 화서는 산형으로 잎보다 위에 달린다. 열매는 장과(漿果)로 둥글고 검은색으로 익으며 달지만 독성분이 있다.

이용부위 : 꽃, 잎, 줄기, 뿌리

용 도 : 약용

이용방법 : 덜 익은 열매(장과)는 농축된 유독성의 솔라닌을 포함한다. 진정작용을 하는 지상 부분은 말단신경의 마비 효과가 있으며, 진통 연고에 사용되기도 한다. 아시아에서는 달인 즙으로 이뇨제나 눈병, 감염된 상처를 치료한다[1].

감자

학 명 : *Solanum tuberosum*

과 명 : SOLANACEAE (가지과)

영 명 : Potato, Earth Apple

원 산 지 : 남아메리카

특 징 : 속명의 Solanum은 옛 라틴명으로 'solamen(안정)'이라는 뜻으로 본 속의 식물 중에 진통작용을 하는 것이 있는 데서 유래되었다. 높이는 80cm 정도 자란다. 지하경 끝이 괴경으로 냄새가 특이하다. 잎은 3~10cm로 1회 우상복엽이며 소엽은 5~9개로 타원형 또는 난형이다. 잎가는 밋밋하며 소엽 사이에 작은 엽편이 있으며 엽병은 길고 어긋난다. 꽃은 6월에 흰색 또는 연분홍색으로 윗부분의 엽액에서 자란 화경에 달린다. 열매는 황색으로 익는다.

이용부위 : 뿌리

용 도 : 식용, 약용, 미용제

이용방법 : 단백질, 비타민 B 복합체와 비타민 C, 칼륨, 녹말을 포함한다. 모양과 질감이 다른 변종이 많으며 칩을 만드는 데 사용한다. 스칸디나비아 산의 투명한 증류주인 아쿼빗(aquavit)과 어떤 종류의 보드카는 감자에서 증류한다. 생감자와 즙은 피부를 부드럽고 깨끗하게 하며, 햇볕에 그을린 곳이나 화상에 효과가 있다[1]. 갈아서 눈 주위의 부기를 해소하고 햇볕에 탄 부위를 진정시킨다. 연고는 상처와 치질을 진정시킨다. 감자의 녹색 부분은 독성이 있다.

만수국(프렌치매리골드)

학 명 : *Tagetes patula*

과 명 : COMPOSITAE (국화과)

원 산 지 : 멕시코, 과테말라

영 명 : French Marigold, Tagetes

특 징 : 속명의 Tagetes는 그리스 신화 중에 나오는 Etruria의 아름다운 신 'Tages'에서 유래되었다. 높이 50cm 정도 자라며 악취가 나는 1년초다. 줄기는 곧추서며 밑에서부터 가지가 많이 갈라져서 퍼진다. 잎은 1회 우상복엽(羽狀複葉)으로 열편(裂片)은 선상 피침형으로 잎가에 뾰족한 톱니와 유점(油點)이 있으며 마주나거나 어긋난다. 꽃은 여름에 황금색 또는 오렌지색으로 화경(花梗) 끝에 달린다. 설상화(舌狀花)는 많으며 꽃잎 가장자리가 갈라지고 관상화(管狀花)도 끝이 갈라진다. 열매는 수과(瘦果)로 가늘고 길며 가시 같은 관모(冠毛)가 있다.

이용부위 : 꽃, 잎, 뿌리

용 도 : 염료용, 방향제, 방충제, 포푸리

이용방법 : 모든 매리골드 종류의 꽃에는 황색에서 갈색으로 물드는 염액이 채취된다. 개화 직후의 꽃을 수확하여 싱싱한 것을 사용하지만, 건조시켜서도 사용할 수 있다[3]. 흙 속의 벌레가 기피하는 성질이 있어서 녹비(綠肥)에도 쓸 수 있다. 무농약재배를 지향하는 사람들 사이에 주목받고 있는 허브 중의 하나다. 꽃잎은 말려서 포푸리에 사용한다.

크림슨 클로버

학명 : *Trifolium incarnatum*

과명 : LEGUMINOSAE (콩과)

영명 : Crimson Clover

원산지 : 유럽 남서부

특 징 : 속명의 Trifolium은 그리스어 'treis(3)'와 라틴어 'folium(잎)'의 합성어로 이 식물의 잎이 작은 세 잎으로 구성된 데서 유래되었다. 높이 50cm 정도 자라는 1년초 또는 다년초로 곧추 자라며 가지가 많이 갈라진다. 잎의 길이는 2~5cm로 소엽(小葉)은 3개이며 난형으로 잎 끝이 약간 들어가 있다. 엽병(葉柄)은 길고 마주나며 잎가에 잔 거치가 있고 탁엽(托葉)은 난형으로 끝이 길게 뾰족해진다. 꽃은 6~7월에 분홍색으로 엽액(葉腋)에 둥글게 모여 달리며 꽃받침은 통형이다.

이용부위 : 꽃, 잎, 줄기, 뿌리

용 도 : 식용, 밀원용

이용방법 : 단 맛이 나는 주홍색의 작은 꽃은 샐러드를 만들어 먹는다. 화밀(花蜜)의 내용물은 고급으로 은은한 강장차를 제공한다. 이 식물은 단백질이 풍부한 사료인 동시에 가치 있는 녹비가 된다. 모든 클로버잎은 소금물에 몇 시간 담가 놓거나, 영양가 있는 야채를 만들기 위해 10분 정도 끓이지 않으면 소화가 어렵고 위 확장증을 유발시킬 수 있다[1].

학 명 : *Trifolium repens*

과 명 : LEGUMINOSAE (콩과)

영 명 : Fenugreek

원 산 지 : 유럽 남부, 아시아

눈개자리(호로파)

특 징 : 높이 30~50cm 정도 자라는 1년초 또는 다년초로 밑부분에서 갈라진 가지가 옆으로 기면서 마디에서 뿌리가 내린다. 잎은 1.5~2.5cm로 소엽은 3개이며 도란형으로 끝이 약간 들어가 있다. 잎가에 잔 거치가 있고 탁엽은 난상 피침형으로 끝이 뾰족하다. 꽃은 5~7월에 흰색으로 두상화서(頭狀花序)에 많은 꽃이 산형으로 달린다. 열매는 꼬투리로 선형이며 4~6개 종자가 들어 있다.

이용부위 : 잎, 줄기, 씨앗

용 도 : 식용, 약용, 미용제

이용방법 : 고대부터 스파이스나 생약으로 사용되어 왔다. 빻거나 불에 익힌 매운 씨앗은 카레와 처트니※의 맛을 낸다. 아라비아인은 볶은 씨앗을 커피 대용으로 했다. 발아한 씨앗은 샐러드를 만들고, 잎은 비타민과 철분이 풍부하다. 씨앗으로 만든 차는 원기 회복 강장제로 소화 불량, 생리통을 덜어 주며 열을 내린다. 피부 감염을 막기 위한 습포로도 쓰인다[1]. 또한 체내의 성호르몬과 비슷한 스테로이드 사포닌을 함유하기 때문에 흥분작용이 있어서 미약하지만 모유의 분비를 증가시키는 것으로 알려져 있다. 중국에서는 남성의 임포텐스에 처방하고 갱년기의 이상 발한이나 우울증에도 효과적이다. 기관지염의 진정제로도 이용된다. 젖은 씨앗은 피부를 부드럽게 하는 로션에 사용하고, 오일과 함께 가루를 만들어 입술 연고로 쓴다.

주 의 : 자궁을 자극하기도 하므로 임신중에는 약으로도 사용하지 않는다[2].

※ 처트니(chutney) : 달콤하고 시큼한 인도의 조미료.

한련화(나스터티움)

학명 : *Tropaeolum majus*

과명 : TROPAEOLACEAE (한련화과)

원산지 : 콜롬비아~볼리비아

영명 : Nasturtium, Indian Cress

특　　징 : 속명의 Tropaeolum은 그리스어 'tropaion(트로피)'의 뜻으로 방패 같은 잎과 투구 같은 꽃의 형태에서 유래한다. 높이는 60cm 정도, 길이는 1.5m로 자라는 덩굴성 1년초다. 잎은 둥근 방패 같은 엽신으로 엽병에서 9개의 엽맥이 사방으로 퍼지고 긴 엽병을 가지며 어긋난다. 꽃은 6~7월에 홍색, 주황색, 황색 등으로 엽액에서 긴 화경이 나와 그 끝에 1개 달리고 위쪽이 거(距)로 되어 수평으로 된다.

이용부위 : 꽃, 잎, 열매, 씨앗

용　　도 : 식용, 약용, 방향제

이용방법 : 철분, 비타민 C를 다량 함유하며, 잎과 꽃, 열매를 먹으면 강장, 혈액 정화, 소독 효과가 있다. 부순 종자나 잎을 습포제로 하면 찰과상 치료에 도움이 된다. 자연의 항생물질로 보통의 항생물질과는 달리 장내의 세균에 손상을 주지 않는다. 잎의 침출액은 기관지염이나 뇨(尿) 생식기의 감염증 치료에 사용한다. 적혈구의 형성을 촉진하기도 한다. 씨앗은 설사를 유발하기도 한다. 달인 액은 얼굴과 머리 제품에 사용한다[3]. 꽃은 고농도의 린 산을 함유하므로 한 여름에는 섬광을 방출한다.

학명 : *Verbascum thapsus*

과명 : SCROPHULARIACEAE (현삼과)

영명 : Mullein

원산지 : 유럽, 아시아

herb

뮤레인(꽃대)

특 징 : 속명의 Verbascum은 라틴어 'barba(털)' 또는 'barbascum(털이 있는)'의 뜻으로, 이 식물 전체가 털로 덮인 데서 유래되었다. 높이 2m 정도 자라는 2년초다. 잎은 로켓모양으로 퍼지며 전초에 황색의 비로드 같은 털로 덮여 있다. 아래쪽 근출엽(根出葉)은 긴 타원형 또는 타원상 피침형이다. 잎가는 거치(鋸齒)가 있다. 꽃은 6~8월에 선황색으로 수상화서(穗狀花序)로 달리며 달콤한 향기가 난다. 열매는 삭과(蒴果)로 둥글며 속에 많은 종자가 들어 있다.

이용부위 : 잎, 줄기, 뿌리, 씨앗

용 도 : 식용, 약용, 미용제

이용방법 : 이 식물중의 사포닌 성분은 거담작용과 점액에 의한 진정 효과가 있다. 쉰 목소리, 지속적인 기침, 기관지염, 천식, 백일해 치료에 효과가 좋은 허브다. 꽃을 허브 차로 해서 마시면 진정 효과가 있어서 불면증 치료에 사용한다. 이뇨작용도 있어 비뇨기계의 염증을 가라앉히는 것을 돕고 요산에 의한 자극도 억제한다. 올리브 오일에 꽃을 며칠 동안 담궈 놓았던 것은 귀의 통증에

뮤레인(잎)

사용한다. 류머티즘을 완화시키기 때문에 관절에 바르는 약으로도 쓴다. 잎은 종기나 염증에 탁월한 습포제가 된다. 꽃의 침출액은 린스제로 머리카락을 윤기나게 한다. 생잎을 우유에 삶아서 거즈로 싸서 얼굴에 대면 피부에 생기를 준다. 건조시킨 꽃 두 움큼 정도를 올리브유에 1주일 정도 담가 놓으면 도포제를 만들 수 있다. 습진의 염증을 완화시키고 외상 치유의 효과도 있다고 한다[3].

옥수수

학 명 : *Zea mays*

과 명 : GRAMINEAE (벼과)

영 명 : Corn

원 산 지 : 중앙아메리카

특 징 : 속명의 Zea는 벼과식물의 어느 종명(밀류)이며 린네가 본 속명으로 한 데서 유래되었다. 높이 2~4m 정도 자라는 1년초로 줄기는 곧추 자란다. 잎은 1m 정도 되며 윗부분은 뒤로 젖혀져 처지고 밑부분은 엽초로 되어 원줄기를 감싼다. 꽃은 7~8월에 피고 수꽃은 원줄기 끝에 달리며 원추형의 화서를 이룬다. 암술대는 적갈색이고 화서를 둘러싸고 있는 포영 밖으로 나와 밑으로 처진다. 화서 축이 20~30cm로 자라서 굵어지며 많은 영과(穎果)가 달린다.

이용부위 : 꽃, 잎, 뿌리, 열매, 씨앗

용 도 : 식용, 약용

이용방법 : 다양한 요리와 버본 위스키를 만드는 데 사용한다. 전분은 화장품, 세탁용 풀, 좌약, 요오드 중독의 해독제로 쓴다. 수염은 흥분제, 이뇨제, 약해진 간이나 고혈압을 진정시키고 치료하는 효능이 있다. 또한 요로의 염증 치료에 유용하고 요로 결석의 배출을 돕는다. 수염과 포엽(苞葉)의 습포는 상처의 고름을 빼낸다. 프랑스의 허블리스트는 담즙을 엷게 하거나 담즙의 분비를 촉진시키기 위해서 또는 혈압을 낮추는 데에 사용했다[1].

5

덩굴류(VINES)

으름

학명 : *Akebia quinata*

과명 : LARDIZABALACEAE (으름덩굴과)

영명 : Akebia, Chocolate Vine

원산지 : 중국, 일본

특　징 : 속명의 Akebia는 일본명 '아께비'에서 유래되었다. 높이 12m 정도 자라는 낙엽 덩굴식물이다. 가지는 갈색이며 털이 없다. 잎의 길이는 3~6cm로 어긋나며 옛 가지에서는 총생(叢生)하며 장상복엽이고, 소엽(小葉)은 5개로 난형이다. 잎가는 밋밋하다. 꽃은 4~5월에 적갈색으로 가지의 잎 사이에서 나오는 짧은 총상화서(總狀花序)에 달린다. 열매는 장과(漿果)로 6~10cm이며 10월에 연갈색으로 익고 복봉선으로 터지며 과육(果肉)은 먹을 수 있다.

이용부위 : 줄기, 뿌리, 열매

용　도 : 식용, 약용

이용방법 : 중국 의학에서는 줄기와 함께 식용인 자줏빛 열매가 젖의 분비, 월경, 발한, 혈액 순환을 자극한다고 전한다. 간을 부드럽게 하고 피부 염증을 치료한다. 함유된 칼륨은 비뇨기 질환이나 분비물 억제의 이뇨제로 사용되고, 소화관의 근육을 강하게 한다[1].

사위질빵

학명 : *Clematis vitalba*

과명 : RANUNCULACEAE (미나리아재비과)   **영명** : Traveler' s Joy

원산지 : 유럽, 북이란, 아프가니스탄

특 징 : 속명의 Clematis는 그리스어 'clema(어린 가지)'의 축소형으로 길고 유연한 가지를 갖고 뻗는다는 데서 유래되었다. 높이 3m 정도 자라는 덩굴식물이다. 어린 가지에는 잔털이 있다. 잎의 길이는 4~7cm로 3출엽 또는 2회 3출엽이다. 소엽(小葉)은 난상 피침형으로 결각상(缺刻狀)의 거치(鋸齒)가 드문드문 있으며 마주난다. 꽃은 7~9월에 크림색으로 액생(腋生)하는 짧은 취산화서(聚散花序) 또는 원추화서(圓錐花序)로 달린다. 열매는 수과(瘦果)로 털이 있으며 9월에 익는다.

이용부위 : 꽃, 잎, 줄기

용 도 : 식용, 약용

이용방법 : 예전에는 어린 싹을 식용했다. 진통 성분의 잎은 이뇨제로 사용했으나 최근 내적으로는 중독의 위험이 있고, 외적으로는 염증을 일으키는 것으로 밝혀졌다. 잎은 고통을 덜어 주는 몇몇 연고에 안전하게 첨가되고, 물집 상처, 감염을 치료하는 데 사용한다[1].

만삼

학명 : *Codonopsis pilosula*

과명 : CAMPANULACEAE (초롱꽃과)

영명 : Codonopsis

원산지 : 중국 북부

특 징 : 속명의 Codonopsis는 그리스어 'codon(종)'과 'opsis(비슷한)'의 합성어로 화관(花冠)이 종모양인 데서 유래되었다. 덩굴성 다년초로 전초에 털이 있고 자르면 유액(乳液)이 나온다. 도라지 같은 뿌리는 30cm 이상 자란다. 잎의 길이는 1~5cm로 난형 또는 타원형으로 마주나거나 어긋난다. 잎가는 밋밋하고 엽병(葉柄)은 긴 편이다. 꽃은 7~8월에 종모양으로 측지(側枝) 끝에 1개씩 녹색으로 달리고 그 밑의 엽액(葉腋)에서도 계속 달린다.

이용부위 : 줄기

용 도 : 약용

이용방법 : 뿌리는 임질을 예방하는 일반적인 강장제로 사용한다. 저렴한 비용으로 인삼 대체작물로 사용되기도 하는데, 아드레날린을 감소시켜 인삼보다 효과적이라는 평도 있다. 잠재적으로 에이즈, 방사선요법, 화학요법 환자들에게 적혈구, 백혈구 숫자를 증가시키고 독성 약품의 부작용을 감소시키는 데 유익하다. 유방암, 천식, 당뇨병, 심장의 심계항진, 기억 및 욕구 상실, 불면증에도 효과적이다[1].

야생마

학 명 : *Dioscorea villosa*

과 명 : DIOSCOREACEAE (마과)　　**영 명** : Wild Yam

원산지 : 미국, 멕시코

특 징 : 속명의 Dioscorea 1세기 그리스의 자연과학자 A.D. Dioscorides에서 유래되었다. 덩굴성 다년초로 뿌리는 육질로 끝이 뾰족하고 밑부분은 심장형이다. 엽병은 길고 엽액에 육아가 생긴다. 꽃은 6~7월에 흰색으로 엽액에서 수상화서가 1~3개씩 달린다. 열매는 삭과로 3개의 날개가 있고 둥근 날개가 달린 종자가 들어 있다.

이용부위 : 뿌리

용 도 : 식용, 약용

이용방법 : 디오스게닌※을 포함하는 몇몇 종(種) 중의 하나로, 피임용 알약을 만드는 데 사용하는 프로게스테론의 선구세포다. 류머티즘을 치료하는 소염제인 스테로이드와 코티손, 습진을 위한 하이드로코티션 크림을 만든다. 돌기는 산통(疝痛), 복통, 다리와 월경통을 완화하는 데 사용한다. 경련 억제작용이 있어 근육의 경련에 의해 생긴 고창(鼓腸), 산통 치료에도 효과가 있다. 또 담즙의 분비를 촉진하므로 때로는 담석의 산통에도 이용한다. 이뇨 효과도 있고, 항경련작용과 요도의 통증에도 효과적이다[1].

※디오스게닌 : 부신피질 호르몬계의 스테로이드의 원료가 된다.

아이비

학명 : *Hedera helix*

과명 : ARALIACEAE (두릅나무과)

영명 : Common Ivy

원산지 : 유럽, 스칸디나비아

특 징 : 속명의 Hedera는 유럽산 송악의 라틴명에서 유래되었다. 길이 30m까지 자라는 상록성 덩굴식물로 가지에서 기근(氣根)이 나와 다른 물체에 붙어 자란다. 잎의 길이는 3~6cm로 혁질(革質)이며 광채가 있고 진녹색이다. 잎 모양이 삼각형 비슷하고 3~5개로 얕게 갈라지며 끝은 좁고 거치는 없다. 엽병(葉柄)은 긴 편이다. 꽃은 10월에 녹황색으로 가지 끝에 산형화서(傘形花序)가 1개 또는 여러 개 취산상(聚散狀)으로 달린다. 열매는 둥글며 다음해 봄에 검은색으로 익는다.

이용부위 : 잎, 줄기, 열매, 수지

용 도 : 약용, 염료용, 방충용

이용방법 : 그리스인들이 중독을 치료한다고 믿었던 이 식물은 독성의 잎이 신경통, 류마티즘, 좌골통, 심한 기침을 완화시키는 습포에 사용된다. 열을 떨어뜨리고 벌레를 쫓고 셀룰라이트※를 감소시킨다. 사포닌을 포함하고 용해 상태에서 머리카락, 검은 실크, 태피터를 어둡게 한다[1]. 잎은 몇몇의 아메바, 균류, 연체동물을 죽이는 효과가 있다.

※셀룰라이트 : 물, 지방, 노폐물로 된 물질로, 여자의 둔부 등의 피하에 생긴다.

학 명 : *Humulus lupulus*

과 명 : CANNABACEAE (삼과)

영 명 : Common Hop

원 산 지 : 서아시아, 북아메리카

호프

특 징 : 속명의 Humulus는 라틴어 'humus(땅)'의 뜻으로 줄기가 땅 위로 기면서 자라는 데서 유래한다. 6m 정도 자라는 덩굴성 다년초로 오른쪽으로 감싸면서 올라간다. 잎은 둥글며 3~7개로 갈라지고 잎가에 거치가 있으며 갈라진 사이도 둥글다. 덩굴에 갈고리 같은 잔가시가 있고 뒷면은 향기가 나는 선점(腺點)이 노랗게 되어 있다. 웅화서는 5~15cm이고 자화서는 거의 둥근 편이며 포로 덮여 있다. 포는 잎 같이 생겼고 각 포액에 4개의 꽃이 들어 있어 각각 소포에 싸여 있다.

이용부위 : 꽃, 잎, 줄기 열매

이용물질 : 에센셜 오일

용 도 : 식용, 약용, 미용제, 염료용

이용방법 : 어린 싹은 야채로 먹고 잎은 데치거나 스프를 만든다. 주로 양조산업을 위해 재배된다. 차는 신경강장제인 동시에 부드러운 진정제, 근육 이완제다. 에스트로겐이 함유되어 모유 분비를 증가시키고 남성들에게는 성욕 억제제로 쓰인다[1]. 달인 액은 식욕 증진, 진통, 소화 촉진, 해열 효과도 얻을 수 있다. 세리주에 담그면 식욕 증진의 식전주가 된다. 암꽃은 맥주의 풍미나, 색을 내는 데에 사용하는 것으로 알려져 있다. 잎은 옷감이나 털실에 불그스름한 다갈색을 염색하기도 한다[3]. 향기는 온화하여 진정 및 최면작용을 하여 허브 베개로 이용한다. 수면 전에 차를 마시면 효과가 좋다.

주 의 : 암꽃 화분은 접촉성 피부염을 일으킬 수가 있다. 진정 효과가 있으므로 우울증 치료에는 사용을 피한다[2].

고구마

학명 : *Ipomoea batatas*

과명 : CONVOLVULACEAE (메꽃과)

영명 : Morning Glory

원산지 : 남부 미국～아르헨티나

특 징 : 속명의 Ipomoea는 그리스어 'ips(감자벌레)'와 'homoios(비슷한)'의 합성어로 이 식물이 다른 물체를 타고 올라가는 데서 유래되었다. 덩굴성 1년초 또는 다년초다. 줄기는 지면을 따라 뻗고 뿌리가 내린다. 괴근(塊根)은 형태가 다양하나 긴 타원으로 끝이 뾰족한 편이다. 잎은 얕은 심장저로 잎가에 1～3개의 열편(裂片)이 있고 깊이 갈라지는 것도 있다. 꽃은 7～8월에 홍자색으로 엽액(葉腋)에서 긴 화경(花梗)이 나와 그 끝에 5～6개가 달린다.

이용부위 : 잎, 줄기, 뿌리, 씨앗

용 도 : 식용, 약용, 방충제

이용방법 : 뿌리를 포함하여 식물 전체가 변을 잘 통하게 한다. 말려서 성숙한 씨앗은 환각작용을 일으키고 독성이 있다. 아시아에서는 벌레를 쫓고 이뇨제로서 변비를 치료하고 월경을 진전시킨다[1].

자스민

학명 : *Jasminum polyanthum*

과명 : OLEACEAE (물푸레나무과)

영명 : Jasmine

원산지 : 인도, 남동아시아

특 징 : 속명의 Jasminum은 그리스어 'jasme'로 '향유'를 함유한 것이 많아 붙여진 데서 유래되었다. 상록성 목본성 덩굴식물이다. 줄기는 가늘고 길며 6m 정도 자란다. 잎은 우상엽으로 소엽(小葉)이 도란상 피침형으로 5~7개가 붙으며 광택이 있고 진녹색이다. 꽃은 4~5월에 흰색으로 엽액(葉腋)에서 꽃대가 나와 6~9개가 달린다. 향기가 좋다.

이용부위 : 꽃, 잎, 뿌리

이용물질 : 에센셜 오일

용 도 : 식용, 약용, 방향제

이용방법 : 피기 시작한 꽃을 따서 찻잎 위에 놓는다. 다음날 또 꽃을 위에 올리는데 첫날 올린 꽃은 빼내는 식으로 10일 정도 반복하면 자스민 차가 된다. 또는 꽃을 건조시켜서 찻잎과 함께 넣어도 된다[3]. 동양에서는 꽃을 디저트의 향료나 차로 사용한다. 태국에서는 화환을 만들어 불교 성전에 존경의 의미로 바친다. 인도에서는 노란꽃 자스민을 Shiva나 Ganesh신에게 바쳤다. 동남아시아에서는 꽃을 눈 세척제로 사용하기도 하고, 잎과 뿌리는 해열제나 화상 치료에 쓴다[1].

인동

학명 : *Lonicera japonica*

과명 : CAPRIFOLIACEAE (인동과)

원산지 : 일본, 한국, 만주, 중국

영명 : Japanese Honeysuckle, Gold and Silver Flower

특 징 : 속명의 Lonicera는 16세기 독일의 수학자이며 식물채집가인 Adam Lonitzer씨의 이름에서 유래되었다. 높이 4m 정도로 자라는 반상록성 덩굴관목으로 오른쪽으로 감아 올라간다. 작은 가지는 적갈색이며 털이 있고 속이 비어 있다. 잎의 길이는 3~8cm로 넓은 피침형 또는 난상 타원형으로 거치가 없고 엽병(葉柄)은 짧다. 꽃은 6~7월에 1~2개씩 엽액(葉腋)에 달린다. 화관은 3~4cm로 흰색에서 황색으로 피며 끝이 5개로 갈라지고 그 중 1개가 깊이 갈라져 뒤로 말린다. 열매는 9~10월에 검은색으로 익는다.

이용부위 : 꽃, 줄기

용 도 : 식용, 약용

이용방법 : 냉각식물로 중국에서는 꽃과 줄기를 여름 음료로 사용한다. 이 식물은 일찍이 약용으로 널리 이용되었는데, 이뇨제, 설사 치료제나 열을 내리는 데 사용했다. 실험에 의하면 혈당을 높이거나 낮추는 능력, 항균, 해독 능력이 확실히 입증되었으며, 감기, 기침, 후두염, 부스럼, 림프선 부종, 식중독을 치료하는 데 사용하기도 한다[1].

수세미오이

학 명 : *Luffa cylindrica*

과 명 : CUCURBITACEAE (박과)

원 산 지 : 아시아, 아프리카

영 명 : Smooth Loofah, Vegetable Sponge

특 징 : 속명의 Lufta는 '수세미오이'의 아랍명으로부터 유래되었다. 15m 정도로 뻗어나가는 덩굴성 1년초다. 덩굴손으로 감으면서 올라가고 덩굴에 능선이 있다. 잎의 길이는 13~30cm로 얕게 장상(掌狀)으로 갈라진다. 열편(裂片)은 끝이 뾰족하고 거칠며 털이 없다. 꽃은 8~9월에 황색으로 핀다. 웅화서는 총상이며 암꽃은 1개 달리고 화관(花冠)은 5개로 갈라진다. 열매는 원통형으로 녹색이며, 길이는 30~60cm 정도 된다.

이용부위 : 꽃, 잎, 줄기, 열매, 씨앗

용 도 : 식용, 약용, 미용제

이용방법 : 꽃봉오리, 싹, 열매는 식용이다. 씨앗은 식용기름을 산출한다. 꽃과 과실은 목이나 폐 질환을 위한 음료를 만들기 위해 사용된다. 잎에서 추출한 즙은 발진에 이용된다. 줄기에서 추출한 수액은 화장수로 사용한다. 진통성이 있는 열매의 섬유질은 자궁 출혈, 치질, 이질을 치료한다[1].

몬스테라

학명 : *Monstera deliciosa*

과명 : ARACEAE (천남성과)

영명 : Swiss-Cheese Plant

원산지 : 멕시코~파나마

특 징 : 속명의 Monstera는 라틴어의 'monstrum(이상하다)'의 뜻에서 유래되었다. 덩굴성의 대형 관엽식물로 20m까지 자란다. 마디마다 기근(氣根)이 발생하여 땅에 닿으면 뿌리가 내린다. 잎의 크기는 직경이 큰 것은 1m 정도 되는 것도 있으며 광택이 나고 진녹색이다. 잎맥 사이에 타원형의 구멍이 뚫린 특징이 있다. 꽃은 흰색으로 피고 크림색의 열매가 달리는데 좋은 향기가 난다.

이용부위 : 잎, 열매, 씨앗

용 도 : 식용, 약용

이용방법 : 카리브해 사람들은 원추형의 성숙한 과실을 잘게 잘라 파인애플, 바나나와 함께 혼합하여 얼음을 넣고 음료로 먹는다. 아즈텍 사람들은 씨를 구워서 강한 변비 치료제로 사용했다. 중국에서는 잎이 몇몇 암을 치료하는 데 이용된 예가 있다고 전한다[1].

후추 등

학 명 : *Piper nigrum*

과 명 : PIPERACEAE (후추과)

원산지 : 인도 남부, 스리랑카

영 명 : Black Pepper, Vine Pepper

특 징 : 속명의 Piper는 옛 라틴명으로 그리스명 peperi에서 유래되었다. 높이 4m 정도 자라는 상록성 덩굴식물이다. 줄기는 마디로 되며, 가지가 많이 갈라지고 각 마디에서 뿌리가 내린다. 잎은 3~10cm로 긴 난형이며 표면은 진녹색으로 엽병이 있다. 잎 뒷면은 연한 녹색으로 2쌍의 맥이 있다. 꽃은 6~7월에 흰색으로 피며 수상화서로 달린다. 열매는 둥글고 가을부터 녹색에서 적동색으로 익는다.

이용부위 : 열매

용 도 : 식용, 약용

이용방법 : 숙성 정도나 처리 과정의 차이로 녹색 후추, 검은 후추, 흰 후추로 색이 달라진다. 흰 후추는 검은 후추보다 매운 맛이 덜하고 향기가 좋다. 검은 후추의 가치는 일찍이 무역 항해자들에 의해서 알려졌다. 특히 유럽 사람들에게는 가치 있는 향신료다. 후추의 자극 성분에 들어 있는 알칼로이드 피페린은 소화를 돕고 침과 위액 속에 들어 있는 박테리아를 죽인다. 열매는 이뇨 성분이 있으며, 위에 가스가 차는 병, 복통, 류머티즘, 설사를 치료한다. 미뢰(味蕾)를 자극하고 위액의 분비를 촉진한다[1].

학명 : *Passiflora incarnata*

과명 : PASSIFLORACEAE (시계초과)

영명 : Wild Passion Flower

원산지 : 미국 동부

시계초

특 징 : 속명의 Passiflora는 라틴어 'flor della passione'를 번역한 '정열적인 꽃'이란 뜻으로 암술머리를 십자가, 방사상의 부화관을 후광에서 비유한 데서 유래되었다. 상록성 다년 덩굴식물로 길이는 9m까지 자란다. 가지는 없으며 덩굴손으로 감아 올라가고 어린 줄기는 능선이 있으며 오래된 줄기는 원주형이다. 잎은 장상엽으로 3~5개로 깊게 갈라진다. 열편(裂片)은 피침형으로 탁엽(托葉)이 있다. 여름철 태양을 향해 피고 엽액(葉腋)에 1개씩 달리며 5개의 꽃받침 잎은 안쪽이 흰색, 연홍색, 연보라색이다. 열매는 타원형이며 황색으로 익는데 참외 비슷하게 생겼다.

이용부위 : 꽃, 잎, 줄기, 뿌리, 열매

용 도 : 식용, 약용

이용방법 : 즙이 많은 타원형 과일은 향기롭다. 식용의 하얀 과육(果肉)은 청량음료나 아이스크림을 만드는 데 들어간다. 아메리카 원주민들은 눈이 붓거나 염증이 생길 때 식물 전체를 사용했다. 뿌리는 일반적으로 강장제로 사용한다. 잎은 빠른 맥박을 예방하며, 고혈압을 감소시키는 비중독적이고 비억제적인 불면증과 불안의 진정제로 사용한다. 천식의 근육 경련, 간질, 신경 과민, 대장성 증후군을 완화시킨다. 습포제로 하여 화상과 피부 염증을 부드럽게 한다[1]. 이 식물의 알칼로이드와 후라보노이드는 정신 안정 효과가 있는 것으로 보고되어 있다[2].

오미자

학 명 : *Schisandra chinensis*

과 명 : MAGNOLIACEAE (목련과)

원산지 : 중국

영 명 : Schisandra, Magnolia Vine

특 징 : 속명의 Schisandra는 그리스어 'schizo(갈라지다)'와 'aner(수술)'의 합성어로 꽃밥이 갈라진 데서 유래되었다. 낙엽성 덩굴식물로 길이가 8m 정도 자라며 줄기는 회갈색이다. 잎의 길이는 5~10cm로 타원형 또는 난상 타원형이다. 잎의 양끝은 뾰족하며 엽병(葉柄)이 있고 잎가에 거치가 있다. 꽃은 6~7월에 넓은 종모양으로 연붉은 빛이 도는 황백색이며 향기가 있다. 열매는 둥글고 처음에는 녹색이었다가 가을이 되면 진홍색으로 익는다.

이용부위 : 열매

용 도 : 식용, 약용

이용방법 : 열매는 내부기관의 작용을 자극하고 조화시키며, 신체의 생리적 균형 조절을 돕는다. 면역체계를 끌어올리고 감염을 감소시킨다. 모든 세포에게 축적 에너지가 되는 산소 흡수작용을 증가시킨다. 또 건강한 삶에 대한 감각을 진전시키고 육체적 수행을 향상시킨다. 중앙 신경체계에 대한 자극제로 열매는 협조, 인내심을 향상시키고 집중력에 도움을 주며, 우울증에 효과가 있다. 식물 전체는 혈압을 조절하고 노화를 늦춘다. 신중한 최음제 역할을 한다[1].

학명 : *Vanilla planifolia*

과명 : ORCHIDACEAE (난과)

영명 : Vanilla

원산지 : 서인도, 중앙아메리카, 남아메리카

바닐라

특　　징 : 속명의 Vanilla는 스페인어 'vainilla(작은 콩)'의 뜻으로 본 식물의 과실의 형태에서 유래되었다. 난과의 덩굴 다육성 식물로 15m까지 자란다. 잎의 길이는 20cm로 타원형이며 육질로 되었으며 줄기의 마디에서 어긋나게 붙는다. 액생(腋生)하는 화경(花梗)은 길이 약 5cm로, 다수의 꽃이 총상으로 달린다. 꽃은 하나씩 천천히 피며 직경이 약 6cm로 황록색이다. 과실은 삭과(蒴果)로 약 15cm 정도이며 속에 검고 작은 종자가 들어 있다.

이용부위 : 열매, 씨앗

용　　도 : 식용, 향신료, 미용제

이용방법 : 방향이 있는 꽃은 시든 후에 황색의 가늘고 긴 꼬투리가 아래로 늘어진다. 독특한 향기는 꼬투리를 수확한 후 발효와 건조를 반복한 후에 향을 발휘한다[3]. 덜 익은 노란 바닐라 꼬투리는 향이 없으므로, 달게 하여 말리는 것을 반복하여 절인다. 푸딩, 소스, 아이스크림, 사탕, 술의 향미(香味)로서 가치가 있기 때문에 바닐라 꼬투리는 우려낸 뒤에도 다시 사용할 수 있다. 대부분의 상업용 음식은 더 싼 대용물로 사용하기 때문에 조잡한 맛과 불쾌한 뒷맛이 난다. 바닐라는 소화제 또는 흥분제이지만 과도하게 사용하면 염증을 일으키거나 흥분시킬 수 있으므로 주의한다. 질 좋은 추출물은 알코올에 담근 꼬투리에서 만들어지며 요리, 화장품, 향수에 사용된다[1].

포도

학 명 : *Vitis vinifera*

과 명 : VITACEAE (포도과)

영 명 : Grape

원 산 지 : 남유럽, 중앙유럽

특 징 : 속명의 Vitis는 옛 라틴명 'vita(생명)'라는 뜻에서 유래되었다. 낙엽 덩굴식물이다. 덩굴손은 다른 물체에 붙어 올라가고 어린 가지에는 털이 있다. 잎은 장상엽으로 3~7개로 갈라져 결각과 더불어 거치가 있으며 엽병이 있다. 열매는 장과로 둥글며 흑자색으로 익고, 속에 2~3개의 종자가 들어 있다.

이용부위 : 잎, 줄기, 열매, 씨앗

용 도 : 식용, 약용

이용방법 : 과일, 주스, 건포도, 와인 등의 형태로 음식에 향을 첨가하거나, 종교적 목적으로 사용되는 등 다양하게 이용된다. 잎은 중동요리에서 다양하게 사용한다. 포도즙은 터키 진미인 포도 꿀을 만들기 위해 증발한다. 압축한 포도 찌꺼기는 탈타르 크림을 만드는 데 사용한다. 잎은 음식을 싸는데 쓰고, 압축한 씨는 밝고 좋은 요리용 기름을 산출하며 향기요법의 마사지용으로도 쓰인다. 적당량의 와인은 강장제로 간주되며 약효 있는 와인을 만드는 식물의 자양분을 즉시 흡수한다. 과일은 요양기간의 에너지 충전에 도움을 주며 혈액 정화 식단의 기본이 된다. 가지의 수액은 안약으로 쓰인다[1].

HERB

HERBHERBHERBHERBHERBHERB

6

기타(OTHER HERBS)

봉작고사리

학명 : *Adiantum capillus-veneris*

과명 : POLYPODIACEAE (고사리과)

영명 : Maidenhair Fern

원산지 : 전 세계 습지대

특징 : 속명의 Adiantum은 그리스어 'a(부정)'와 'diantos(젖다)'의 합성어로 잎이 비에 젖지 않는 데서 유래되었다. 높이 70cm 정도 자라는 상록성 초본이다. 근경은 옆으로 뻗으며 끝에서 잎이 총생(叢生)한다. 잎의 길이는 4~20cm이며 2회 우상복엽(羽狀複葉)이다. 엽병은 길고 가늘며 흑갈색이고 밑부분에 황갈색의 인편이 달린다. 포자낭군은 열편(裂片) 위 가장자리에 달리고 포막은 옆으로 긴 타원형이다.

이용부위 : 잎, 뿌리

용도 : 식용, 약용, 방충용

이용방법 : 잎으로 만든 차는 따끔거리는 목과 천식을 진정시키고 가슴 울혈을 낫게 한다. 줄기는 위험한 알코올 중독에 잠재적인 해독 능력이 있다는 평판이 있다. 나바호 족은 줄기의 수액을 벌에 쏘이거나 지네, 뱀에 물렸을 때에 벌레를 쫓고 열을 내리는 용도로 사용했다[1]. *Adiantum pedatum*은 캐나다 원주민들의 점액을 치료하는 거담약이며, 머리를 감는 데도 사용했다.

관중

학 명 : *Dryopteris filix-mas*

과 명 : ASPIDIACEAE (면마과)

영 명 : Male Fern

원 산 지 : 북아메리카, 유라시아

특 징 : 속명의 Dryopteris는 그리스어 'dry(가시나무)'와 'pteris(양치식물)'의 합성어로 가시나무에 붙어사는 양치류에서 유래되었다. 그늘에서 자라는 다년초로 굵고 곧은 근경에서 잎이 윤생(輪生)한다. 잎의 길이는 1m 정도 되며 중축이 있다. 인편은 밀생(密生)하고 윤채(潤彩)가 있으며 황갈색으로 가장자리에 돌기가 있으며 엽병(葉柄)은 짧다. 포자(胞子)낭군은 위쪽 오른편에 달리고 중근 가까이에 2줄로 붙는다. 포막은 둥근 심장형이며 가장자리가 밋밋하다.

이용부위 : 잎, 뿌리

용 도 : 식용, 약용

이용방법 : 곱슬한 어린 줄기는 야채로 삶아 먹거나 말려서 이용한다. 노르웨이에서는 기근을 빵에 넣어 먹고, 맥주 양조에 사용하기도 했다. 수세기 동안 근경은 촌충과 장내 기생충을 쫓는 데 사용했다. 근경과 가지 부분에서 추출한 어두운 녹색기름은 개업의사, 수의사들이 독성 치료를 목적으로 사용했다. 줄기는 잿물의 원료이기도 하다[1].

학명 : *Equisetum arvense*

과명 : EQUISETACEAE (속새과)

영명 : Horsetail, Shave Brush

원산지 : 유라시아, 북아메리카

쇠뜨기

특　　징 : 속명의 Equisetum은 라틴어 'equus(말)'와 'saeta(자모(刺毛)꼬리)'의 합성어로 층층이 돋은 잔가지를 말꼬리로 비유한 데서 유래되었다. 높이 60cm 정도 자라는 다년초로 지하경이 길게 뻗으면서 번식한다. 영양경은 뒤늦게 나와 비스듬히 자라다가 곧추서며 속이 비어 있고 능선이 있다. 마디에 가지와 비늘 같은 잎이 윤생한다. 포자낭 수는 긴 타원형이고 육각형의 포자엽이 있으며 각각 7개 정도의 포자낭이 달린다.

이용부위 : 잎, 줄기

용　　도 : 식용, 약용

이용방법 : 포자낭수(胞子囊穗)는 삶거나 피클로 먹는다. 수렴성의 줄기는 출혈을 멈추게 하므로 위궤양에도 효과가 있고, 뇨(尿)생식기 질환과 야뇨증에도 사용한다. 무기질과 염분은 혈액을 풍부하게 하고, 머리카락과 손톱을 강하게 한다. 무수규산을 함유하며, 연결세포조직의 재생, 강건, 탄력을 진전시키고 관절염, 종기, 습진을 치료한다. 아메리카 원주민들은 방광과 신장 질환에도 이용했다[1]. 빈혈이나 육체 피로에도 좋으며, 허브 차로 만들어 마시면 상처 입은 손톱이나 머리카락에 좋다. 또 전립선 염증이나 비대, 방광염, 요로 결석에도 효과가 있다.

석송

학 명 : *Lycopodium clavatum*

과 명 : LYCOPODIACEAE (석송과)

영 명 : Stag' s Horn Clubmoss, Ground Pine

원 산 지 : 유럽, 북아메리카

특　　징 : 속명의 Lycopodium은 그리스어 'lycos(늑대)'와 'podion(다리)'의 합성어로, 인편엽이 달린 줄기를 늑대의 다리에 비유한 데서 유래되었다. 높이 12cm 정도 자라는 상록 초본이다. 원줄기는 지면으로 길게 뻗으면서 가지가 사방으로 갈라진다. 가지는 옆으로 비스듬히 자라다가 곧추서면서 잎이 빽빽이 달린다. 잎은 선형으로 도톰하며 실같은 것이 달린다. 포자 낭수는 대가 있고 가지 끝에서 3~6개씩 나와 원주형이다. 포자엽은 넓은 난형으로 끝에 실같은 것이 달리며 파상의 거치가 있다.

이용부위 : 포자

용　　도 : 약용

이용방법 : 포자는 경련을 막는 진정제로 위장과 비뇨기 장애에 효과가 있으며, 알약을 코팅하는 데도 사용했다. 블랙푸트 족(북아메리카 토인)은 포자의 지혈 능력, 상처 치유력, 수분 흡수력을 알고 있었기 때문에, 코피가 났을 때 흡입하거나 자상(刺傷)에 뿌려 치료하기도 했다. 지금도 상처, 습진 치료에 사용한다[1].

학명 : *Viscum album*

과명 : LORANTHACEAE (겨우살이과)

영명 : Mistletoe

원산지 : 유럽, 아시아

겨우살이

특 징 : 속명의 Viscum은 라틴어 'viscum(새잡는 풀)'으로 열매에 점성이 있는 데서 유래되었다. 기생하는 상록 관목으로 큰 것은 1m 정도가 된다. 주로 동백나무, 참나무, 팽나무, 자작나무 등에서 기생하며 둥지 같이 자란다. 가지는 우상으로 갈라지며 둥글고 황록색이다. 마디 사이는 3~6cm이며 잎의 길이는 3~6cm로 피침형이고 진녹색으로 두껍고 윤채(潤彩)는 없다. 꽃은 정생(頂生)하며 황색이다. 열매는 둥글고 연황색으로 익으며 붉은 것도 있다.

이용부위 : 잎, 줄기, 열매

용 도 : 약용

이용방법 : 이 식물에는 심장 박동을 느리게 하고, 동맥을 확장시켜 혈압을 내리게 하는 효과가 있다. 잎이 무성한 많은 작은 가지들은 독성이 있다. 강장제로 모세혈관벽을 강하게 하고 면역체계를 강화시키며 종양을 억제한다[1]. 신경계에 대한 진정 효과도 있다. 간장에 대한 독성이 있는 것이 아닐까 하는 논의도 있었으나 현재로서는 명확한 근거를 찾지 못하고 있다. 오히려 항종양작용이 있을지도 모른다는 가설도 있다[2].

주 의 : 액과(液果)는 맹독이다. 서양 겨우살이의 독성에 대한 최근의 추측은 의학적 실험에 의해 확인된 것이 없다. 사용해야 할 경우에는 자격이 있는 전문가의 처방에 한한다[2].

HERBHERBHERBHERBHERBHERB

7

허브 이용의 기초 지식

사람들은 아주 오래 전부터 오늘날까지 인간과 밀접한 관계를 유지해 온 식물들을 귀하고 중요하게 생각해 왔다. 특히 지중해 연안의 사람들은 먹거나 마시면 건강 상태가 좋아지고 약으로서 효과가 있는 식물을 처음으로 '허브'라고 부르며 자주 이용했다. 허브의 어원은 '초록의 풀'이라는 의미의 라틴어 'herba'에서 유래되었다.

이집트에서는 기원 전부터 미라를 방부 처리하기 위해 정유를 사용했고, '의학의 아버지' 히포크라테스는 기원 전 5세기 경에 정리한 의학서를 통해 허브를 이용한 치료방법을 여러 가지 소개하고 있다. 지중해 연안에서만 사용되었던 허브는 로마 제국의 영토 확장으로 유럽 전역으로 퍼져나가게 되었다. 병사들이 약 대신에 허브를 가지고 다니며 상처나 간단한 질병을 치료함으로써 그 효능을 직접 확인하게 되면서 서서히 각지로 전파되었다. 로마 제국이 멸망한 후에도 허브는 여전히 생활하면서 필요로 하는 사람들에 의해 지속적으로 재배되었다.

대항해시대를 맞이하면서 아메리카 대륙에서 바질과 레몬이, 아시아에서는 차가 전해졌으며, 서남아시아에서 마늘이 전해지면서 허브의 종류와 사용방법은 더욱 다양해졌다. 그러나 산업혁명의 험한 물결을 헤쳐나오면서 사람들의 관심은 점차 기계적, 합리적인 것에 집중하게 됨에 따라 불행히도 자연 자체인 허브는 경시되어 서서히 망각되어 갔다.

과학 발전의 절정을 이룬 20세기 후반에 접어들면서 사람들은 점차 환경에 대한 관심이 깊어지고, 합성된 화학물질이나 첨가물 공해문제 등에 눈을 뜨게 되었다. 이로써 자연 그대로의 허브에 대한 관심이 다시 싹트기 시작하면서 서서히 그 인기도를 높여가고 있다. 이것을 '허브의 르네상스'라고 부르며 반기고 있어서 앞으로도 인간과 허브의 돈독한 관계는 지속될 것으로 예상된다.

1. 허브 및 에센셜 오일의 이용방법

사람들은 허브를 다양한 용도로 이용하고 있지만, 궁극적으로는 모두 하나의 길, 즉 우리 몸에 직접 또는 화학적 작용을 미친다고 하는 길을 통해서 그 효력을 나타내고 있다. 허브는 식용, 약용, 화장품 등의 재료로 이용되거나 기분을 편안하게 만드는 방향제로 사용되고 있다. 어떠한 유효 효과를 가진 허브이든 어떠한 방법으로 사용되고 있든지 그 유효 성분이 몸에 흡수되지 않으면 아무 효과도 발휘하지 못한다.

허블리스트는 허브 자체가 갖고 있는 유효 성분을 좀더 쉽고 편안하게 사람의 체내에 흡수시켜 몸 자체의 반응과 조화를 유지하면서 그 반응을 강하게 나타내도록 허브의 효능을 이용하는 기술을 보여 준다. 현대의 합성 약품이 신체의 여러 가지 병의 증상을 억제하고 몸의 반응을 막는 것과는 근본적인 접근이 다르다.

허브의 유효 성분은 여러 방법에 의해 사람의 몸 속으로 들어간다. 가장 직접적인 방법으로는 음식물이나 약의 형태로 입을 통해 소화기관을 거쳐 흡수되는 것이다. 그러나 허블리스트는 좀더 간접적인 통로를 이용한다. 사람의 피부는 몸을 보호하는 기능을 하는데, 체내의 수분을 내보내고 자연의 외부 작용으로부터 신체를 지켜 준다. 또한 피부는 대단한 흡수성이 있으며 가는 혈관이 복잡하게 조직되어 있고, 이것은 혈액의 순환로와 직결되어 있다. 허브 화장품은 약용 허브제나 습포제와 똑같은 과정을 통해 신체에 흡수되어 빠르고 뛰어난 효과를 나타낸다. 오이를 얇팍하게 썰어 눈두덩에 얹고 눈을 쉬게 해 본 경험이 있는 사람이라면 허브의 침투성을 쉽게 이해할 수 있을 것이다. 허브요법사는 좀더 복잡한 성분을 포함한 로션이나 습포제를 눈의 치료에 이용한다.

식물을 이용한 치료법에는 코가 또 하나의 입구가 되기도 한다. 즉, 혈류 중에 빨리 도착할 수 있는 방법 중의 하나가 코를 통해 혈관으로 흡수되는 것으로, 이를 아로마테라피(향기 요법)라고 한다.

* 식물의 에너지

식물을 먹거나 전체를 이용하면 건강 유지나 질병의 치료에 도움을 발휘한다. 사람들의 허브에 대한 지식은 먹거나 에센셜 오일 또는 식물 자체를 몸에 바르는 것으로부터 시작되었다. 옛날 사람들은 신선한 잎을 따서 생으로 씹거나, 종기나 상처에 문지르거나 덧발랐다. 지금도 약으로 이용할 때에는 손질하지 않고 그대로 사용하는 단순한 방법이 애용되고 있다. 예를 들어 허블리스트는 야로우(Yarrow)의 잎을 코피를 멈추게 하는 데 사용하고 있으며, 휘브휴(Fevefew)를 편두통에 먹도록 권한다. 풀에 벤 자상에는 소리쟁이의 잎을 문질러 바르는 민간요법이 아직도 널리 알려져 있다. 다만, 요즘은 요리하는 데 신선한 잎을 통채로 사용하는 등 그 이용방법이 다양해지고 있기는 하다.

일찍이 사람들은 허브를 어떻게 손질하느냐 하는 손질방법에 따라 효능이나 유효성이 높아진다는 사실과 그 방법을 알고 있었다. 흡수나 적응을 쉽게 하거나 계절에 따라 식물의 생육 기간이 아닐 때에도 사용할 수 있도록 보존하는 방법과, 유효 성분의 추출방법 등을 다양하게 생각해 냈다.

간단한 침출액을 추출해 사용하는 것 등 그 중 몇 가지는 가정에서도 손쉽게 할 수 있지만, 정유 추출 등의 방법은 그 과정이 다소 복잡하여 상업적으로만 이용되고 있다. 현재 허브를 이용하는 화장품, 약품 등은 정유나 팅크제 등의 식물성 추출액을 응축한 형태로 주로 이용하고 있다.

(1) 허브 차

지금 시중에는 허브 차가 넘쳐나고 있다. 약모밀, 자스민, 로즈마리, 민트, 라벤더, 레몬버베나, 카모마일 등 오래 전부터 전해져 온 허브와, 새롭게 알려진 서양의 허브와 함께 중국이나 인도로부터 다양한 허브가 들어와 있다.

허브 차의 매력은 색과 향에 있다. 차를 마시는 방법은 홍차와 크게 다르지 않다. 미리 데워 놓은 차주전자에 생 잎이나 말린 잎을 넣고 끓인 물을 붓는다. 향기가 달아나지 않도록 뚜껑을 덮고 3~5분 정도 우려내서 마시면 된다. 기호에 따라 벌꿀이나 레몬을 첨가해도 괜찮고, 시원한 아이스 티로도 즐길 수 있다. 아이스 티는 조금 진하게 우려내어 얼음을 넣어 차게 만든 유리잔에 한꺼번에 따르는 것이 맛있게 마실 수 있는 요령이다.

기호에 따라 허브를 몇 가지 섞으면 허브의 매력이 더한층 풍부해진다. 민트 계통, 레몬 계통 등 같은 계열의 허브를 함께 하면 실패가 없다. 비슷한 효능을 가진 허브끼리 조합하는 것도 좋은 방법 중의 하나다. 잠자기 전에 긴장을 풀고 마음을 이완시키고 싶을 때에는 이완 효과가 있는 보타이슈와 장미를 섞으면 효과적이다.

또 허브 차에 홍차나 주스, 술 등을 조금 섞어 주면 감칠 맛이 더해 마시기 편해진다. 페파민트 같이 향기가 강한 허브는 레몬밤 같은 과일향이 나는 허브와 잘 어울린다. 이외에도 마시는 사람의 기호에 따라 여러 가지로 조합해서 자기만의 고유 브랜드를 만들어 즐기는 것도 새로운 재미를 더해 줄 것이다.

* 허브 차와 그 효능

카모마일

몸을 따뜻하게 해 주고 기분을 온화하게 해주는 효능이 있다. 심신의 균형이 흩어졌을 때에 사용하면 좋다.

민트

청량감이 있는 향기가 원기를 회복시키는 효과가 있다. 구취를 막아 주고 소화를 돕는다.

매로우

목에 좋은 것으로 알려져 있다. 푸른색을 띠는 차에 레몬을 첨가하면 금방 핑크색으로 변하는 특색이 있다.

보타이슈

벌꿀과 같은 향이 나는 차로, 잠자리에 들기 직전에 마시면 효과적이다. 숙면을 돕고 체내 정화의 기능이 있다.

하이비스쿠스

아름다운 루비색의 차로, 철분을 많이 함유하고 입맛도 산뜻하다. 아침에 기운 없이 일어났을 때나 상쾌하지 않은 사람에게 효과적이다.

폿매리골드

'카렌둘라의 차'라는 별명이 붙은 차로, 발한을 촉진하고 몸의 신진대사를 돕기 때문에 피곤함을 느낄 때에 마시면 좋다.

레몬밤

상큼한 감귤 계통의 향을 지닌 차로, 감기, 발열, 두통에 이용하기도 하며 기분 전환에도 효과적이다.

세이지

살균 효과가 우수한 차로, 기침이나 감기의 초기 증상에 효과가 있다. 식후에 마시는 것이 좋다.

베르가못

무난하면서도 산뜻한 차로, 아메리카 원주민들 사이에서는 건강 차로 전해지고 있다.

레몬그래스

산뜻한 향기가 식후에 마시는 차로 최적이다. 소화를 촉진하는 것 외에도 신경의 흥분을 가라앉힌다.

라벤다

원기 회복 효과가 높으므로 숙면을 취하지 못한 날 아침에 적격이다. 달게 마시고 싶으면 벌꿀을 조금 첨가해도 괜찮다.

사플라워

꽃색이 따뜻한 사플라워 차는 발한, 해열작용이 있어서 초기 감기에 효과적이다.

장미

미용과 약용을 겸한 차로, 특히 여성을 아름답게 하는 힘이 있다고 한다.

레몬버베나

프랑스에서는 식후에 마시는 허브 차로 알려져 있다. 소화를 돕고 체질 개선에 효과가 있다.

로즈마리

원기 회복에 효과가 있고, 집중력을 높인다고 한다. 혈액 순환을 원활히 하며 소화기 계통에도 효과가 있다.

자스민

꽃을 말려 사용하거나 차나무 잎과 섞어도 좋다. 기분을 맑게 하여 내분기 계통에 효과적이다.

보리지

잎이나 종자의 차는 수유기의 모유를 잘 나오게 하는 효과가 있으며 이뇨와 발한에 도움을 준다.

펜넬

갱년기의 여러 가지 증상을 완화시키며 모유의 분비를 잘 나오게 하는 역할을 한다. 식욕 증진, 건위작용도 한다.

딜

잘 익은 종자를 건조시킨 차는 식욕 증진과 소화 촉진에 효과적이다. 특히 어린이의 소화기 계통 질환에 좋다.

히솝

성서에 나오는 허브로 정신적 불안감이나 가벼운 히스테리에 좋으며 고혈압에 효과가 있고 건위작용도 한다.

(2) 허브 버터와 허브 치즈

음식의 주재료가 무엇인가에 따라 사용 허브의 종류를 결정해야 한다. 닭고기나 흰살 생선에는 타임이 어울리고, 양고기는 로즈마리가 최적이다. 반대로 함께 사용할 수 없는 허브도 있다. 딜은 생선, 특히 연어와의 어울림이 뛰어나지만 다른 허브와 조합하면 어딘가 모르게 안 맞는 느낌이다. 세이지도 곱게 갈은 고기 요리나 양고기 구울 때 사용하는 것은 좋다.

허브를 치즈에 혼합할 때는 크림 치즈를 사용하여 버터와 같은 방법으로 만들면 된다. 허브 치즈는 뜨거운 요리보다는 차게 해서 그대로 먹을 수 있도록 하는 것이 어울린다. 허브 치즈와 연어 샌드위치는 허브 치즈 최고의 맛을 즐길 수 있다.

만드는 방법은 간단하다. 버터를 실온에서 부드럽게 만들어 잘게 다진 허브와 섞어서 랩으로 둥글게 말아서 냉장고에 넣어 차게 하면 된다. 굵기는 지름이 4cm 정도가 보기에 적당하다. 허브는 파슬리, 오레가노, 바질, 차이브, 처빌 등이 어느 것에나 잘 어울려 많이 사용하는 편이다. 몇 가지 종류를 혼합하여 사용해도 괜찮다.

고기나 생선을 구운 뒤에 허브 버터를 바르거나 올려 놓는다. 또는 버터를 살짝 녹여 데친 작은 새우와 함께 버무린 뒤 레몬을 뿌린다. 레스토랑에서는 스테이크 위에 파슬리 버터가 나오는데 이는 기본적인 프랑스 요리다. 허브 버터가 있으면 보통 요리도 새로운 맛으로 변신시킬 수 있다.

(3) 허브 오일과 허브 식초

* 허브 오일

허브 오일은 만들 때 항상 허브가 기름에 담길 수 있을 정도를 유지해야 한다. 기름 밖으로 허브가 나오면 곰팡이가 생기기 쉽기 때문에 특별한 주의가 필요하다.

중국 음식용은 참기름에 향채나 차이브, 껍질을 벗긴 생마늘, 말린 고추를 잘게 썰은 것을 같이 담근다. 이탈리아 음식용은 올리브유를 기본으로 바질, 말린 고추, 마늘, 통후추, 마른 월계수 잎, 타임이나 로즈마리를 사용한다.

* 허브 식초

시중에서 판매되고 있는 현미식초나 와인, 식초에 타라곤, 딜, 로즈마리 등의 허브를 넣거나, 또는 냄비에 가볍게 끓여서 병에 담아 놓는다. 허브의 향이 전해지기 위해서 따뜻한 곳에 놓아 둔다. 요리에 사용하거나 탄산소다 음료에 넣어도 풍미가 좋다.

* 허브 소금

로즈마리, 타임 등의 마른 허브를 곱게 다진 것과 소금을 섞는다. 소금은 될 수 있는 한 천일염을 사용하는 것이 풍미를 해치지 않는다.

샐러드에 뿌려서 먹거나 요리의 맛을 내는 데 사용한다. 허브를 처음 이용하는 사람들도 부담없이 사용하기 쉬우며, 손쉽게 요리에 넣어 사용하는 데 최적이다.

* 피클

오이, 당근, 샐러리, 무우 등의 야채로 만든다. 병에 야채를 넣어 삶은 피클 액을 붓고 식으면 냉장고나 냉암소에 보관한다. 딜, 코리안더가 어울린다.

* 드레싱

와인 식초에 식물성 오일과 허브를 섞어서 만든다. 손쉽게 즐기려면 허브 오일에 레몬 즙을 조금 넣어 사용하거나, 허브 식초에 2배 정도 양의 식물성 오일을 넣어 사용하면 된다. 바질, 민트, 딜이 잘 어울린다.

(4) 허브 빵과 허브 과자

요리 중에서 허브의 역할은 허브 그 자체의 맛을 즐기는 것보다 독특한 향을 즐기거나 주음식 재료의 맛을 돋구는 향신료적으로 사용하는 경우가 많다. 그러나 허브의 독특한 향기와 맛은 양념 외에도 즐길 수 있다. 소박한 빵과 간식에 사용할 수도 있다. 밀가루 빵이나 천연 효모 빵은 허브의 자연적인 풍미와 잘 어울린다. 말린 허브나 민트 계열을 혼합해서 구운 빵을 신선한 커티지 치즈나 후레쉬 버터를 곁들여 먹으면 적격이다.

항상 먹는 빵이나 과자에 바질이나 오레가노를 더하면 이탈리아 풍이 되고. 카네로나나 토마토 풍미를 한 접시에 곁들이는 채소가 세이지라면 독일풍, 펜넬이나 딜은 북유럽풍, 동유럽은 카라웨이, 원기가 나는 카르다몬은 인도풍이며, 에스닉 풍미를 원하면 쿠민이나 레몬그래스를 추천한다. 이렇게 해서 여러 가지 허브 향의 특성을 살리면 평소 식탁보다 풍성한 맛을 담을 수 있다.

허브가 잘 어울리는 것은 구운 과자만이 아니다. 가장 손쉽게 만들 수 있는 것은 허브시럽으로, 2배의 농도로 넣은 허브 티를 법랑 냄비에 담아 설탕을 넣어 양이 반으로 줄 때까지 달인다. 향기가 달아나지 않게 하기 위해서는 끓어오르지 않도록 약한 불에 서서히 달이는 것이 요령이다. 무스나 트라이플, 빵, 케이크 맛을 더할 수 있다. 시판하는 허브 티로 하면 쉽고 간단하게 만들 수 있다. 귀한 손님을 대접할 때에나 예쁘게 꾸미고 싶은 과자에 한 번 시도해 볼 만하다.

(5) 허브 염색

먼저 준비물로 허브(예 : 매리골드), 모사 10g, 매염제, 냄비, 거르는 천 등을 준비한다.

1. 1리터의 물에 허브 20g을 넣고 끓여서 염액을 만든다.
2. 물이 끓어오르면 약한 불에 20분 정도 더 삶은 뒤에 허브를 걸러내고 염액을 식혀 놓는다.
3. 털실은 사전에 기름이나 먼지를 없애기 위해 주방용 세제로 빨아서 물에 담궈 놓는다.
4. 염액의 온도가 40도 정도로 식으면 적당하다.
5. 염액에 털실을 넣고 약한 불에서 10분 정도 삶는다. 가끔씩 저어 주어 실이 눌어붙지 않도록 한다.
6. 털실을 일단 꺼낸 뒤에 매염제를 넣고, 잘 저어서 완전히 용해시키는 것이 요령이다.
7. 털실이나 실크는 70~80도를 유지하면서 다시 털실을 넣고 20분 정도 삶는다.
8. 불을 끄고 그대로 두어 40도 정도로 식힌다. 같은 온도 정도의 미지근한 물로 헹구어 낸다.
9. 잘 헹구어 그늘에서 말린다. 털실은 될 수 있는 대로 편 상태로 말려서 꼬이지 않도록 주의한다.

초목염 중에서도 하나의 장르를 형성하고 있는 것이 허브 염색이다. 정원이나 베란다에서 누구나 쉽게 가꿀 수 있는 허브를 사용한 염물로, 허브와 매염제의 조합에 의해 염색되는 색이 달라진다. 허브가 갖고 있는 우아함과 활력이 그대로 색으로 드러나는 허브 염색을 즐기는 것도 또다른 즐거움이다.

매염제가 무엇이냐에 따라 색이 다르게 나타나며, 매염제로는 주로 명반, 동, 철을 사용한다.

* 허브 염색에 많이 이용되는 식물

교목류

칠엽수, 앨더, 스트로베리트리, 자작나무, 호도나무, 향나무, 광나무, 석류나

무, 아까시나무, 갈참나무, 앨더베리, 회화나무 등

관목류

은엽아카시아, 칼루나, 차나무, 커피나무, 래빗브러쉬, 치자나무, 인디고, 뿔남천, 소귀나무, 옻나무, 스파티움, 백당나무, 실유카 등

다년초

양파, 쑥, 알카넷, 꼭두서니, 홍화, 강황, 아치쵸크, 솔나물, 향등골나물, 벌노랑이, 쉽싸리, 자주개자리, 매리골드, 탠지, 민들레, 미역취, 애기수영, 호장근 등

1, 2년초

수레국화, 당근, 에치움, 해바라기, 대청, 아이비, 호프, 포도 등

(6) 허브 포푸리

포푸리(Pot-pourri)란 잡향(雜香), 즉 장미나 라일락, 카네이션, 매리골드, 카모마일, 세이지, 라벤더 등의 꽃잎을 잘 건조시켜서 레몬 등 운향과 식물의 과일껍질을 잘 말려 가루로 한 것과 육계나 육두구 같은 향료식물의 가루를 섞어 에센셜 오일을 첨가한 뒤 병에 담아 밀봉해서 어두운 곳에 약 2~3주 놓아 두면 독특한 향기가 나오게 된다. 이것을 포푸리하고 한다. 즉, 여러 가지 색깔의 꽃과 향이 좋은 허브에 향신료나, 개성적인 향을 지닌 향나무, 과일껍질 등을 섞어 만든 것이다.

유럽에서는 오래 전부터 전해져 오고 있다. 완성된 포푸리는 향주머니(샤세)에 담거나 걸이용 포푸리를 만들어도 좋다. 물로 예쁜 그릇에 담아 인테리어로 즐기는 것도 좋다. 아이디어에 따라 사용하는 방법은 광범위하다.

* 포푸리의 기본 재료

꽃과 열매

채색에 사용하는 꽃, 초점이 되는 소재, 나무 열매 등 말린 후에도 향이 남아 있는 것을 사용한다.

허브

향이 있는 잎, 과일 껍질, 스파이스, 목질, 뿌리, 수지, 이끼, 콩 등을 준비해 놓는다.

에센셜 오일

식물에 함유된 정유.

용구

계량컵, 스푼, 막자사발, 나무로 된 스푼, 밀폐병, 칼, 가위, 바늘 접시를 준비한다.

* 드라이 포푸리 만드는 방법

1. 꽃잎과 허브를 잘 섞은 것에 막자사발에서 빻은 스파이스를 넣는다.
2. 1에 에센셜 오일을 유향, 크로브, 오리스르트 등 향기를 고정시키는 보류제에 스며들게 한 것을 더하여 잘 섞는다.

3. 2를 입구가 넓은 밀폐할 수 있는 병에 담아서 냉암소에 2~3주간 숙성시킨다. 가끔씩 흔들어 섞어 주면서 향기를 확인한다. 향기가 옅을 경우에는 오일로 조정한다.

* 허브 포푸리의 종류

1. 스위트로즈포푸리
2. 샌티드드림 포푸리
3. 프랑스풍 로즈 포푸리
4. 라벤더 부루 포푸리
5. 고대 중국풍 포푸리 등을 다양하게 만들 수 있다.

(7) 허브 플라워 어레인지먼트

허브가 갖고 있는 놀라운 매력을 플라워 어레인지먼트로 표현해 보면, 꽃집에서 팔고 있는 생화처럼 화려하지는 않지만 허브의 소박한 맛과 싱그러운 향기는 많은 사람들의 마음을 부드럽게 감싸줄 것이다. 허브의 어레인지먼트는 본래의 매력이 살아날 수 있도록 손질을 많이 하지 않고 가능한 한 자연스럽게 하는 것이 포인트다. 장식으로 사용하는 소재도 인공적인 것은 피하고 자연에 있는 것을 이용하는 것이 좋다.

여기서는 드라이부케, 토피어리, 리스, 가란드, 타지마지의 6가지를 즐기는 방법을 소개하기로 한다. 친한 친구나 가까운 친지에게 선물하는 데 적당하다.

1. 플라워 어레인지먼트

자연스러운 색감, 질감, 형태를 될 수 있는 한 손질하지 않은 채 표현하면 소박한 멋과 분위기를 연출할 수 있다. 화기도 딱 떨어지는 공산품보다는 소품 도자기나 목기, 바구니, 유리그릇 등 다른 용도의 것을 이용하는 것이 잘 어울린다. 중요한 것은 꾸밈없이 자연 상태 그대로인 것처럼 표현하는 것이 포인트다. 집안에 장식해 두면 창가에서 바람이 불어들어올 때 허브 향기가 은은히 퍼져서 상쾌한 기분을 만끽할 수 있어 즐겁다.

2. 드라이부케

꽃을 묶는다고 하는 부케의 기술은 디자인의 기본이다. 신선한 소재뿐만 아니라 드라이부케에도 도전해 보면 새로운 재미를 느낄 수 있을 것이다. 같은 종류의 꽃과 색을 조화시켜서 철사나 라피아로 묶어 조합해 가면 된다.

3. 토피어리

나무를 깎아서 단정하게 만드는 형태로 디자인된 것이다. 적당한 형태로 만들어 가는 것이 제일 중요하다. 어렵게 보이지만 둥근 모양이나 트리모양 같은 여러 가지 형의 플로럴 폼을 이용하면 처음 하는 사람들도 간단하게 만들 수 있다.

4. 리스

리스를 만드는 법칙은 없다. 나무 덩굴을 둥글게 말아서 리스의 토대로 삼거나 로즈마리를 둥글게 만들어 리본으로 마무리하는 방법이 있다. 레몬그래스를 3줄로 짜서 고리를 만든 후에 스파이스를 장식하여 부엌용 리스를 하는 등 자신만의 독특한 리스를 만들 수 있다.

5. 가란드

스파이스를 엮어 만든 가란드는 부엌에 장식하면 멋있고 실용적인 인테리어 장식이 된다. 요리할 때에 필요한 스파이스를 하나씩 빼내어 사용할 수도 있어 실용적이다.

6. 타지마지

17세기 때 병으로부터 몸을 보호하기 위해 살균, 방취작용이 있는 허브를 작은 꽃다발로 만든 것이 타지마지의 시작이다. 신선한 것이나 말린 것을 모두 사용하여 만들 수 있다. 중심이 되는 꽃을 결정한 뒤에 그 주변을 차례로 둘러 전체를 원형으로 정리한다.

(8) 약용 허브

옛날부터 인간의 생활과 밀접한 유용 식물인 허브가 지금은 순수하게 관상용으로 재배되거나 요리에 부분적으로 사용되고 있다. 그러나 현대 의학이 발달하기 전에는 허브가 중요한 약품으로 기능하고 있었음이 지금으로부터 약 4,000년 전의 기록인 이집트의 파피루스에도 남아 있다.

예쁜 장식으로 인식되고 있는 타지마지도 원래는 중세 유럽에서 병원균으로부터 몸을 보호하기 위해 살균력이 강한 허브로 만들어 몸에 지니고 다닌 것에서 유래되었다고 한다.

세계 각지에서는 전통적으로 약용식물을 이용하여 질병을 치료해 왔다. 인도에서는 현대인들도 의료의 주체로 인정하고 있는 아율베다 의학도 식물을 주제로 하는 다양한 천연물을 이용해서 치료하고 있다. 또한 태국, 미얀마 등도 아율베다의 영향을 받아서 의료 행위를 하고 있으며, 인도네시아 역시 민족약으로 많은 식물을 이용하고 있다. 또한 아메리카뿐만 아니라 아프리카 원주민들도 다양한 민족약을 식물로부터 얻어 사용했다.

19세기에 들어와서는 독일에서 채 익지 않은 양귀비의 열매로부터 모르핀을 분리하는 데 성공했고, 토근(吐根)에서 Emetine, 마전자(馬錢子)에서

Strychnine, 키나 껍질에서 Quinine 등을 발견하여 생리활성 성분이 분리되면서 약리학적 연구가 시도되어 약용식물의 효능과 효과가 현대 과학적으로 입증되게 되었다.

현재 약품으로서 허브의 역할은 많이 축소되어 적은 종만이 쓰여지고 있다. 아직도 사용되고 있는 것으로는 아름다운 꽃을 피우는 디기탈리스에서 추출한 성분이 강심제로 이용되고 있고, 유카리를 베개 옆에 놓아 두면 감기에 안 걸린다고 한다. 또한 제라늄 화분을 창가에 두면 천연의 모기 방충작용을 하는 것으로 알려져 있다.

최근 관심을 모으고 있는 아로마테라피는 허브가 지닌 심오한 힘을 응축시킨 정유를 이용한다. 우연한 기회에 접하게 되는 소박하고 여린 허브지만, 그 속에 잠재된 무한한 힘을 느낄 수 있다.

(9) 에센셜 오일의 효능과 사용방법

* 에센셜 오일의 효능

일랑일랑

집중력을 증가시키는 효과가 있으며, 달콤한 꽃 향기를 지니고 있어서 향수나 코롱 등에 폭넓게 사용된다.

그레프푸루츠

감귤류 특유의 신선한 향을 가지며, 향을 맡으면 기분이 맑아지는 효능이 있다. 다른 정유와 혼합하여 사용하기에 적당하다.

티트리

증기로 흡입하거나 목욕할 때에 사용한다. 정신적 피로를 회복시켜 주는 작용을 하며, 살균작용도 있어 무좀 치료에도 사용한다.

베르가못오렌지

정신적 긴장을 완화시키는 효능 외에도 살균 및 곤충 퇴치 효과가 있다. 룸코롱의 재료로 가장 적당하다.

유카리

강한 살균 효과가 있으며 소독, 방충용으로도 사용한다. 뜨거운 물에 몇 방울 떨어뜨려 증기와 함께 흡입하면 기관지염에 좋은 것으로 알려져 있다.

라벤더

정신을 안정시키는 작용이 있어서 베개나 샤세(향주머니)를 만드는 데 적당하다. 또한 정유의 원액을 화상이나 벌레 물린 곳에 바르면 효과가 있다.

라반진

라벤다의 일종으로 정신 안정과, 상처나 화상 치료에 효과적이다. 정유 함량이 많으며, 다양한 향료의 원료로 이용된다.

레몬

상쾌하고 달콤한 향기는 기분을 회복시키는 작용을 하며, 악취를 없애는 효과도 있다. 어떤 정유와도 잘 어울려서 향수제로 적격이다.

장미

비교적 비싼 정유로 옛날부터 향수의 재료로 인기가 있다. 우아하고 화려한 향기가 기분을 즐겁게 만들어 준다.

카모마일

분노나 공포 등 격한 정신적 긴장을 완화시키는 것 외에도 민감한 피부의 스킨케어 등 미용 효과도 크다. 비싼 정유에 속한다.

자스민

감미롭고 기분을 고양시키는 향기는 에너지를 충전하여 행동을 적극적으로 하게 하는 효과가 있다. 정유는 비싼 편이다.

클라리세이지

정신을 안정시키기도 하지만 긴장을 느슨하게 풀어 주기 때문에 운전중에는 사용하지 않는 것이 좋다. 향수 등의 브랜드로 이용된다.

세이지

뇌신경을 자극해서 기억력을 향상시키는 작용을 할 뿐만 아니라, 소량으로도 충분한 진정 효과가 있다. 장뇌와 비슷한 향으로 남성용 향수에도 이용한다.

센티드제라늄

애완동물의 냄새를 없애는 효과가 있는 제라늄은, 허브와 꽃의 향기를 갖춘 정유로 룸 코롱의 소재가 된다.

타임

강한 살균작용이 있으며 감기 예방이나 실내 정화에 좋다. 또한 강장작용이 있고 정신을 고양시키는 효과가 있다.

스위트바질

정신 강장제로는 최고 정유 중의 하나다. 향기는 두통 해소나 졸음을 쫓는 데 효과가 있으며 머리를 산뜻하게 해 준다.

펜넬

꽃과 같이 달콤한 향을 지녔으며 정신을 고양시키거나, 활력있게 움직일 수 있는 효능이 있다. 또한 숙취 해소에도 효과가 있다.

민트

청량감이 풍부하며, 향기는 화를 가라앉히고 초조한 기분을 해소시키는 데 도움이 된다. 집중력과 기억력을 높일 뿐 아니라 실내의 담배 냄새를 제거하는 데에도 효과적이다.

레몬그래스

정신적 피로, 두통을 제거해 기분을 밝게 하는 효과가 있다. 애완동물의 벼룩을 쫓는 패트용 코롱으로 최적이다.

로즈마리

신경을 자극하며 두뇌 회전과 기억력 향상 등의 효과가 있다. 증기와 함께 흡입하면 천식이나 기관지염에도 효과적이다.

* 에센셜 오일의 사용방법

흡입법

오래 전부터 전해져온 방법으로 손쉽게 할 수 있다. 뜨거운 물을 큰 그릇에 담고 에센셜 오일 2~10방울을 떨어뜨린 뒤에 솟아오르는 증기를 흡입하는 방법이다.

마사지법

에센셜 오일의 사용법 중 마사지는 유효한 방법 중의 하나다. 에센셜 오일을 기본 오일로 0.5~2%의 비율로 혼합해서 목욕을 끝낸 뒤에 바로 손, 발, 몸을 마사지한다.

입욕법

미지근한 물을 채운 욕조에 에센셜 오일을 4~5방울 떨어뜨려 잘 섞어 준다. 탕 안으로 천천히 들어가 앉아 심호흡을 하면서 증기를 흡입하는 것이 효과적이다.

확산법

에센셜 오일이 갖고 있는 항균작용, 살균작용으로 실내 공기를 정화시키는 방법이다. 방향 확산기, 오일 버너를 사용하는 것이 좋지만, 없을 때에는 카페트 등에 몇 방울 떨어뜨려도 효과가 있다.

습포법

큰 그릇에 따뜻한 물이나 물을 붓고 에센셜 오일을 몇 방울 떨어뜨린다. 그

물에 수건을 넣어 적신 뒤에 가볍게 짠 것을 환부에 10분 이상 얹어 놓고 있으면 효과적이다. 만성적인 증상에는 온습포를, 급성의 증상에는 냉습포가 적당하다.

스프레이법

스프레이 용기에 물을 담고 에센셜 오일을 몇 방울 떨어뜨린다. 이것을 실내에 스프레이하면 공기가 정화된다. 에센셜 오일의 종류에 따라 벌레를 퇴치시키는 등 다양한 효과도 기대된다.

티슈인하레이션

화장 티슈에 에센셜 오일을 몇 방울 떨어뜨려서 코 가까이에 대고 흡입한다. 코감기에 걸렸을 때 장소에 관계없이 간단하게 처치할 수 있어 편리하다.

* 주의 사항

- 임산부가 사용을 피해야 할 허브 : 세이지, 타임, 바질, 페파민트, 장미
- 혈압 높은 사람이 사용을 피해야 할 허브 : 유카리
- 민감한 피부를 가진 사람이 사용을 피해야 할 허브 : 세이지, 타임, 페파민트, 베르가못, 레몬, 클라리세이지, 크로브, 코리안더, 샌들우드, 시나몬, 히솝

패치 테스트 방법

희석한 정유를 면에 여러 차례 떨어뜨려 윗가슴 안쪽에 며칠 동안 부쳐 놓는다. 피부가 붉어지거나 가려움증의 유무로 적성을 조사한다.

(10) 아로마테라피

응축된 허브의 힘

아로마테라피는 보통 향기 요법으로 해석된다. 말 그대로 향을 흡입하거나 마사지에 이용하는 방법으로 심신을 활기있고 건강하게 만드는 요법이다. 그 중에 향기로 사용되는 것이 에센셜 오일〔精油〕이다. 에센셜 오일은 식물의 꽃, 잎, 뿌리, 씨앗, 목부, 수피, 수지 등으로부터 추출한다. 식물 중에서 허브(향초)라 불리는 것은 약 3,500종류가 있지만, 그 중에서 정유를 채취할 수 있는 것은 약 200종 정도로 알려져 있다.

아로마테라피는 사람들이 정신적 또는 육체적으로 편안한 생활을 하기 위해 몇 천 년에 걸쳐 사용해 온 방법이다. 그 역사는 적어도 고대 이집트까지 거슬러 올라간다. 고대 이집트인은 정유가 가진 치유력을 인정하고 있었다. 동아시아 특히 중국에서는 오랫동안 내려온 아로마테라피의 전통이 있다.

에센셜 오일은 식물에서 자연 발생하는 휘발성의 화학물질로, 식물에 없어서는 안 되는 물질이다. 각각의 식물은 함유하는 정유가 다르기 때문에 고유의 향을 발산하고 있어서, 그 향이 곤충을 유인하여 수분(受粉)을 재촉하는 역할을 한다. 또한, 에센셜 오일의 유분은 수분을 지키는 역할도 한다. 이 두 가지의 중요한 역할은 식물에는 없어서는 안 되는 것이다. 정유는 증류나 분해의 방법으로 식물의 꽃이나 잎으로부터 추출된다. 아로마테라피에는 에센셜 오일이 효과적으로 사용되고 있다. 즉, 에센셜 오일의 치유력과 인체 피부에 대한 침투성이라고 하는 두 개의 큰 힘이 잘 연결되어서 인간의 후각을 이용하여 그 힘을 유효하게 사용하고 있는 것이다.

에센셜 오일에는 인체를 치유하는 힘이 있다는 사실을 뒷받침하는 증거는 많다. 그 중에서 프랑스 화학자로 아로마테라피 연구가이기도 한 가트홋세의 일화가 유명하다. 어느 날 그는 손에 화상을 입었다. 라벤다 정유의 용기에 손을 담궜더니 바로 나았다고 한다. 아로마테라피가 정신에 어떠한 영향을 미치는가에 대해서는 아직 과학적으로 증명되지 않았다. 그러나 이탈리아 밀라노 대학의 한 연구에서 에센셜 오일은 불안과 항우울 상태에 효과가 있다 사실을 밝혀낸 바 있다.

에센셜 오일은 후각기관을 통하는 신경을 자극하는데, 이는 감정을 조절하는 뇌의 조직부분에 직접 연결되어 있다. 또한, 피부 표면에 있는 신경말단도 자극한다. 이러한 이유로 아로마테라피스트는 에센셜 오일의 효과는 신경에 따라 뇌하수체에 닿는 것으로 생각하고 있다. 뇌하수체는 부신을 시작으로 하는 전신의 각 분비샘을 조절해서 인간의 긴장 완화 정도를 조절하는 기능을 한다.

정유는 식물 호르몬이라고도 하며 식물 내(세포조직)에 작은 물방울모양으로 존재한다. 에센셜 오일은 많은 양의 식물로부터 대단히 적은 양밖에 채취할 수 없다. 예를 들면 장미꽃 약 60송이에서 채취할 수 있는 장미 정유는 1방울, 네로리는 큰 양동이 10통 정도의 오렌지 꽃에서 몇 방울밖에 채취되지 않는다. 따라서 이들 정유가 비싼 것은 당연한 결과인지도 모른다.

실제 아로마테라피에 이용할 때는 각각의 허브에 따라 효능이 다르기 때문에 목적에 적합한 에센셜 오일을 선택하는 것이 중요하다. 에센셜 오일은 1종류만을 사용하든 2종류 이상을 섞어서 사용하든 상관없다. 일단은 여러 가지 방법을 시도해 보고 자기 마음에 드는 향을 선택해서 1종류씩 사용해 보는 것도 좋다. 활용 범위가 넓고 손쉬운 라벤더도 권하고 싶다.

* 일상 생활 속의 아로마테라피

에센셜 오일은 내복할 수도 있지만 그 경우에는 자격이 있는 아로마테라피스트의 지시에 따라야 한다. 내복 이외의 여러 가지 방법으로는 에센셜 오일을 자기 자신을 위해 사용하여 아로마테라피를 일상 생활의 일부로 끌어들이는 것이다. 그러면 좀더 간단하게 긴장을 이완시킬 수 있을 뿐만 아니라 후각의 예민함도 되찾을 수 있다. 후각은 가정 생활

안에서 평소에 사용하고 있는 여러 가지 제품에 오염되어 파손된 감각이다.

효과적인 방법으로는 에센셜 오일로 마사지하는 것이다. 이는 신경말단을 활성화시켜서 피부의 표면 가까이 혈액 순환을 원활하게 하고 에센셜 오일의 체내 침투를 돕는다. 또한 목욕물에 에센셜 오일을 두 방울 정도 떨어뜨린 후 10분 이상 몸을 담그고 있는 것도 효과적이다. 욕실의 창문이나 문을 닫아 증기의 유출을 막으면 피부나 코를 통해 증기가 충분히 흡수되도록 한다. 이 방법을 실천하기 어려울 때에는 뜨거운 물을 큰 그릇에 담고 2~3방울의 에센셜 오일을 떨어뜨려 증기를 흡입하는 방법으로도 같은 효과를 얻을 수 있다. 흡입기에 에센셜 오일을 넣어서 흡입하거나 전구에 2~3방울의 에센셜 오일을 떨어뜨려 놓으면 전구의 온도가 올라감에 따라 그 열로 에센셜 오일을 기화시키는 방법도 있다.

* 식물에 함유된 중요 성분

1. 알칼로이드

질소 원자를 함유한 유기화합물로, 통상 화학 성분으로 식물 중에 존재한다. 인체에 진통, 해독, 환각 유발 등의 작용을 한다.

2. 알코올

에센셜 오일 중에 자주 보여지는 화합물로 종류는 풍부하다. 낮은 알코올류와 지방산의 화합물(에스텔)이다.

3. 안트라키논

염료나 하제의 원료가 되는 배당체다.

4. 쿠마린

당과 결합한 쿠마린 배당체는 금방 베어낸 건초 냄새가 난다.

5. 고미질(苦味質)

허브는 쓴 맛을 가진 여러 가지 화학 성분을 포함한다. 이들 중 일부는 식욕증진작용이 있으며, 항염증제, 이완제로도 효과가 있어 사용된다.

6. 사포닌

이 배당체는 물 속에서 휘저으면 비누 거품 같은 것이 난다. 이 물질은 크게 두 가지로 나누어지는데, 하나는 스테로이드 사포닌류로 여성 호르몬의 전구물질과 비슷하며, 다른 하나는 트리테르펜계 사포닌류로 부신피질자극호르몬(ACTH)과 비슷하다.

7. 에센셜 오일, 정유(精油)

탄화수소나 알코올 등의 혼합물로, 구조가 매우 복잡한 화합물이다. 식물 중에서는 잎이 수분을 유지하는 힘을 강하게 한다. 허브 특유의 맛과 향기의 대부분은 정유에 의한 것이다. 항균성, 항진균성 성질을 가지는 것이 있고, 방향이 있으며 그 중에는 인체의 항체반응을 돕는 작용을 하는 것도 있는 것으로 생각된다.

8. 탄수화물

식물에 함유되어 있는 일반적인 탄수화물은 영양학적으로 중요한 당류, 녹말, 셀룰로오스류다. 다당류는 당류가 다른 물질과 결합한 것으로 팩틴이나 점액 등이며, 소화관을 진정, 보호, 이완시키는 효과가 있다.

9. 타닌

이 화합물은 단백질과 반응하여 동물 조직 중에서 가죽과 같이 덮는 물질을 만든다. 이는 무두질의 공정과 비슷하다. 조직의 치유를 촉진하고 마비시켜 통증과 염증을 완화하며 세균 감염으로부터 조직을 보호한다.

10. 점액(粘液)

젤리 상태의 물질로 당이 쇠사슬처럼 길게 연결된 분자로 되어 있다. 염증을 일으킨 조직에 붙이면 진정 효과가 있으며, 젤리 상태이므로 화장품 조합제로 유용하다.

11. 배당체(配糖體)

식물 중에서 일반적으로 볼 수 있는 성분으로, 두 가지 부분으로 되어 있는데 그 중 하나가 당이다. 심장에 강한 자극을 전하는 것도 있는데, 이는 디기탈리스 등에 포함되어 강심 배당체로 알려져 있다. 센나 등에 함유되어 있는 안트라키논은 설사제로 이용한다.

12. 페놀

식물 성분을 구성하는 기본 물질 중의 하나다. 다른 물질과 결합하여 여러 가지 페놀 화합물을 만들어 낸다. 그 중의 하나가 살리실산으로 자주 당과 결합하여 배당체를 만든다. 이 배당체에는 항균성이 있다. 터리풀(Meadow-sweet)이 대표적인 예다.

13. 프라보노이드 배당체

식물 중에 보통 볼 수 있는 성분으로, 노란색을 띠기 때문에 이렇게 이름이 붙었다(라틴어로 노란색이 프라브스). 그 작용으로는 이뇨, 순환 촉진, 항경련 등 다양성이 풍부하다.

* 에센셜 오일을 선택하는 방법

시판되고 있는 여러 종류의 에센셜 오일 중에는 기분을 차분하게 하고 편안함을 주는 효과가 높은 것들이 많다. 모든 에센셜 오일은 목욕제로 사용할 수 있으며 별도의 주의 사항이 없는 한 한 번에 사용하는 양은 목욕물에 2방울 정도가 적당하다. 몇 가지 종류의 에센셜 오일은 대두유나 포도씨 기름과 같은 촉매를 연하게 타서 쓰면 더 효과적이고 우수한 마사지 오일이 된다.

* 주의해야 할 여러 가지

에센셜 오일은 평소에 사용하고 있는 허브나 방향 성분의 약 70~100배의 농축으로 되어 있다. 에센셜 오일을 그대로 사용하면 너무 강하기 때문에 일반적으로 해가 없는 것도 올바르게 희석해서 사용한다. 영국의 문헌에는 2~3% 정도라고 되어 있으나 향기의 역사가 길지 않은 우리나라에서는 1% 정도로 사용하는 것이 좋다.

직접 피부에 닿는 것은 자극의 원인이 될 수 있으므로 주의해야 한다. 민감성 피부의 사람은 패치 테스트를 한 후에 사용하는 것이 바람직하다. 특별히 문제가 없는 경우에도 체질이나 계절에 따라 알레르기 같은 증상이 나타날 수도 있는데 이러한 경우에는 즉시 사용을 중단한다. 베르가못이나 레몬 등 감귤 계열의 에센셜 오일을 사용한 후에는 기미의 원인이 될 수 있으므로 3시간 정도는 직사일광을 쐬지 말아야 한다.

에센셜 오일은 순수한 상태로 보존하려면 18~24개월, 캐리어 오일과 섞은 것은 3개월 이내에 모두 사용해야 한다. 빛에 반응하므로 착색된 차광 유리병에 보존한다. 에센셜 오일은 플라스틱 등에 용해되므로 플라스틱, 금속이나 폴리에틸렌과는 접촉시켜 놓지 않는다.

(11) 허브 미용제

* 벌꿀 넣은 허브 비누

1. 더운 물 60cc에 말린 허브를 넣고 식힌 뒤에 걸러서 허브 추출물을 채취한다.
2. 무향료 비누 250g을 갈거나 시판하는 비누 베이스를 사용해도 된다.
3. 비닐 봉지에 비누 베이스를 넣고 벌꿀 1테이블스푼에 허브 추출물을 조절하면서 넣어 주무른다.
4. 식물성 기름을 얇게 바른 랩을 틀에 깔아 비누를 채운다.
5. 꼭 채우면 랩을 들어올려 틀에서 꺼낸다.
6. 나무젓가락 2~3개를 가지런히 한 위에 2~3일 건조시키면 완성이다.

* 샴푸와 린스

로즈마리에는 머리카락을 윤이 나고 아름답게 하는 효과가 있다.

샴푸

로즈마리 2테이블스푼에 따뜻한 물 1컵을 넣어 짙은 추출액을 만들어 식으면 걸러서 베이비 샴푸(무취 샴푸) 2컵과 혼합한다.

린스

로즈마리 2테이블스푼에 따뜻한 물 2컵을 넣어 식으면 사과식초 1테이블스푼을 혼합한다.

* 소금 목욕

소금을 발라서 바짝 죄어 주는 방법이 유행했었지만, 목적에 맞는 에센셜 오일을 첨가하면 미용 효과가 더 증가된다.

바다소금 1컵 반, 중조 1/2컵, 에센셜 오일 15방울을 잘 혼합한다. 1회 사용량은 1/2컵 분량이 기준이다.

* 허브 목욕

미지근한 물에 몸을 천천히 담그는 것이 포인트이다.

1. 좋아하는 허브 브랜드를 천 자루에 넣어 윗부분을 묶는다.

2. 온수 수도꼭지에 매달아 따뜻한 물이 자루를 통과하도록 물을 받거나, 냄비나 스텐레이스의 냄비로 7, 8분 삶아서 추출물을 주머니 통채로 욕조에 담근다.

* 페이셜 사우나

사우나 후에 차가운 민트 차나 카모마일 차를 천천히 마시고 편안히 잔다.

1. 법랑냄비에 좋아하는 허브 20g과 물 2컵을 넣고 끓어오르지 않도록 약한 불로 바싹 달인다.

2. 불에서 냄비를 내려 놓고 머리부터 타올을 얹어 얼굴 전체에 5~10분간 증기를 쬔다.

3. 미지근한 물로 가볍게 씻고 화장수를 발라 피부를 안정시킨다.

(12) 허브 가든의 역사

5~6세기 경의 유럽이나 중동에서 허브 정원은 사원이나 숲의 일부로 만들어져 수도자나 사제에 의해 재배되었다. 당시의 정원은 한정된 공간에 많은 식물을 재배하며 충분한 물을 주는 것이 목적이었기 때문에, 직선적으로 식재하여 정렬된 정원의 길을 칸으로 나눠 울타리나 벽을 설치하여 수로나 연못 등을 만들어야 할 필요가 있었다. 로마 양식의 정원에서 보이는 직선적으로 정형화된 양식은 이러한 요소가 갖추어져 창출된 것이다.

그 후 600년 동안 영국이나 유럽 각지에 건설된 많은 수도원에서는 실용을 목적으로 한 허브 정원이 보급됨에 따라 정원의 디자인이 복잡해졌다. 이를 이탈리안 스타일이라고 한다. 이탈리안 스타일의 특징은 식상(植床)은 고리모양이나 매듭모양의 미로로 만들고, 가장자리는 깍아서 라벤더나 로즈마리의 생울타리, 또는 작은 돌이나 동물의 뼈를 이용하여 만들었다.

이렇게 복잡한 정형식(整形式)의 허브 정원도 18세기에 성행한 로만주의의 영향을 받아 차차 견고한 디자인으로부터 분리되었다. 그 후에는 자연적이고 부정형의 디자인으로 변화되었다.

최근 허브의 이용이나 재배에 대단한 관심이 기울어지고 있는 것은 그 형

식을 가리지 않는 것에 있다고 하겠다.

* 허브 정원 계획

허브 정원의 디자인은 우선 용지 선택에서부터 시작한다. 요리용 허브는 날씨가 궂을 때에도 발을 적시지 않고 채취할 수 있도록 부엌문과 바로 연결되거나 가까운 정원의 길 옆에 만든다.

방향이 있는 허브, 특히 따뜻한 남방산의 것은 배수가 잘 되는 사질 토양을 좋아하므로 완만한 경사가 있는 용지가 이상적이다. 점토질 토양이나 도시에 많은 산성 토양의 경우에는 모판을 높게 만들어서 새로운 흙을 넣는다.

대부분의 허브는 양지 바른 곳을 좋아하므로 정원의 일부는 남향으로 조성하는 것이 유리하지만, 민트류처럼 습한 토양을 좋아하는 허브나, 음지의 식상(植床)이 적당한 독일 은방울꽃, 스위트바이올렛, 란그워터 등의 위치 선정에 주의해야 한다. 키가 큰 허브는 뒤쪽에 심고 앞으로 내려올수록 키가 작은 것을 심는다.

이상의 내용을 토대로 용지를 정했다면 그 다음에는 정원의 목적을 고려해야 한다. 향기를 오래 보존하는 것이 목적이라면 레몬유카리나 라벤더, 커리민트, 레몬버베나, 센티드제라늄, 다이어스 카모마일 등이 최적이다. 벌이나 곤충이 모여드는 정원을 원한다면 라벤더나 히솝, 타임, 바질, 베르가못 등을 심는다. 같은 색의 꽃을 모아서 색상별로 즐길 수도 있다. 또한 반입(斑入)이 들어 있는 허브도 주목해서 변화를 주어도 색다른 분위기를 낼 수 있다. 이들 요소를 잘 조화시켜 디자인 계획을 한다.

* 콘테이너 가든

이것저것 심는 계획의 포인트는 현관이나 베란다 등 제한된 배치 장소의 조건에 맞는 허브를 선택하는 일이다. 허브의 기본적인 생육 조건으로는 하루에 최저 5~6시간 정도의 일조 시간이 필요하다. 이 조건만 충족되면 어느 장소에서든 대부분의 허브를 키울 수 있다. 다만, 민트류나 처빌, 차이브, 파슬리, 코리안더, 딜 등은 반음지에서도 잘 자라기 때문에 일조 조건이 나쁜 장소에는 이들 허브를 선택하는 것이 좋다.

다음으로 주의할 점은 심는 장소의 면적이다. 키가 많이 자라는 종류나 줄기가 커지는 종류 등은 장소를 차지하기 때문에 좁은 장소일 경우에는 피하는 것이 좋다. 좁은 장소에서도 재배하기가 쉬운 허브는 라벤더, 로즈마리, 세이지, 타임, 장미, 제라늄, 오레가노, 민트류, 타라곤, 차이브, 스위트바질, 레몬그래스, 카모마일, 레몬밤 등이 있다. 정원 이외의 장소에 재배하는 방법으로는 프랜터나 공사용의 상자, 화분 등 여러 가지 용기를 이용하는 방법도 있다. 이러한 방법 외에도 배수구가 있으면 통이나 나무상자도 사용이 가능하다. 재배를 중심으로 생각하면 흙의 양을 많이 넣은 용기가, 생육이 좋고 기후 변화에도 뿌리를 보호할 수가 있어서 용이하다. 보통은 통기성이 좋은 토기 화분 등이 좋지만 바람이 센 장소에서는 토기가 넘어져 깨질 우려가 있으므로 플라스틱 프랜터 등을 사용하는 것이 좋을 때도 있다.

* 콘패니언 프란치

콘패니언 프란치는 심어서 서로 좋은 영향을 주는 식물을 조합하는 것이다. 화학 비료나 약제를 사용하지 않고도 잘 자라고, 병충해를 없애거나 수확이 증가하기도 한다. 자연적인 허브를 농약을 사용하지 않고 키우는 방법으로 주목받고 있다.

콘패니언 프란치 배합의 예

- 한련화와 식물 전반 : 진디물이나 개미 등이 없어진다.
- 프렌치 매리골드와 토마토 : 이의 종류가 달라붙지 않는다.
- 차이브와 장미 : 흑성병(黑星病)의 예방과 제거에 효과가 있다.
- 마늘과 장미 : 여러 가지 효과가 있다.
- 세이지 및 로즈마리와 식물 전반 : 여러 가지 효과를 비롯하여 유해 곤충이 별로 달라붙지 않는다.
- 보리지와 스트로베리 : 벌을 유인한다.
- 카모마일과 식물 전반 및 양파와 식물 전반 : 유해 곤충이 별로 달라붙지 않아서 수확량이 증가된다.
- 코리안더와 식물 전반, 아니스와 식물 전반 : 벌을 유인하며 향기도 풍부해진다.
- 민트류와 식물 전반 : 파리가 붙지 않는다.
- 딜, 펜넬과 식물 전반 : 꽃등에를 유인한다.

2. 허브를 기르는 방법

허브 과자나 허브 공예품, 목욕 제품 등 생활 속에서 쉽게 접할 수 있는 허브는 직접 자기 손으로 키워 보고 싶어질 것이다. 처음 허브를 재배하는 사람도 어렵게 생각하지 말고 일단 시도해 보도록 권하고 싶다. 허브에 맞는 환경과 키우는 사람의 정성이 허브 재배의 성공 비결이다.

허브의 원산지는 대부분 지중해 연안으로, 이 지방의 풍부한 토양과 석회질이 많아 물이 잘 빠지는 땅이 허브에 적당하다. 그 환경에 될 수 있는 한 가깝게 하는 것이 허브 재배의 비결이다. 원래 허브는 야생이므로 세심하게 신경쓰지 않아도 된다.

햇빛

대부분의 허브는 햇볕이 잘 드는 곳을 좋아하지만, 처빌이나 민트 같이 반음지성 허브도 있다. 허브 각각의 기호를 파악하는 것도 중요하다.

통풍

깊이 심거나 통풍이 나쁜 곳에 화분을 놓아 두면 포기와 뿌리가 무르거나 썩어서 병해충이나 도장(徒長)의 원인이 된다.

토양

물이나 양분, 산소를 흡수하기 위해서는 흙에 공간이 많고 적당히 수분을 유지하면서도 배수가 좋아야 한다.

소형 샤벨(손삽) 등 원예 도구는 사용한 후는 잘 씻어서 보관한다. 채반 눈의 크기가 3종류 있으면 토양을 만들 때에 편리하다.

(1) 토양

허브 재배용 흙은 물이 잘 빠지면서 보습 효과가 있는 것이 제일 좋다. 허브는 약알카리성 흙을 좋아하기 때문에 산성 토양인 경우에는 석탄을 넣어 주어 중화시켜서 사용한다. 다만, 화분에 키울 때에는 석탄 사용량을 적당히 가감해야 한다.

* 정원, 밭

땅을 깊이 파는 것이 중요한 포인트다. 1m^{2}에 대하여 부엽토를 양동이 가득 담아다가 뿌리고 삽 등으로 30cm 정도 북돋워 준다. 강산성 토양일 경우에는 큰 스푼으로 한 번 고토석회(苦土石灰)를 혼합해서 용토를 중화시킨 뒤에 1~2주 정도 방치해 두었다가 사용한다. 그 사이에 비가 오지 않으면 물을 한 번 뿌려 준다.

모종 등을 심을 때에는 높이 10cm 정도의 골을 만든다. 배수가 좋지 않는 곳은 골의 높이를 20cm 정도로 하면 습기가 잘 차지 않는다. 씨를 뿌릴 때는 흙 표면에 요철이 생기도록 한다.

* 화분, 프랜터

화분 밑의 구멍을 그물로 덮고 물 빠짐이 잘 되도록 굵고 엉성한 흙을 1~2cm 정도 두께로 넣는다. 용토는 물을 줄 때에 물이 고일 수 있도록 화분 상부에 1~2cm 정도의 공간을 남기고 넣는다. 진흙 상태의 흙이나 입자가 고운 흙은 잘 굳어져 물이나 공기가 통하는 틈이 없어지기 때문에 채에 쳐서 제거한다. 초보자나 바쁜 사람은 상품으로 만들어진 허브용 흙을 사용하는 것도 괜찮다.

* 흙의 종류

1. **적옥토**(赤玉土)

재배용의 기본 용토로, 점토질의 화산회토를 크기별로 나눈 것.

2. **녹소토**(鹿沼土)

배합토나 삽목용으로 사용하는 흙으로, 황색의 경석질(輕石質)로 보수성과 통기성이 우수하다.

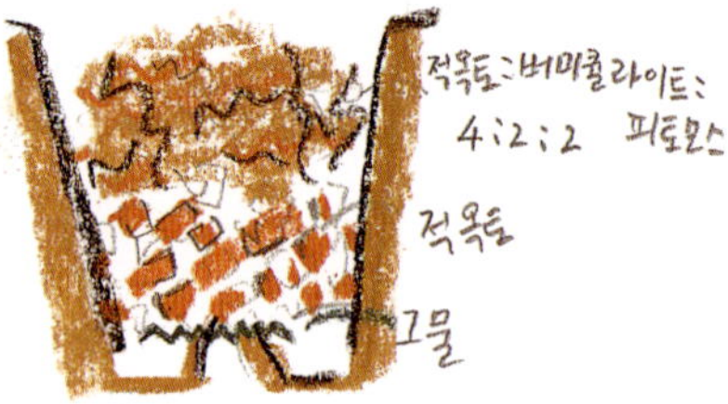

3. **흑토**(黑土)

가볍고 부드러운 입상의 흙으로, 보수성과 보비력(保肥力)이 높고 유기질이 풍부하다.

4. **부엽토**(腐葉土)

활엽수의 낙엽이 썩은 것으로, 통기성과 보비력이 좋다.

5. **수태**(水苔)

보수성과 통기성이 우수하고 관엽식물이나 양란의 재배에 적당하다.

6. **버미큐라이트**

경석을 고온으로 구운 인공토로, 통기성과 투수성이 우수하며 삽목상(挿木床)에 적당하다.

7. **퍼라이트**

화산암을 고열로 처리한 인공토이며, 비료가 없이도 가능하고 통기성이 우수하다.

8. **피토모스**

수태가 부식한 산성 흙으로, 통기성이 높고 비료의 흡착성(吸着性)도 좋다.

9. **천사**(川砂)

배수성이 있으므로 흙의 건조가 나빠졌을 때 사용하면 좋다.

10. **허브용 흙**

허브 재배를 위한 상품화된 배양토로, 다양한 종류가 시판되고 있다.

* 육묘상

물이 잘 빠지고 보습성이 있는 피토모스와 버미큐라이트를 반반씩 섞는다. 이 때에 새싹에 해를 주는 병균이나 해충, 또는 잡초의 뿌리나 씨 등이 섞이지 않도록 주의한다.

* 흙의 리사이클

보통 한 번 사용한 흙은 원예용으로는 사용하지 않지만, 화분의 흙으로는 재사용할 수 있다. 오래된 흙은 마른 뿌리나 잡초가 섞여 있기 때문에 이들을 제거한 뒤에 채로 쳐서 입자별로 나누어 놓는다. 이를 햇볕이 잘 드는 장소에 펼쳐 놓고 충분히 말린 뒤에 검은 비닐봉투에 담아 보존한다. 여름에 봉투에서 꺼내 물을 뿌려 습기를 충분히 준 뒤에 작은 비닐에 조금씩 나누어 담고 1주일에서 10일 정도 햇볕에 말려 두면 흙이 재생된다.

재생한 흙은 그것만을 다시 이용하는 것이 아니라, 새 흙과 반반씩 섞어 사용하면 좋다. 또한, 흙을 리사이클하기 위한 활력제도 시판되고 있으므로 이것을 섞어 이용하는 것도 괜찮다.

(2) 씨앗

식물이 번식하는 방법으로는 종자로 번식하는 종자 번식과, 뿌리나 줄기로 번식하는 영양 번식이 있다. 삽목이나 포기나누기 등이 영양 번식에 속한다. 대부분의 허브는 평평한 화분이나 모종을 키우는 상자에 씨를 뿌려 모종을 만든 후에 정식하지만, 옮겨 심는 것을 싫어하는 종(種)이나 종자가 큰 것은 직파한다.

종자가 작은 것은 엽서에 종자를 얹어 놓고 밑에서 가볍게 두드려 흩어 뿌리거나 나란히 홈을 파서 같은 간격으로 줄을 따라 뿌린다. 종자가 큰 것은 손가락으로 약 2배 정도 되는 깊이의 구덩이를 만들어 한 구덩이에 종자를 2알씩 뿌린다.

* 저면 관수(底面灌水)

물뿌리개로 물을 뿌리면 종자가 흘러갈 염려가 있는 경우에는 촉촉히 젖은 신문지 등으로 육묘 상자를 덮어둔 뒤에, 받침접시에 물이 모아지도록 하여 화분 밑으로부터 빨아들이게 한다. 음지에 두어 마르지 않도록 관리한다. 받침접시에는 항상 신선한 물이 담겨 있도록 신경을 쓴다. 부직포 등으로 화분 밑에서 물을 빨아올릴 수 있는 구조의 저면 관수 화분도 있다.

* 노지 파종

대부분의 허브는 봄 파종이 적당하다. 봄 파종은 발아가 쉽고 관리가 편하다. 파종은 화초보다 조금 늦은 겹꽃벚나무가 필 무렵을 기준으로 한다.

카모마일이나 코리안더 등 가을 파종을 하는 것은 추분 전에 뿌려 모종을

튼튼하게 키운 뒤에 월동시킨다. 직파하는 것은 아니스, 코리안더, 펜넬, 파세리, 세이지, 바질 등이다.

솎아냄

발아하면 햇볕이 잘 드는 장소로 옮긴다. 지나치게 빽빽하게 나와 밀생하거나 파종이 고르지 못한 것은 눈에 띌 때마다 핀셋 등으로 잎에 닿지 않도록 2∼3cm 간격이 되도록 솎아낸다.

(3) 모종

처음 허브를 재배할 경우에는 원예상에서 모종으로 구입하는 것도 좋다. 줄기의 마디 사이가 느슨하지 않고 작아도 옹골차고, 잎의 색이 진하며, 생생하고 뿌리가 잘 자란 것이 좋은 모종이다. 민트 등 향기가 중요한 것은 잎을 손가락으로 가볍게 잡아 향기를 체크하는 것도 잊지 않아야 한다.

* 화분에 심는 방법

분(盆)의 모종은 화분 구멍으로 손가락을 넣어 뿌리가 흩트러지지 않도록 뽑아낸다. 적옥토(赤玉土)를 넣은 화분에 모종을 넣고 주위를 흙으로 덮은 뒤 화분을 가볍게 두드려서 흙을 정돈한다. 이 때 너무 깊게 심지 않도록 주의한다. 화분의 크기는 포기의 직경보다 한 단계 큰 것이 좋고 생장함에 따라 큰 화분으로 옮겨 심어 준다.

* 노지심기, 정식(定植)하기

모종 뿌리의 높이를 감안해 조금 큰 구멍을 판다. 뿌리의 흙이 흩트러지지 않도록 넣고, 흙을 조금씩 넣으면서 본래의 지표 표면과 이식하는 지면의 높이가 같도록 조절한다. 모은 흙을 손으로 가볍게 눌러 준 뒤에 듬뿍 물을 준다.

* 모아심기

좋아하는 허브 몇 종류를 모아 심는 것도 즐겁다. 양지를 좋아하는 것, 반음지를 좋아하는 것 등 허브 각각의 성질이 잘 맞는 것끼리 모으는 것이 중요하다. 형태도 여러 가지 것을 모으고, 높이는 흙의 표면과 맞춘다. 몇 종류를 혼식하면 한 종류만 심는 것보다 병해충이 적어지는 것으로 알려져 있다.

(4) 여름철 관리

될 수 있는 한 시원하게 통풍이 잘 되도록 하고, 고온 다습한 기온에서도 허브가 잘 견딜 수 있는가가 여름 관리의 포인트다.

* 옥외

차양의 지붕을 갈대나 한랭사 등을 사용하여 만든다. 이 때 아래 쪽을 열어 통풍이 잘 되도록 한다. 한련화 등은 여름 더위가 오기 전에 손질하는 것처럼 전체를 과감하게 깎아 전정해 준다. 그 후 농도가 옅은 액비를 주면 가을에 다시 개화한다.

카모마일 등은 여름에 꽉 찬 포기를 포기 그대로 잘라 솎아낸다. 밑둥에 까는 짚이나 비닐 시트(은색을 사용하면 열이 반사되어 땅에 흡수되지 않는다.)를 깔아서 멀칭해 주면 지면이 뜨거워지는 것을 막을 수 있다.

* 실내

에어콘의 냉풍이 직접 닿거나 햇빛이나 반사가 강한 창가, 베란다 같은 장소는 허브를 놓아 두기 적당하지 않다. 발을 매달거나 세워 놓아 강한 햇빛으로부터 허브를 보호한다. 화분을 이중으로 하거나, 모래를 깐 발포스티로폼 상자나 낮고 넓은 접시 등에 물을 붓고 벽돌을 놓은 뒤 그 위에 화분을 올려 놓으면 기화열(氣化熱)의 영향으로 온도가 상당히 내려간다. 습도가 높은 곳을 싫어하는 허브에는 적당하지 않다.

(5) 겨울철 관리

유럽 원산의 허브는 추위에 강한 것이 많지만, 서리로 인해 뿌리가 드러나거나 물이 얼기 때문에 뿌리가 건조해져서 시들어 버리는 경우가 있다. 그러므로 여름과 같이 멀칭하여 추위로부터 보호해야 한다.

* 비닐 하우스

소형의 비닐 하우스를 만들어 허브를 덮어 버린다. 비닐에는 30cm 간격으로 직경 2~3cm의 구멍을 뚫어 놓는다.

* 화분에 올린다

레몬그래스나 로즈제라늄 등 열대 아시아나 아프리카 원산의 허브는 추위를 싫어한다. 추워지기 전에 화분에 옮겨 처마 근처나 현관에 놓는다.

겨울 동안에도 화분의 흙이 마르면 날씨 좋은 날 오전 중에 물을 준다. 저녁에 물을 주면 밤 사이에 얼어버릴 염려가 있으므로 주의해야 한다. 수돗물을 그냥 사용하지 말고 따뜻한 물을 섞어서 15도 정도를 유지하는 것이 좋다.

* 실내

위쪽에 직경 1.2cm의 구멍을 뚫은 비닐 봉투로 푹 덮어 삽목이나 어린 모종은 햇빛이 닿지 않는 곳에 둔다. 발포 스티로폼이나 골판지 상자에 화분 채 넣고 뚜껑을 덮어 놓는다. 낮에는 뚜껑을 열어 햇볕을 쐬어 준다.

난방용 바람이 직접 닿지 않도록 하고, 창가에 두는 것은 밤이 되면 추워서 얼 수가 있으므로 피해야 한다. 겨울철 실내 공기는 의외로 건조하므로, 분무기로 잎에 물을 뿌리는 등 부지런히 물을 주도록 한다.

(6) 물

물과 빛은 식물에 있어서 아주 중요한 요소다. 물이 부족하면 식물은 말라 죽는다. 반대로 물을 너무 많이 주면 뿌리가 썩어 버린다. 알맞게 건조시키는 것이 중요하다. 이를 위해서는 화분의 흙 표면이 마르면 물을 충분히 주는 방법을 택한다. 허브는 일반 원예식물보다 횟수를 적게 주어서 약간 건조하게 키우는 것이 요령이다.

* 물 주는 포인트

지난 번에 준 물이 모두 증발되어 화분의 흙이 마르면, 오전 중에 물이 밑으로 흘러내릴 정도로 듬뿍 준다. 화분이나 플랜터 안이 축축할 때 물을 주면 뿌리가 썩으므로 주의한다.

* 계절별 포인트

봄

봄부터 초여름 사이는 기온이 올라가는 것에 따라 식물의 생장도 왕성해진다. 이 때 물주는 것에 특별한 주의가 필요하다. 하루 한 번 아침에 주는 것이 적당하다.

여름

장마철에도 처마 밑에 놓아 둔 허브에는 물을 주어야 한다. 하루 두 번 아침 일찍과 저녁에 주며, 기온이 올라가는 낮에는 피한다. 만일, 낮에 잎이 시들어져 있으면 음지로 옮겨서 열을 식힌 뒤에 물을 듬뿍 준다. 수도꼭지나 호스의 고인 물은 고온인 경우가 있으므로 주의해야 한다.

가을

봄과 같이 식물의 생장이 왕성한 시기이므로 물을 충분히 주는 것이 필요하다. 하루 한 번 아침에 물을 준다. 10월 하순 경부터 점점 기온이 내려가면서 생장도 둔해지므로 물의 양을 조금씩 줄인다.

겨울

식물의 생장이 둔해지므로 다른 계절보다 물의 양을 줄인다. 저녁에 물을 주면 밤 사이에 물이 얼어버릴 수 있으므로 따뜻한 날을 골라 오전 중에 미리 받아 두었던 차지 않은 물을 준다. 가능한 한 저녁에는 화분의 흙 표면이 마른 상태를 유지하는 것이 바람직하다

(7) 비료

허브는 생육 기간이 짧고 잎이 무성한 것이 많기 때문에 비료를 해야 한다. 그러나 비료를 너무 많이 주면, 잎만 무성해지고 꽃이 적어 종자를 채집하지 못할 수도 있다. 심하면 포기가 말라 버리는 경우도 있다. 허브에는 비료를 좀 적은 듯이 주는 것이 향기가 좋다.

* 원비, 추비

비료를 주는 방법으로는, 이식이나 옮겨 심을 때에 화분의 흙에 섞어 놓는 원비와, 생육중에 비료 부족을 보충하기 위해 주는 추비가 있다.

뿌리 내림에서부터 초기 생장을 돕는 원비는 완효성 비료를 쓴다. 추비로는 화분 흙 위에 고형 비료를 놓아 두는 치비(置肥)와, 물로 희석하여 사용하는 액비(液肥)가 있는데 주로 액비를 많이 사용한다.

* 비료의 3대 요소

질소(N)

생육 초기에 필요한 성분으로, 잎이나 줄기의 생장을 촉진한다. 부족하면 잎의 색이 나빠져서 누렇게 변해 떨어진다. 과잉 상태가 되면 줄기가 너무 자라서 연약해지며 결실도 적어진다. 깻묵, 생선가루 등에는 무기질 비료가 들어 있다.

인산(P)

식물 세포의 단백질이나 저장 양분을 만들고, 꽃이나 열매의 생장을 촉진시킨다. 부족하면 개화나 결실이 늦어지고 꽃의 수가 적어진다. 인을 많이 포함한 무기질 비료로는 과린산석회 등이 있고, 유기질 비료로는 뼈가루, 닭 똥 등을 들 수 있다.

칼륨(K)

식물 섬유를 튼튼하게 해준다. 추위

나 더위에 대한 저항력이 생기고, 뿌리나 구근의 생장을 촉진시킨다. 부족하면 뿌리의 발육이 불량하여 식물 전체의 저항력이 떨어져서 병해충의 피해를 당하기 쉽다. 칼륨을 많이 포함한 무기질 비료로는 유산칼리, 염화칼리 등이 있고, 유기질 비료에는 초화재(草花灰) 등을 들 수 있다.

* 비료 부족시 생기는 현상

1. 잎이나 줄기의 색이 연해진다.
2. 줄기가 약해진다.
3. 잎에 황색 반점이 생긴다.
4. 생장이 늦어진다.
5. 해충이나 병에 대한 저항력이 떨어진다.
6. 꽃색이 엷어지거나, 꽃이 작고 빈약해진다.
7. 아래 쪽의 잎이 빨리 떨어진다.

* 비료 과잉시 생기는 현상

1. 화분의 흙 표면이나 화분에 흰 앙금이 생긴다.
2. 여름철 생장이 멈추고, 겨울철에 자라는 등 식물 본래의 생리에 어긋나는 생장을 한다.
3. 잎이 오그라지는 등 기형이 된다.
4. 잎에 황색 반점이 생긴다.
5. 잎의 녹색이 바랜 색이 된다.

(8) 번식

허브는 씨뿌리기 외에도 포기나누기나 삽목, 취목, 뿌리를 잘라서 번식시키는 방법이 있다. 허브의 성질에 따라 시도해 보도록 한다.

* 삽목

힘이 좋은 가지의 선단을 10cm 정도 잘라서 아래부분의 잎은 떼고 물올림을 한 후에 버미큐라이트 등에 꽂아 둔다. 충분히 물을 준다. 라벤더, 센티드 제라늄, 세이지, 로즈마리, 타라곤, 민트, 타임, 레몬버베나 등이 이 방식으로 번식을 한다.

* 포기나누기

포기를 파내어 상한 뿌리나 런너를 잘라내어 뿌리나 줄기를 쥐고 양손으로 나눈다. 나누기 어려울 때에는 가위를 사용해도 된다. 봄이나 가을에 시행한다. 민트, 타임, 로만카모마일, 차이브, 야로, 알로에 등이 이 방법으로 번식을 할 수 있다.

* 취목

가지의 일부를 U핀으로 지면에 고정한 위에 흙을 덮고 발근하면 어미 포기에 가까운 쪽의 가지를 자른다. 올리브, 치자, 엘더, 자스민, 로즈마리, 타임, 반입세이지 등이 이 방식으로 번식을 한다.

* 기타

물꽂이

물을 넣은 컵에 삽수를 넣어 발근시킨 후 정식한다.

뿌리심기

뿌리를 잘라 물을 올린 후 심는다. 스위트바이올렛, 민들레, 홀스레디쉬 등이 가능하다.

씨뿌리기

해바라기, 바질, 파슬리, 한련화, 쪽, 소엽, 수레국화, 코리안더, 처빌, 펜넬, 보리지 등이 이에 해당한다.

(9) 관리

오랫동안 즐기려면 모양이 좋도록 하기 위한 손질을 멈출 수가 없다. 어느 정도 자라면 포기를 나누거나 자르는 등으로 번식시키거나 솎음질이나 갈아 심는 등으로 해서 튼튼한 모종을 키우도록 한다.

* 적심

생장하는 식물은 때때로 줄기를 적당히 떼어 주지 않으면 보기 싫어진다. 타라곤, 세이지, 수영, 캐트닢 등은 꼭대기를 적심해서 어린 측아를 키우고 아담하게 만들어 포기를 충실하게 만든다

* 자르기

헬리오트로프, 로즈마리 등은 꽃이 핀 후 꽃이 달린 가지를, 잎이 줄기에 붙은 부분으로부터 2~3cm 정도에서 잘라 주어 어린 싹을 나오게 한다. 월동하기 전 정도의 시기가 적당하다. 자른 가지는 삽수해서 이용해도 된다.

* 솎음질

포기의 사이가 좁고 잎이 겹쳐 통풍이 나쁠 경우에는 여러 가지 병해의 원인이 된다. 이를 막기 위해 뻗어 있는 포기를 밑둥치에서 자른다. 잘 자란 것을 선택하여 남겨 놓는다.

* 옮겨심기

한 장소에 오랫동안 있으면 뿌리가 길어지고 흙이 굳어서 산소의 공급이

원활하게 이루어지지 않는다. 화분 밑으로 뿌리가 나오면 분갈이를 해야 한다. 뿌리의 흙은 허물지 말고 뿌리와 함께 퍼서 큰 화분으로 옮겨 심는다. 용토는 같은 것을 사용하고, 마지막으로 물을 듬뿍 주고 흙을 안정시킨다.

(10) 수확

허브 재배의 최대 즐거움 중의 하나가 수확이다. 사용하는 목적이나 부위에 따라 수확 시기가 다르므로 목적에 맞추어 수확해야 한다. 다음 계절에 사용할 종자도 모아 놓는다.

* 카모마일

허브 차 등으로 사용하는 것은 꽃잎이 수평으로 펴질 무렵에 꽃머리를 잘라 채취한다. 맑은 날 오전이 수확의 최적기다.

* 야로우

화경(花梗)이 뻗어 있는 것은 꽃과 함께 화경 밑부분을 잘라 수확한다. 화경을 길게 자르는 것이 드라이플라워를 만들거나 어레인지먼트할 때 편리하다. 아침 일찍 자르는 것이 좋다.

* 라벤더, 세이지

화경(花梗) 옆의 싹 바로 위를 자른다. 꽃이 달린 채 수확하고 싶을 때는 꽃이 3분의 1 정도 피었을 때에, 잎을 2~3장 붙은 상태에서 자른다. 포푸리에 사용할 때에는 만개 상태가 적당하다.

* 야생 딸기

다른 열매에 상처가 나지 않도록 주의하면서 성숙한 열매부터 부드럽게 손으로 딴다. 먹기 직전에 수확하는 것이 적당하다.

* 바질, 세이지, 레몬밤

어린 잎과 줄기의 끝을 사용량만 적당히 채취한다. 꽃이나 줄기에 상처가 생기지 않도록 잎이 줄기에 붙어 있는 부분을 조심스럽게 가위로 자른다.

* 딜의 종자

종자가 어릴 때 잘라 채취한 줄기를 통기구멍이 있는 종이 봉투에 담아서 입구를 묶는다. 통풍이 잘 되는 음지에 매달아 놓으면 마른 종자가 봉투 속으로 떨어져 모인다.

* 차이브, 파슬리, 레몬그래스

레몬그래스는 줄기 끝에서 10cm 정도 남기고 잎부분을 자른다. 날씨가 좋은 오전 중에 수확하는 것이 가장 좋다.

* 바질의 종자

바질 등 화수(花穗)로 되어 있는 것은 완숙한 후의 이삭을 잘라 채취한 것을 음지에 거꾸로 매달아 건조시킨 뒤에 손으로 두드리면 떨어진다.

(11) 보존

통풍이 좋은 장소에서 보관한다. 수확은 잎이나 꽃은 생육중에, 뿌리나 종자는 생육이 끝나는 시기에 하는 것이 적당하다.

* 건조

1. 자연 건조

허브를 묶어 따뜻한 음지이면서 통풍이 잘 되는 장소에 거꾸로 걸어 둔다. 부케카루니 등 형태를 가진 상태로 사용하는 경우에 적당한 방법이다. 소량인 경우에는 바구니 또는 망 위에 허브를 겹치지 않도록 넓게 펼쳐서 건조시키는 방법도 있다. 반대로 뒤집어서 말려야 하는 것도 있다.

2. 전자렌지

포푸리나 드라이플라워에는 전자렌지를 이용하는 경우도 많다. 키친 타올을 깐 회전접시에 말릴 허브를 넓게 펴 놓은 뒤에 전자렌지를 돌려 건조시킨 후에 실내에 방치하여 습기를 날려 보낸다. 또한 실리카겔을 넣은 용기에 꽃을 처리해서 전자렌지로 건조시키거나 그대로 3일에서 2주간 보존해서 건조시키는 것과 비슷하다.

3. 병 또는 비닐 주머니

빛과 습도는 건조시킨 허브의 최대의 적이다. 반드시 병이나 지퍼 달린 비닐 주머니에 담아 밀봉한 뒤 이름과 보존 날짜를 기록한 라벨을 붙여 냉암소에 보관한다. 양이 많을 경우에는 조금씩 나누어서 작은 용기에 보관한다. 큰 용기는 빨리 열화되므로 피한다.

* 냉동

건조시킨 허브를 허브 버터나 허브 치즈 형태로 보존하는 것도 좋은 방법이다. 랩으로 꼭 싸서 냉장고에 보존하여 사용할 양만큼씩 꺼내 사용하도록 한다. 1회분씩 포장해 놓으면 편리하다. 한 번 해동한 것은 품질이 떨어지므로 다시 냉동하지 않는다.

* 냉장

채취한 허브 종자는 봄에 종자를 뿌릴 때까지 빛이 들어가지 않도록 검은

필름 케이스 등에 담아 냉장고에 보존한다. 밀폐되는 병이면 무엇이든 상관없다.

* 오일에 절이기

올리브 오일에 허브를 담근 허브 오일은 냉장 보존하는 것이 좋다. 터퍼웨어에 허브를 펴놓고, 올리브 오일에 절이는 방법도 있다. 허브 식초도 같은 방식으로 냉장 보관한다. 허브 술, 설탕 절임이나 벌꿀에 절이는 것도 하나의 보존방법이다.

(12) 병해

허브에 생긴 병은 일찍 발견하여 빠르게 대처하는 것이 기본이다. 초기에는 일부분을 제거하는 것만으로도 구제가 가능할 수 있다. 평소 부지런히 손질하면 병해 걱정은 별로 없지만 약제를 사용할 때는 설명서를 반드시 읽어보아야 한다. 바로 먹는 허브는 약제를 뿌린 후로부터 2~3주는 사용하지 않는 것이 안전하다.

* 밀가루병

4~10월경 잎이나 줄기 표면에 우동 가루처럼 흰 곰팡이가 생긴다. 화상 물집같은 병반이 나타나는 경우도 있다. 벤레드 등을 산포한다.

* 녹병

잎에 사마귀 같은 것이 나타나고 엷은 껍질이 찢어져 녹과 비슷한 가루가 날린다. 통기성을 확보한 후에 지만다이센, 사브롤 등을 산포한다.

* 포토리치스병

삽수, 봉오리, 꽃 등에 흰 곰팡이가 발생한다. 통풍이 나쁜 경우나 습기가 많을 때에 발생하여 급격히 퍼지면서 썩는다.

* 떡병

잎이 떡을 구운 것처럼 부풀어오르며 검게 되어 썩는 증상이다. 피해를 당한 잎은 빨리 따내고, 다니콜 1000, 산보르도를 산포한다.

* 끈적병

잎의 표면에 더러워진 것처럼 무늬가 생기고 점점 그 무늬가 커지는 병이다. 습도가 높거나 밀생한 곳에 발생한다. 지만다이센, 산보르도를 정기적으로 산포한다.

* 반점병

잎에 갈색 반점이 생겨 커지면서 생장이 불량해져서 낙엽이 된다. 생육 기간에 지만다이젠, 다니콜1000을 정기적으로 산포한다.

(13) 해충

피었다가 진 꽃이나 마른 포기, 마른 잎 등은 항상 깨끗이 제거해 주어야 해충은 물론 곰팡이 발생을 억제하고 각종 질병을 예방할 수가 있다. 가지나 잎이 섞여 있는 곳은 전정하여 통풍이 잘 되도록 한다.

* 잎진드기

잎의 색이 옅어지고 포기에 기운이 없어진다. 여름철 고온일 때에 많이 볼 수 있다. 안치오, 케루센 등 여러 종류의 진드기 퇴치제를 번갈아 산포한다.

* 야도충

꽃, 봉오리, 잎을 먹어 해를 입힌다. 성충이 되면 약제에 강해지기 때문에 유충일 때에 올드란, 스미치온, 칼포스를 산포하여 방제한다.

* 패각벌레

가지, 잎, 줄기에 기생하며 즙을 빨아먹는다. 껍질을 뒤집어 쓴 성충은 저항력이 강하므로 유충일 때에 올드란, 보룬 등을 정기적으로 산포하여 방제하도록 한다.

* 배추벌레

나비나 나방의 유충으로 대개 잎을 갉아 먹는다. 소수의 유충이 눈에 띄면 잡아죽이는 것이 효과적이다. 약제로는 올드란, 바이베니카 등을 산포한다.

* 진디

새 잎이나 잎 뒷면에 무리지어 기생한다. 생장을 나쁘게 하지만 마르는 일은 거의 없다. 적당히 따내거나 올드란, 스미치온 등을 산포한다.

* 엽궐련벌레

모충의 한 종류로, 잎이나 싹, 봉오리를 먹어 해를 준다. 발생 기간이 길기 때문에 식물 속에 약이 들어가는 올드란, 아크테릭 등이 효과적이다.

HERB

참고 및 이용도서

1. HERBS Lesley Bremness A Dorling Kindersley Book 1994
2. New Herbal Richard Mabey 小學館 1988
3. 花圖鑑 ハーブ 高橋 章 草土出版 1999
4. HERBAL MEDICINE Andrew Chevallier A Dorling Kindersley Book 2000
5. WILD ABOUT HERBS Roger Tabor Reader's Digest 2002
6. THE HERB BIBLE Peter McHoy / Pamela Westland BARNES & NOBLE 2000
7. HERBAL Sarah Hollis HENRY HOLT 1990
8. HERBS Claire Kowalchik / William H. Hylton RODALE 1998
9. GARDEN HERBS Deni Bown A Dorling Kindersley Book 1998
10. Garden Herbs Frances Hutchison BARNES & NOBLE 2003
11. Vitamin, Herbs, Minerals & Supplements H.Winter Griffith, M.D. MJF Books NEW YORK 1988
12. Index of Garden Plants MARK GRIFFITHS TIMBER PRESS 1994
13. Medicinal Plants of the Pacific west Michael Moore Red Crane Books 1993
14. The Directory of Essential Oils Wanda Sellar 圖書出版 仁星 1996
15. Encyclopedia of herb 1999
16. NATURE'S Miracle MEDICINES Mother Earth SILENA HERON, N.D. 1999
17. 대한식물도감 이창복 향문사 1980
18. 한국원예식물도감 윤평섭 지식산업사 1989
19. 한국자원식물도감 아카데미서적편집부 아카데미서적 1993
20. 한국약용식물도감 아카데미서적편집부 아카데미서적 1990
21. 한국화재식물도감 하순혜 도서출판 광진 1998
22. 園藝植物大辭典1～6 小學館編輯部 小學館 1989
23. HERB의 분류와 지리적 분포 및 용도에 관한 연구 김선애 경성대학교 생물학과 박사논문 2002
24. 허브植物의 栽培條件이 增殖, 生育및 精油成分에 미치는 影響 이정화 경상대학교 원예학과 박사논문 2001

HERB

색인

국명색인

ㅁ

ㅂ

ㅅ

ㅇ

ㅎ

영명색인

A

B

C

D

E

F

G

학명색인

A

B

C

HERB

편저자 약력

경성대학교 이과대학 생물학과 이학박사 (식물학 전공)
현재 : 경성대학교 생물학과 외래교수
국립 밀양대학교 원예학과 겸임교수
저서 : 한국화재식물도감
금정산의 야생화

허브도감

초판 인쇄일 : 2005년 12월 26일
초판 발행일 : 2006년 1월 5일

편 저 자 : 하 순 혜
발 행 인 : 주 성 필
발 행 처 : **(주) 아카데미서적**
서울시 강남구 신사동 628-39
Homepage : 아카데미서적
www.academybook.co.kr
E-mail : aca97@hitel.net

가격 : 45,000원

* 파본은 교환해 드립니다.
ISBN 89-7616-302-8 06480